엔진은 이렇게 되어있다

사와타리 쇼지 / GP기획센터 · 原著

NGV ㈜엔지비 · 編譯

자동차문화의자존심
골든-벨
www.gbbook.co.kr

머·리·말·

이 책의 기획은 당시 운전에 빠져있던 A군의 〈엔진은 어떻게 생겼지?〉라는 소박한 질문을 계기로 시작되었다. 그래서 타이틀이 《엔진은 이렇게 되어있다》로 결정되었다.

엔진이 어떻게 되어 있는지에 대한 뛰어난 해설서는 수도 없이 출판되고 있다. 그러나 새삼스럽게 〈이렇게 되어있다〉는 대답을 해야 한다면, 그 책들은 일반 사람들에게 솔직히 조금은 부담이 될 것이다. 그래서 자동차를 잘 사용하기 위해, 엔진에 대해 적어도 이 정도는 알아두는 편이 좋을 것이라고 생각되는 테마로 그 대상을 간추려, 누가 봐도 알 수 있도록 해설한 책을 만들게 되었다.

엔진의 메커니즘과 작동 등의 설명에는 일러스트와 그림이 불가피하다. 그래서 이것을 30년 이상 자동차 일러스트를 그려온 사와타리 쇼지氏에게 부탁하게 되었다. 읽어보면 알 수 있듯이 설명서라고 하면 설명을 그림 등으로 보충하는 것이 보통인데 반해, 이 책은 일러스트와 그림이 주가 되고, 설명은 그것을 보다 자세히 이해할 수 있도록 하는 정도일 것이다. 독자가 엔진에 대해 배우길 바라기보다는, 엔진을 알고 그것을 즐길 수 있도록 연구한 것이다.

본서의 출판에 있어 여러분들에게 지도를 받음과 동시에 많은 관계 자료의 제공에 감사의 말씀을 올린다. 특히 자동차 메이커 및 관련부품 메이커 각사의 광고 자료를 많이 이용할 수 있었다. 깊은 감사를 드리는 바이다.

GP기획센터 마니와 다카시(馬庭孝司)

그랑프리 출판에서 이 책의 기획에 대해 상담을 받았던 것이 출판되기 1년 전의 일이다. 자동차에 대한 만화를 그려 왔지만, 메커니즘에 대한 자신은 없었기에, 잘 완성할 수 있을까 걱정했다. 그러나 이것을 기회로 엔진에 대한 공부를 하는 것도 나쁘지 않겠다는 생각에 받아들였고, GP기획센터 사람들과 회의를 거듭하여, 어떻게 하면 알기 쉬운 그림이 될까 검토해가며 만들어 낸 책이다.

덕분에, 본인도 메커니즘에 대해 몰랐던 부분을 습득할 수 있었고, 고생은 했지만 그 이상으로 즐거움도 많았다. 작업을 끝내고 나니, 〈더 잘 그렸으면 좋았을 텐데〉하는 생각도 들었으나, 없는 지식을 짜 낸 결과이므로 만족한다. 기회가 있다면, 또 이런 도해(圖解) 시리즈에 도전해보고 싶다.

사와타리 쇼지(さわたりしょうじ)

역자의 글

　시중에는 자동차와 관련된 많은 책들이 있습니다. 하지만 다수의 책들이 두꺼워 질리게 하거나, 전문용어, 그래프 그리고 기호와 숫자로 메워져 있어 정작 기본적인 원리를 이해하고 기초를 다지는데 여간 인내를 요구하는 것이 아닙니다.

　현대사회는 기업뿐만 아니라 개인도 남과는 다른 차별성을 가져야 경쟁력이 있습니다. 하지만 엔지니어들이 너무 하이테크 위주 기술만을 추구한 나머지, 근본에 대한 이해는 다소 도외시하지 않았나 하는 반성에서 이 책의 출판을 기획하게 되었습니다.

　또한 ㈜엔지비는 자동차관련 연구개발 지원업무와 전문교육과정을 운영하면서, 자동차에 대해 쉽게 이해할 수 있도록 설명되어 있는 책이 하나쯤은 필요하다고 생각하고 있었습니다. 이에 비록 우리나라에서 만들어진 책은 아니지만 엔진의 역사부터 각종 부품구성과 작동원리를 그림으로 쉽게 표현한 번역서적(원문 : エンジンはこうなっている)을 출간하게 되었습니다.

　아울러 자동차 번역 용어는 현대·기아자동차의 연구개발 현장에서 쓰는 용어와 국내 자동차 용어정보 사전을 기반으로 자동차를 공부하는 학생과 현업 엔지니어에게 도움이 되도록 번역하였습니다.

　내용 중 카뷰레터와 같이 현재는 거의 쓰이고 있지 않는 부품과 기술이 일부 등장합니다. 어찌보면 지금과는 맞지 않을 수도 있지만, 자동차 엔진의 기본원리라는 측면에서 이해해 주시기 바랍니다.

　IT분야와 비교 해보면 자동차분야의 발전속도는 매우 느려 보입니다. 하지만 이유는 있습니다. 자동차는 사람을 싣고 달리는 기계장치로 성능도 중요하지만 안전을 최우선으로 접근하여야 하는 만큼 새로운 기술을 적용하기 위해서는 엔지니어의 수많은 검증이 필요합니다. 어떻게 보면 자동차는 느림의 미학이 필요한 기술분야인지도 모르겠습니다.

　인터넷 공간의 강력한 검색 엔진, 위키피디아, 블로그 등을 통해 쉽게 정보를 얻을 수 있지만, 그 편안함이 오히려 기본을 다지고 이해하려는 노력을 방해하고 있지 않나 싶습니다.

　이 책은 (주)엔지비에서 자동차 기술의 이해에 실질적인 도움이 되고자 그 첫 걸음으로 내놓은 번역서입니다. 앞으로도 자동차에 관심이 있는 모든 분들께 보다 알기 쉽게 접할 수 있는 자동차 관련 전문서적을 내놓고자 노력할 것입니다.

(주) 엔지비

차·례
Contents

엔진은 이렇게 되어 있다

엔진의 기본 ●

자동차의 주행을 가능하게 하는 엔진은 어떻게 생겼을까? 살펴보자.

뭐가 뭔지 모르겠어!

와~ 복잡하다!

현재 가장 많이 사용되고 있는 엔진은 그림과 같은 직렬 4기통 엔진이다. 중앙에 있는 원통형 피스톤 4개가 일렬로 나열되어 있기 때문에 4기통이라는 것을 알 수 있다. 자동차의 심장이라 할 수 있는 엔진이 어떠한 성능을 하는지 또는 어떠한 메커니즘으로 되어 있는지에 따라 그 자동차의 특징이 정해진다.
엔진은 자동차의 부품 중에서 가장 크고 무거우며, 신기술을 적용하면 그만큼 복잡해진다. 왼쪽 BMW의 1.8 ℓ 엔진은 비교적 심플한 것이다.

자동차가 영어의 Automobile, 즉 『스스로 움직이는 차』를 직역하여 만든 단어라는 것은 잘 알고 있다. 스스로 움직이기 위해서는 당연히 엔진을 장착해야 한다. 또, 우리가 승용차를 자동차라고 말하듯 영어로는 Automobile을 Motorcar 또는 단순히 Car라고도 말하는데 이 경우도 자동차는 Motor, 즉, 엔진이 있는 자동차이며, 엔진이 없다면 자동차가 아니다.

이렇게 중요한 엔진이지만 솔직히 엔진이란 무엇이며 어떤 작동을 하는 것인지에 대해 생각할 여유가 없었다는 사람이 더 많을 것이다.

하지만 자동차의 운전에 익숙해지면서 관심을 갖기 시작하는 것이 엔진이다. 특히 차량에 의지하여 주행하는 것이 싫증나기 시작하면서 자유로운 운전을 하고 싶다면 엔진에 대해 어느 정도의 지식을 숙지하여 그 특성에 알맞은 적절한 기어를 선택하고 액셀 페달(Accelerator Pedal)을 잘 컨트롤하는 것이 중요하다.

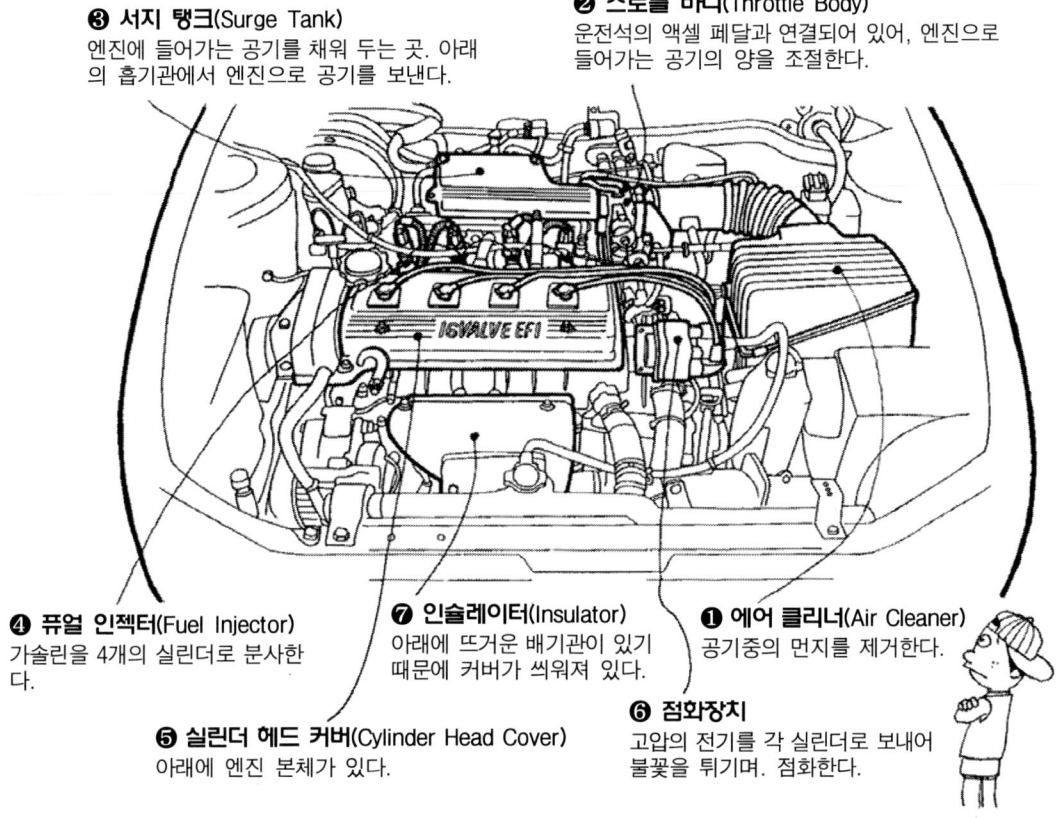

❸ 서지 탱크(Surge Tank)
엔진에 들어가는 공기를 채워 두는 곳. 아래의 흡기관에서 엔진으로 공기를 보낸다.

❷ 스로틀 바디(Throttle Body)
운전석의 액셀 페달과 연결되어 있어, 엔진으로 들어가는 공기의 양을 조절한다.

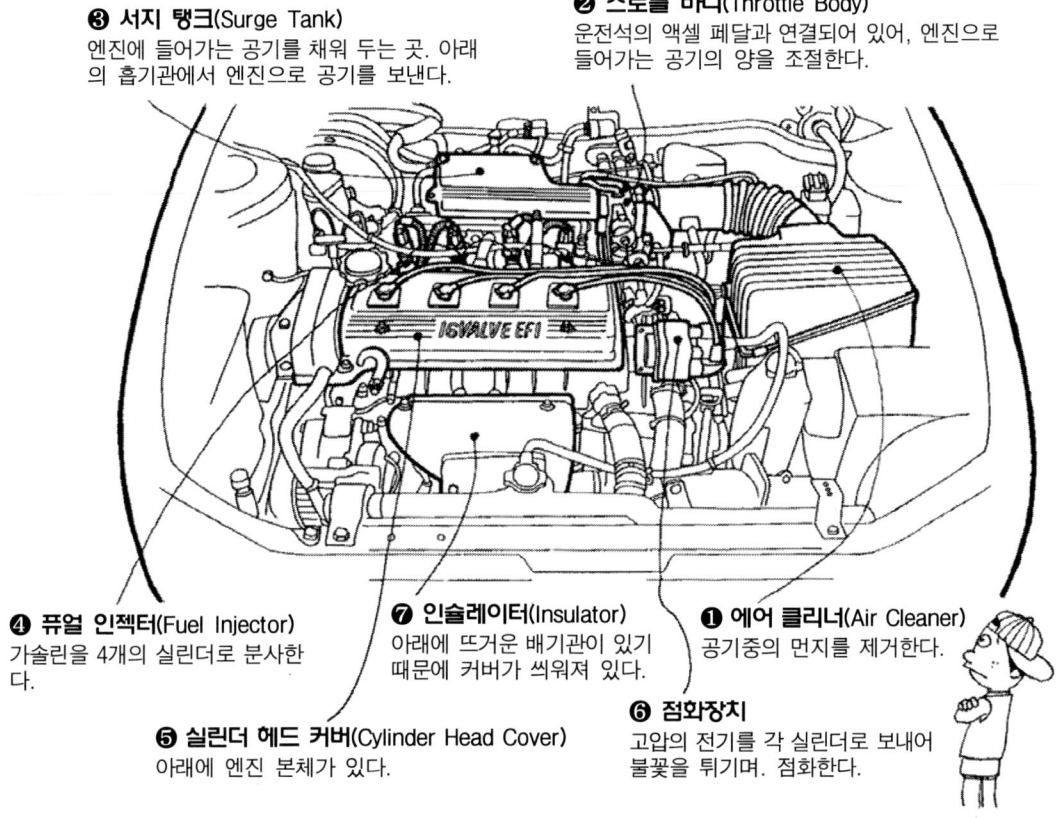

❹ 퓨얼 인젝터(Fuel Injector)
가솔린을 4개의 실린더로 분사한다.

❼ 인슐레이터(Insulator)
아래에 뜨거운 배기관이 있기 때문에 커버가 씌워져 있다.

❶ 에어 클리너(Air Cleaner)
공기중의 먼지를 제거한다.

❺ 실린더 헤드 커버(Cylinder Head Cover)
아래에 엔진 본체가 있다.

❻ 점화장치
고압의 전기를 각 실린더로 보내어 불꽃을 튀기며. 점화한다.

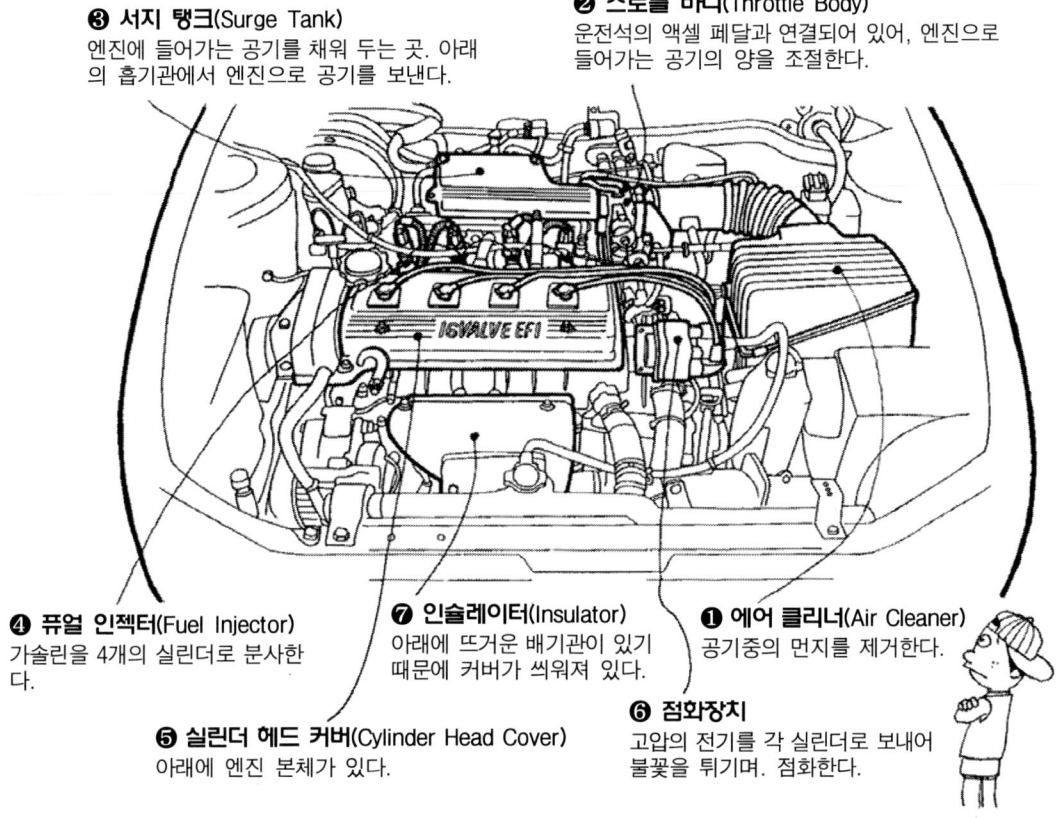

공기는 오른쪽에 있는 입구(그림에는 보이지 않음)로 들어가 ❶-❷-❸을 지나 ❹에서 가솔린과 혼합되어 ❺ 속의 실린더로 들어간 후 ❻에서 점화하여 연소되고 연소된 가스는 ❼의 아래에 설치된 배기관으로 나간다.

엔진을 원활하게 작동시키기 위해서는 우선 그 구조를 알아야 하기 때문에 후드(Hood)를 열어보지만 최근의 엔진은 친환경 자동차의 개발에 의해 자동차 교재에 서술되어 있는 내용과 그림이 전혀 다르다는 점에 대해 놀랄 것이다.

엔진 룸의 중앙에 엔진의 본체가 설치되어 있다는 것은 알지만 공기는 도대체 어디로 들어와서 어디로 나가는 것일까? 엔진에는 공기와 가솔린을 혼합하는 카뷰레터(Carburetor)가 장착되어 있어 공기를 깨끗하게 여과(濾過)하기 위한 에어클리너(Air Cleaner)가 있어야 하지만, 최신 전자제어 연료분사식 엔진에는 그러한 장치를 바로 볼 수 없다.

또한, 엔진의 특성에 있어서도 새롭게 출시된 차량의 엔진에 대해서는 전문지 등에 상세하게 설명되어 있으나 일반적으로 기본적인 것에 대해서는 알고 있다고 판단하여 설명이 생략된 경우가 많기 때문에 잘 모르는 사람도 많을 것이다.

이 책은 그러한 경우를 위해 엔진이 어떻게 이루어져 있고, 어떻게 동작하는지 그림을 중심으로 가능한 한 이해하기 쉽게 모아 놓은 것이다. 엔진을 보다 깊이 알기 위한 수단이 될 수 있기를 바란다.

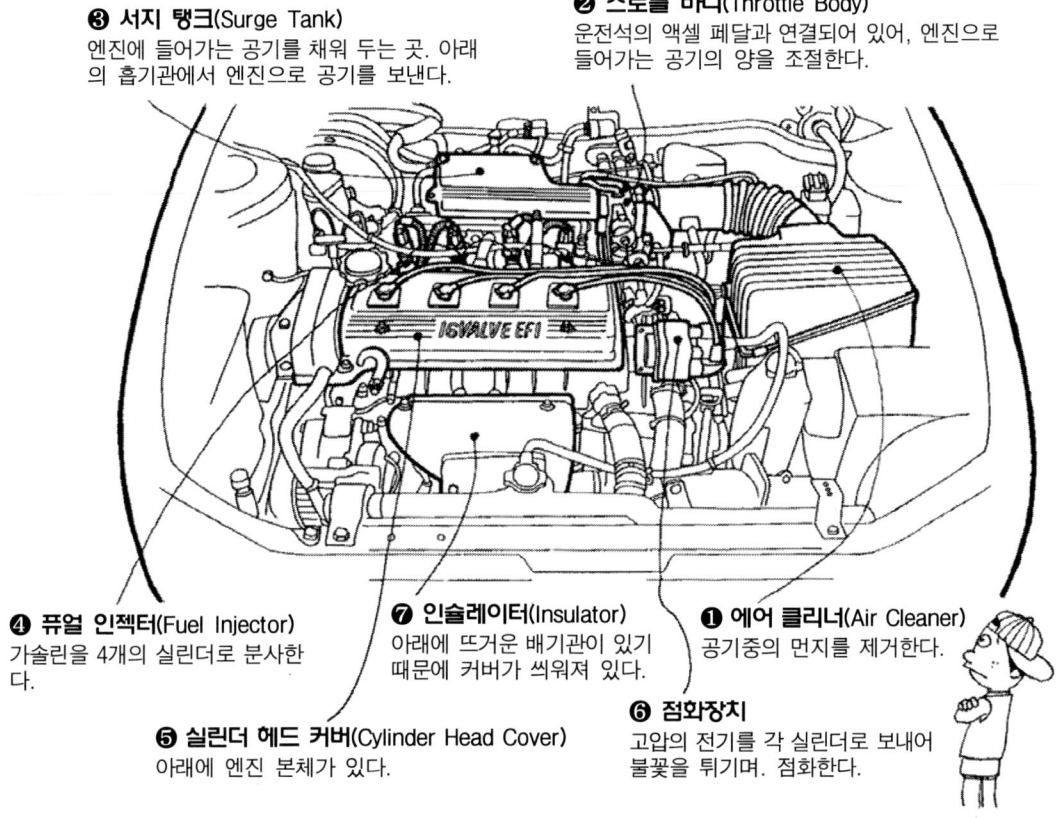

2. 엔진의 종류

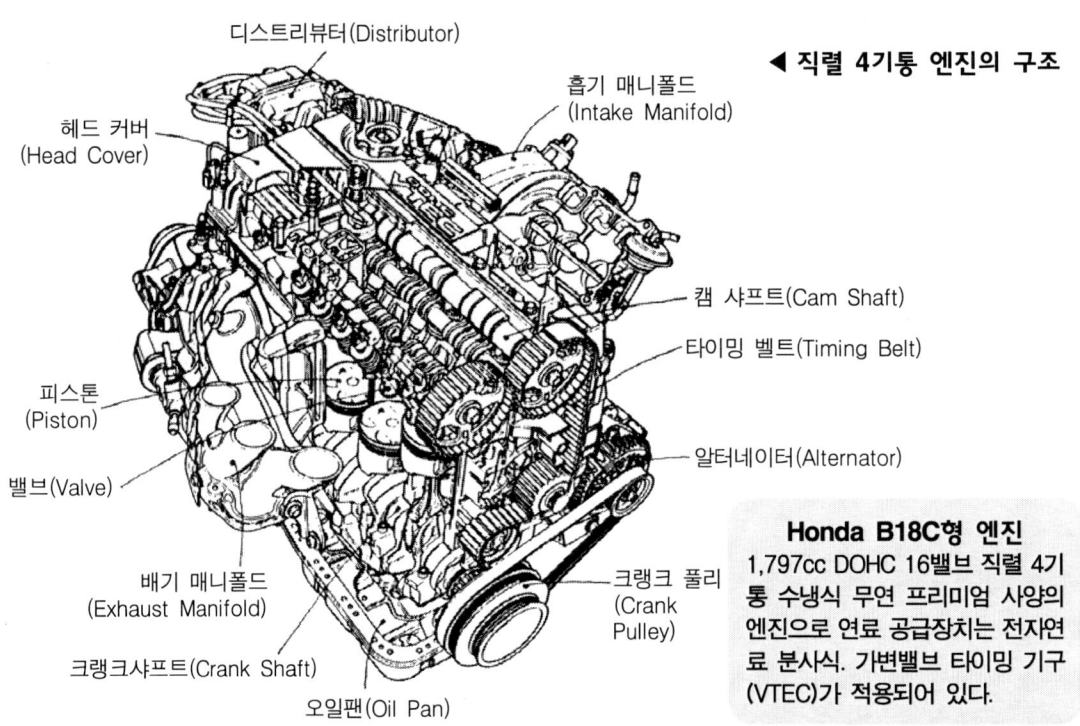

◀ **직렬 4기통 엔진의 구조**

디스트리뷰터(Distributor)

헤드 커버
(Head Cover)

흡기 매니폴드
(Intake Manifold)

캠 샤프트(Cam Shaft)

타이밍 벨트(Timing Belt)

피스톤
(Piston)

알터네이터(Alternator)

밸브(Valve)

배기 매니폴드
(Exhaust Manifold)

크랭크 풀리
(Crank
Pulley)

크랭크샤프트(Crank Shaft)

오일팬(Oil Pan)

Honda B18C형 엔진
1,797cc DOHC 16밸브 직렬 4기통 수냉식 무연 프리미엄 사양의 엔진으로 연료 공급장치는 전자연료 분사식. 가변밸브 타이밍 기구(VTEC)가 적용되어 있다.

앞 페이지에 있던 BMW 1.8 ℓ 와 같은 직렬 4기통 엔진이지만 Honda B18C형 엔진은 신기술이 풍부하게 적용되어 있기 때문에 엔진을 구성하는 부품 수가 당연히 많아졌다. 이제부터 살펴 볼 엔진에 요구되는 여러 가지 성능을 만족시키기 위해서는 메커니즘이 더욱 더 복잡해진다.

　엔진의 구조가 어떻게 되어 있고, 어떤 작동을 하는지 우선 엔진의 본체를 중심으로 하여 살펴보자.

　위의 엔진은 Honda의 Integra에 장착되어 있는 B18C형 엔진으로 기호는 이 엔진이 개발될 때 다른 제작회사의 엔진 및 베이스 엔진 등을 고려하여 메이커가 결정한 것이다.

　새로운 엔진을 개발하는 경우 메이커에서는 총력을 다하여 시장의 동향을 살피고 기획하여, 몇 년에 걸쳐 설계, 시작(試作), 평가를 진행하여 몇 천억 원의 투자로 이루어진다. 당연히 장기간에 걸쳐 양산하지 않으면 채산성이 맞지 않으므로 메이커는 같은 엔진을 여러 종류의 차량에 장착하여 사용한다. 그렇기 때문에 엔진의 종류는 그리 많지 않은 것이다.

　우선, 엔진의 실린더 수와 그 배열 방법에 따른 분류, 차량에 어떻게 장착하는가에 대하여 살펴보자.

　잘 알고 있는 바와 같이 엔진은 실린더(Cylinder)라 불리는 통 속에 피스톤이 왕복하여 동력이 얻어지는 기계이므로 일반적으로 실린더(기통) 수가 많을수록 큰 힘을 얻을 수 있다.

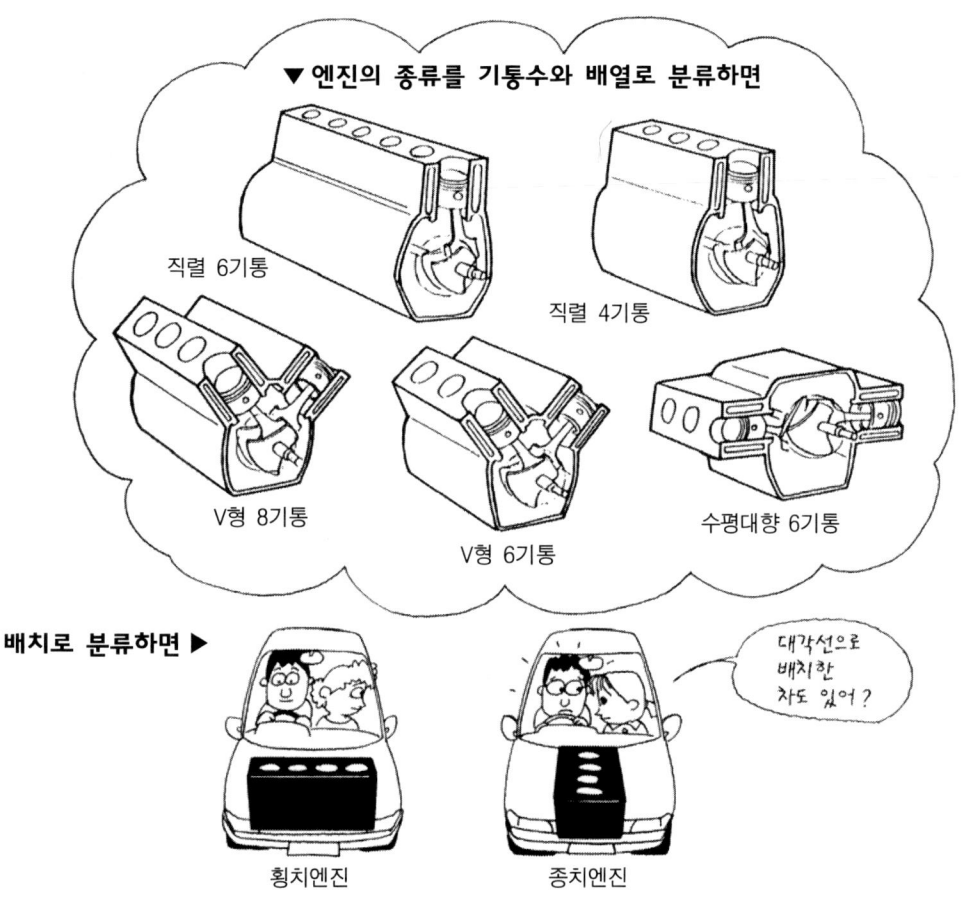

▼ 엔진의 종류를 기통수와 배열로 분류하면

직렬 6기통

직렬 4기통

V형 8기통

V형 6기통

수평대향 6기통

배치로 분류하면 ▶

대각선으로 배치한 차도 있어?

횡치엔진

종치엔진

    따라서 엔진은 우선 실린더가 몇 개나 있느냐에 따라 분류된다. 시판되는 자동차의 엔진에는 2, 3, 4, 5, 6, 8, 12기통이 있으며, 배기량이 큰 엔진일수록 실린더 수가 많은 경향이 있다. 이 실린더의 배열 방법에는 일렬로 배열된 직렬배치, 앞에서 보았을 때 V자형으로 배열되어 있는 V형배치, 마주보고 배열된 수평대향 배치의 3가지가 있으며, 엔진의 장착 방법에는 그 방향에 따라 종치식(縱置式)과 횡치식(橫置式)이 있다. 물론 실린더의 배열이 차량의 전후(前後) 방향으로 되어 있는 것이 종치식, 좌우(左右) 방향으로 되어 있는 것이 횡치식이다.

    예를 들어, 프런트에 엔진이 있고 뒷바퀴로 구동하는 FR차는 엔진이 종치식으로 배치되어 있는데 이것은 뒷바퀴에 구동력을 전달하는 프로펠러 샤프트(Propeller Shaft)를 플로어 아래로 통과시켜야 하기 때문이다. 프런트에 엔진이 있고 앞바퀴로 구동하는 FF차는 엔진의 회전축과 타이어를 회전시키는 구동축이 평행하도록 횡치식이 바람직하다. 하지만 FF차에 6기통 엔진을 장착하게 되면 직렬 엔진의 폭이 넓어 차량에 장착할 수 없기 때문에 V형 엔진이 적용되는 경우도 있다. 이렇듯 엔진의 배열과 장착 방법은 배기량 및 차량의 타입 등에 따라 최적의 조합(組合)이 선정된다.

3. 엔진 레이아웃

프런트 엔진(Front Engine)

리어 엔진(Rear Engine)

엔진의 장착위치는
앞, 뒤, 가운데 중
하나이다.

미드십 엔진(Midship Engine)

미드십 차는
어머니가 타실 수
없잖아요!

Toyota의 Estima는
엔진을 플로어 아래에
미드십으로 장착하여,
미드십 왜건(Midship Wagon)이라고
불린다.

엔진이 차량의 앞쪽에 장착되어 있다는 전제하에 서술 하였으나 알다시피 모든 차량이 그렇지만은 않다. 1770년 자동차의 원조(元祖)인 니콜라 죠셉 퀴노(Nichoolas Joseph Cugnot)의 증기 자동차 엔진은 차대(車臺)의 앞쪽 끝에 장착되어 있다. 1885년, 가솔린 엔진을 최초로 장착한 Daimler 3륜 자동차의 엔진은 뒷차축 앞 시트 아래에 장착되어 있다.

자동차의 긴 역사 속에는 엔진을 어디에 장착하는 것이 가장 합리적인지 여러 가지 시험이 이루어졌는데 1891년 프랑스의 Panhard社가 엔진을 앞에 장착하고 뒷바퀴를 구동하는 프런트 엔진·리어 드라이브(FR) 차량을 개발하면서 FR 방식이 자동차의 기본 레이아웃으로 확대 정착되었다. 지금까지도 FR 방식이 대형 승용차 및 스포티한 차량에는 기본적으로 적용되고 있는 것이 일반적이다.

FR 자동차의 특징은 캐빈(Cabin)의 공간을 확보한 상태에서 앞바퀴로 조향하고 뒷바퀴로 구동하여 타이어의 기능을 분담(分擔)하고, 중량(重量)의 배분도 좋기 때문에 차량의 운동 성능과 거주성(居住性)의 밸런스 유지가 쉽고, 진동·소음면에서도 유리하다.

▼ 엔진의 레이아웃과 자동차의 특징

구동방식

● 스타일 경향	FF	FR	MR	RR
Front Over Hang	길다	길다	짧다	짧다
캐빈의 위치	조금 앞쪽	뒤쪽	앞쪽	앞쪽
Rear Over Hang	짧다	길다	짧다	길다
● 차 실				
전후 넓이	넓다	조금 넓다	좁다	조금 넓다
플로어 높이	낮다	높다	조금 낮다	조금 낮다
트렁크 룸	넓다	조금 넓다	좁다	좁다
● 중량 배분	앞쪽	조금 앞쪽	중앙	뒤쪽
● 주행성능	• 직진 안전성이 좋도록 언더 스티어(Under Steer) 경향이 있다. • 미끄러지기 쉬운 노면의 주파성이 좋다.	• 조종성에 특징이 없다. • 트랙션(Traction) 한계가 약간 높다	• 조향성이 좋다. • 트랙션 한계가 높다.	• 트랙션이 크다. • 오버 스티어(Over Steer)경향이 있다.
● 적용 경향	소~중형차	중~대형차	스포츠카	소~중형차

　비교적 소형으로 대중적인 자동차의 레이아웃은 최근 백여년 사이에 두 차례 큰 변화가 있었다. 첫 번째는 1936년에 엔진을 차량의 뒤에 장착하고 뒷바퀴를 구동한 폭스바겐(Volks Wagen)의 등장에 의해 제2차 세계대전 후에 개발한 승용자동차는 리어 엔진·리어 드라이브(RR) 방식이 유행을 주도하였다. 두 번째는 1959년에 데뷔한 영국의 미니(Mini)이다. 횡치식 프런트 엔진으로 앞바퀴를 구동하는 프런트 엔진·프런트 드라이브(FF) 방식은 현재 소형 자동차뿐만 아니라 중형의 세단에도 많이 적용되고 있으며, 국내에도 이 방식이 많다.

　FF차는 엔진과 구동장치가 앞쪽에 집중되어 있기 때문에 중량이 앞쪽에 편중(偏重)되는 것을 피하는데 한계가 있어 조종성(操縱性)에 어려움이 있다. 그러나 실내와 트렁크의 공간을 크게 할 수 있다는 것과 차량을 앞바퀴로 끌어당기는 형식의 주행하므로 주행 안정성이 좋다는 특징이 있기 때문에 실용적인 자동차에 가장 적합한 레이아웃이라고 할 수 있다.

　미드십 엔진·리어 드라이브(MR) 방식은 거주성보다는 운동 성능을 중시하는 본격적인 스포츠카에 적용되고 있으며, 엔진의 주요 부분이 뒷바퀴보다 앞에 있으면 미드십, 뒤에 있으면 리어 엔진으로 구별하고 있다.

4. 엔진의 정의

    엔진(Engine)을 구체적으로 설명하기 전에 엔진이라는 단어에 대해서 조금 더 살펴보자. 이 책에서는 자동차에 가장 많이 사용되고 있는 가솔린 엔진(Gasoline Engine)을 중심으로 설명하겠지만 더 넓은 의미에서 엔진이란 무엇일까? 구체적으로는 『화력(火力), 전력(電力), 풍력(風力) 등이 가지고 있는 에너지를 지속적(持續的)인 기계에너지로 변화시켜 다른 것을 작동시키는 장치』를 총괄(總括)하여 엔진이라 부르고 있다. 한마디로 엔진이라고 해도 여러 가지 형식이 있으며, 각각 다른 원리로 작동되고 있다.

    가솔린 엔진은 어렵게 말하면 연소 기관의 일종으로 『가솔린이 연소함에 따라 발생된 열을 이용하여 자동차를 움직이게 하는 힘으로 변화시키는 장치』이다.

    그렇다면 열에너지는 어떤 방법으로 기계적인 에너지로 변환하는 것일까. 가까운 예로 가스 레인지에 얹어 놓은 주전자 또는 전기 포트의 물이 끓을 때 뚜껑이 덜그럭거리는 광경을 떠올리면 된다. 가스 또는 전기에 의해 발생된 열이 수증기를 발생시켜 이 수증기에 의해 뚜껑을 열게 하는 힘이 생긴다. 열기구에서는 풍선 속에 연료를 연소시켜 뜨겁게 한 공기를 보내 기구를 작동하게 하는 힘이 발생하는 것이다.

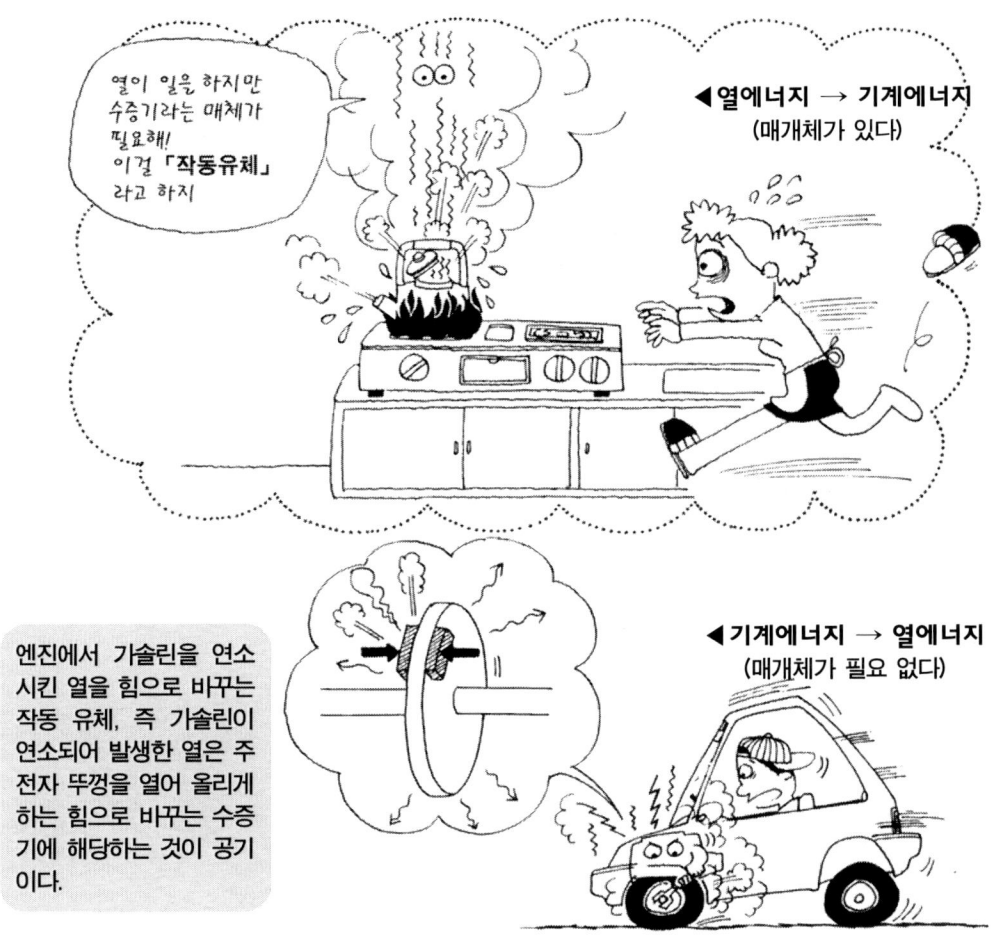

▲**열에너지 → 기계에너지**
(매개체가 있다)

열이 일을 하지만
수증기라는 매체가
필요해!
이걸 「작동유체」
라고 하지

엔진에서 가솔린을 연소
시킨 열을 힘으로 바꾸는
작동 유체, 즉 가솔린이
연소되어 발생한 열은 주
전자 뚜껑을 열어 올리게
하는 힘으로 바꾸는 수증
기에 해당하는 것이 공기
이다.

▲**기계에너지 → 열에너지**
(매개체가 필요 없다)

이 때 빠트려서는 안 되는 중요한 점이 있다. 그것은 열에서 갑자기 힘이 발생하는 것이 아니라 열에 의해 먼저 수증기와 뜨거운 공기가 발생하며, 그 수증기와 뜨거운 공기가 기능을 하는 것이라는 점이다. 즉 열기관에는 이와 같이 에너지 변환의 중개를 하는 매개체가 필요한 것이다. 이 매개체를 전문 용어로는 작동유체(作動流體)라고 한다. 가솔린 엔진의 작동유체는 가솔린과 함께 엔진으로 들어가 연소되어 나가는 공기이다.

반대로 기계적인 에너지를 열에너지로 변화시키는 경우를 생각해보자. 차량에서는 브레이크(Brake)가 그 대표적인 예(例)이지만 물체를 서로 마찰시켰을 때 발생되는 열이 그것이다. 어렵게 생각하지 않아도 손을 마주 비비는 것으로 기계적인 에너지를 열에너지로 변화시키는 실험이 가능하다. 이 때 작동유체는 필요하지 않다. 힘이 그대로 열로 변하는 것이다.

그러나 열에너지를 기계적인 에너지로 변화시키는 것은 그렇지 않다. 작동유체라 하는 중개 역할이 그 사이에 들어가기 때문에 어떻게 하던 에너지의 손실(Loss)이 발생한다. 따라서 얼마만큼이 열에너지를 기계적인 에너지로 변화시키는 것이 가능한 것인가 하는 효율에 대해 생각하게 되는 것이다.

5. 팽창력과 관성력

팽창력

팽창력 이란……

공기와 가솔린을 섞으면서

실린더에 눌러 놓고……

가솔린 →

공기

관성력

여기가 상사점

움직이지 않으려 하는 힘

이 부근에서 피스톤이 가장 빨리 움직이고 있다.

이사이가 스트로크

실린더

관성력

여기가 하사점

멈추지 않으려는 힘

가솔린 엔진은 『가솔린이 연소함에 따라 발생되는 열을 이용하여 자동차를 움직이게 하는 힘으로 변화시키는 장치』라는 것은 알았다. 그렇다면 구체적으로는 어떤 장치일까?

시중에서 판매되고 있는 자동차용 가솔린 엔진은 작동원리가 다른 로터리 엔진을 제외하고, 모두 리시프로 엔진이다. 리시프로 엔진은 영어의 『Reciprocating Engine』을 줄여 말한 것으로 Reciprocation은 기계의 왕복운동을 굴곡(屈曲) 형상의 크랭크(Crank) 기구를 사용하여 축을 회전운동으로 변환하여 외부에 출력시키는 것이 리시프로 엔진의 의미이다.

리시프로 엔진을 옆에서 보면 위에 실린더 속을 왕복 운동하는 피스톤(Piston), 아래에 크랭크샤프트(Crank Shaft)가 있으며, 이 둘은 커넥팅 로드(Connecting Rod)로 연결되어 있다.

가솔린 엔진은 열에너지를 기계적인 에너지로 변환시킬 때 중개 역할을 하는 작동유체로 공기가 사용된다. 즉, 주사기나 자전거 타이어의 공기 주입기와 같은 실린더 속에 피스톤을 넣은 장치를 만들어 실린더로 흡입한 가솔린과 공기의 혼합가스를 피스톤으로 압축하여 불을

브레이크에 의해 관성력이 발생한다.

구동력에 의해 관성력이 발생한다.

엔진이 작동할 때의 힘이라고 하면, 누구나 공기에 가솔린을 섞은 혼합기가 연소할 때의 팽창력이라고 생각한다. 그러나 또 하나 이 팽창력이 피스톤에 작용함에 따라 관성이 발생한다는 것을 빠트려서는 안 된다. 때로는 이 관성력의 크기가 엔진의 성능을 좌우하는 경우도 있다.

붙여 연소시키면 열에 의해 팽창한 가스가 피스톤을 누른다. 이때 피스톤을 누르는 가스의 팽창력(膨脹力)으로 자동차를 움직이도록 하는데 이 때는 팽창력 외에 관성력(慣性力)이 발생한다. 관성력에 대해서는 이해하기 어렵지만 엔진이 운동하는 부분에 항상 붙어 다니면서 그 성능의 특성에 영향을 미치기도 하고 진동과 소음 발생의 원인이 되는 단점도 있다.

예를 들어 피스톤은 상사점(Top Dead Center)에서 일단 정지한 상태부터 움직이기 시작하여 스트로크(Stroke)의 중간 정도에서 최고속도에 도달한 뒤 감속하여 하사점(Bottom Dead Center)에서 멈추고 다시 상사점으로 되돌아가는 움직임이 반복된다. 이와 같은 상태로 물체가 움직이거나 멈추는 등 운동의 속도가 변화할 때 즉, 가속도(加速度)와 감속도(減速度)가 변하였을 때 관성력이 발생한다. 상사점에서 스트로크 중간까지는 피스톤에 상향(上向) 관성력이 발생하고 중간을 지난 지점에서는 하향(下向) 관성력이 발생한다.

이 때 발생된 관성력이 다른 실린더의 피스톤 운동에 따라 발생된 관성력과 상쇄(相殺)되지 못하면 진동(振動)이 발생한다.

6. 리시프로 엔진

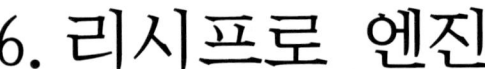

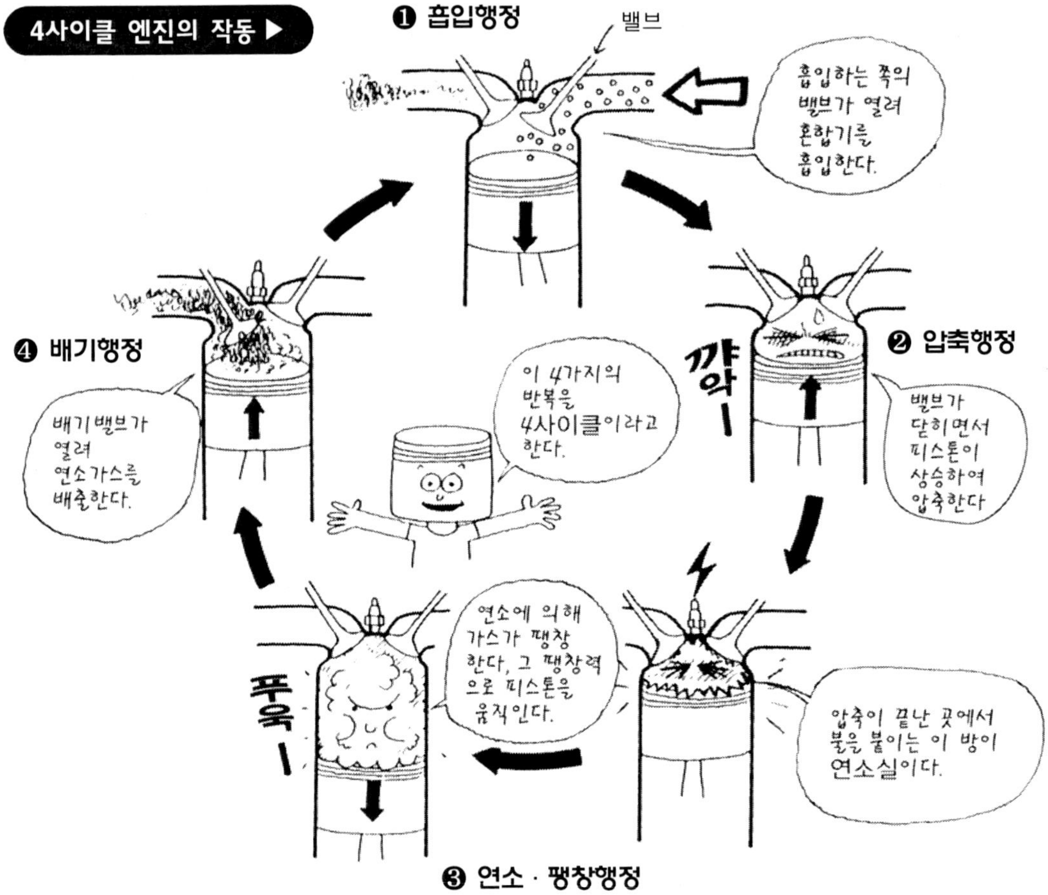

4사이클 엔진의 작동 ▶

❶ 흡입행정

밸브

흡입하는 쪽의 밸브가 열려 혼합기를 흡입한다.

❷ 압축행정

밸브가 닫히면서 피스톤이 상승하여 압축한다.

깍악ㅡ

이 4가지의 반복을 4사이클이라고 한다.

❹ 배기행정

배기밸브가 열려 연소가스를 배출한다.

❸ 연소·팽창행정

연소에 의해 가스가 팽창한다. 그 팽창력으로 피스톤을 움직인다.

푸욱ㅡ

압축이 끝난 곳에서 불을 붙이는 이 방이 연소실이다.

리시프로 엔진에는 2사이클과 4사이클이 있다. 이 중 1883년에 독일의 Daimler에 의해 개발되어 1900년경까지 기본적인 시스템이 확립된 4사이클 엔진이 현재의 승용자동차용으로 주류를 이룬다. 그 원리는 잘 알려져 있는 것과 같이 실린더 속에 공기와 가솔린을 혼합한 것 즉. 혼합기(混合氣)를 넣어 전기불꽃으로 점화하면 연소가스의 팽창력에 의해서 피스톤이 왕복 운동을 하면 크랭크샤프트에서 회전운동으로 변환되어 동력이 발생된다.

4사이클 엔진의 작동은 피스톤이 상사점에 있을 때 흡기밸브가 열리고 피스톤이 내려가면서 혼합기를 흡입한 후 밸브가 닫힌다[흡입행정(Intake Stroke)]. 다음으로 피스톤이 올라가면서 혼합기를 압축하고[압축행정(Compression Stroke)], 전기 불꽃으로 혼합기를 연소시킨다. 이 때 형성된 연소가스의 팽창력에 의해 피스톤이 내려간다[연소·팽창행정(Combustion·Expansion Stroke)]. 이 후에 배기밸브가 열리고 피스톤이 올라가면서 실린더 속의 연소가스를 밀어내어 외부로 배출[배기행정(Exhaust Stroke)]시키는 과정을 반복한다.

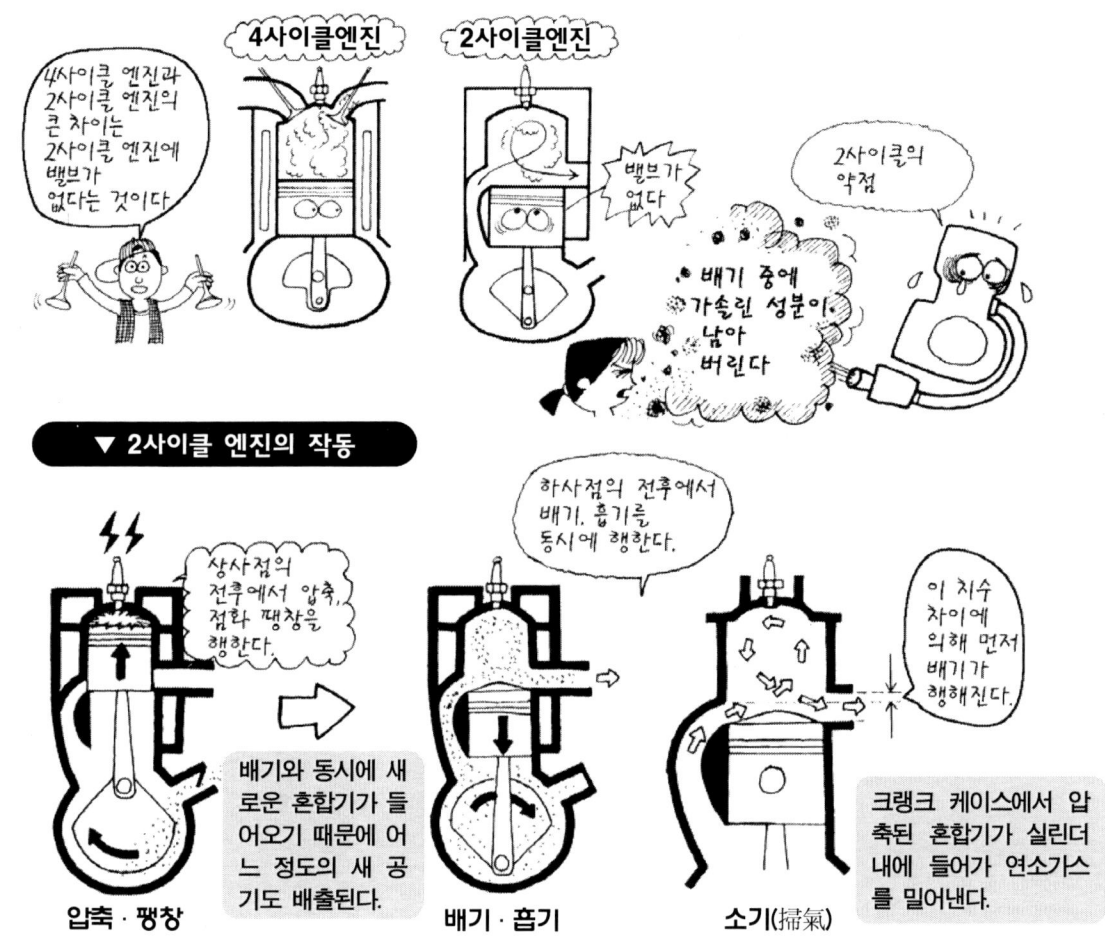

4사이클엔진 **2사이클엔진**

4사이클 엔진과 2사이클 엔진의 큰 차이는 2사이클 엔진에 밸브가 없다는 것이다

밸브가 없다

2사이클의 약점

배기 중에 가솔린 성분이 남아 버린다

▼ 2사이클 엔진의 작동

상사점의 전후에서 압축, 점화 팽창을 행한다

하사점의 전후에서 배기, 흡기를 동시에 행한다.

이 치수 차이에 의해 먼저 배기가 행해진다.

배기와 동시에 새로운 혼합기가 들어오기 때문에 어느 정도의 새 공기도 배출된다.

크랭크 케이스에서 압축된 혼합기가 실린더 내에 들어가 연소가스를 밀어낸다.

압축·팽창　　**배기·흡기**　　**소기(掃氣)**

이 4개의 행정 중에서 엔진의 기능은 팽창행정뿐으로 흡입행정과 배기행정은 흡배기 목적으로, 압축행정은 혼합기를 압축할 목적으로 외부의 힘이 필요한 행정이다. 이 때문에 크랭크샤프트에 플라이휠(Flywheel)을 장착하고 그 관성력을 이용하여 원활한 회전이 이루어지도록 한 방식이다.

2사이클 엔진은 행정이 2개인 엔진이다. 엔진의 작동은 4사이클과 같아 흡입, 압축, 연소·팽창, 배기가 이루어지지만 상사점 전후에서 압축과 연소·팽창을, 하사점의 전후에서 배기와 흡입을 동시에 이루어지도록 함으로써 2개의 행정으로 한 사이클을 완료한다. 4사이클 엔진의 연소·팽창행정이 크랭크샤프트의 2회전에 1회인 것에 비해, 2사이클은 피스톤이 내려갈 때마다 크랭크샤프트를 회전시키므로 효율이 좋다. 흡배기 밸브가 없기 때문에 엔진의 구조가 간단하고 부품수가 적어 제작비도 저렴하지만 흡배기가 동시에 이루어지는 것이 장점임과 동시에 단점이기도 하다.

하사점의 전후에 들어오는 새로운 혼합기가 연소된 가스를 밀어내므로 새로운 혼합기의 연료 일부가 연소되지 않은 상대로 배출된다. 그 결과 배출가스 속에 가솔린의 성분이 남아 대기를 오염시키고 연료소비량이 많아지는 것이 2사이클 엔진의 단점이다.

❷ 배기중

배기행정

❶ 배기시작

❸ 배기종료

압력
P
↑

D

C

팽창

C₁

압축

EO

대기압

A Ao 배기 Bc E

0

Ac

B

배기밸브 닫힘

→ 체적 V

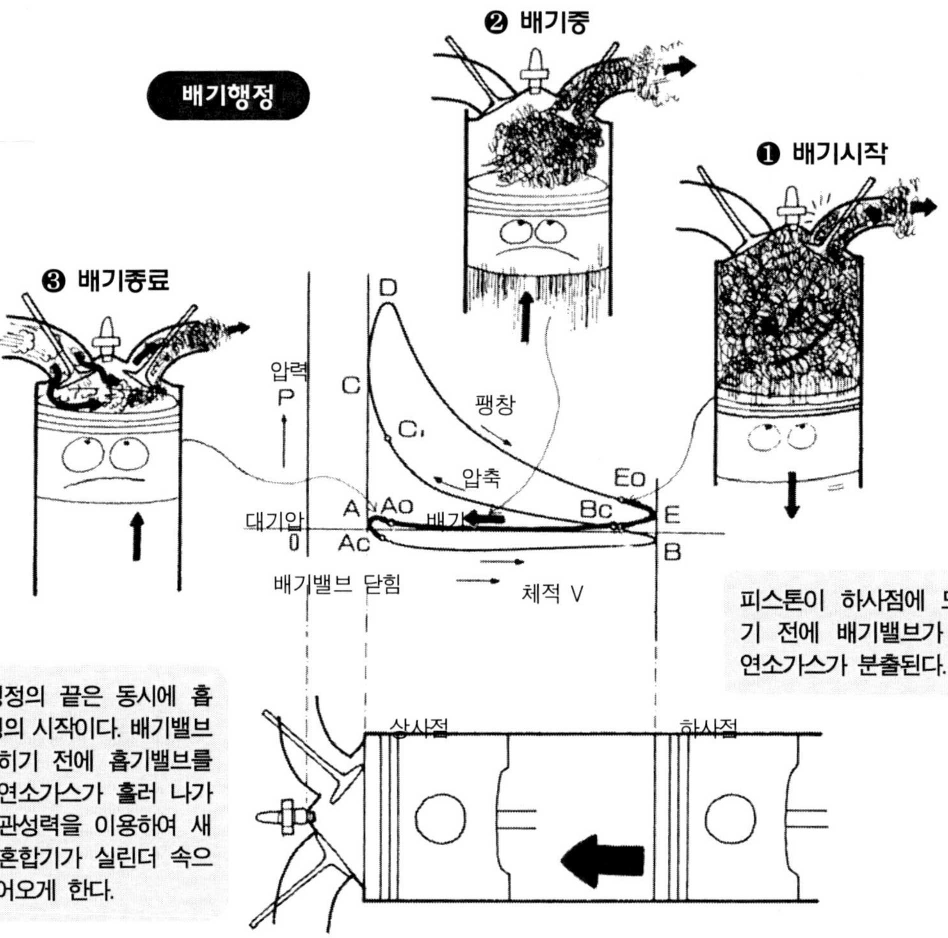

피스톤이 하사점에 도달하기 전에 배기밸브가 열려, 연소가스가 분출된다.

배기행정의 끝은 동시에 흡입행정의 시작이다. 배기밸브가 닫히기 전에 흡기밸브를 열어 연소가스가 흘러 나가려는 관성력을 이용하여 새로운 혼합기가 실린더 속으로 들어오게 한다.

상사점

하사점

이제부터는 자동차용 엔진의 주류인 4사이클 가솔린 엔진에 대해 서술하겠다. 4개의 사이클에 대해서 조금 더 자세히 알아보자.

흡입, 압축, 연소·팽창, 배기의 4개 행정을 이해하기 위해서는 엔진의 작동을 그림으로 표시한 압력·체적선도(P-V Diagram)를 보는 것이 지름길이다. 복잡하게 보이지만 순서를 따라가 보면 이해가 된다는 뜻이다. 압력·체적선도는 세로축에 실린더 내의 압력을, 가로축에 체적을 나타낸 그래프로 피스톤은 그래프의 좌측 끝 A와 C에서 실린더의 가장 위(上死點)에 있고, 우측 끝의 B와 E에서 가장 아래(下死點)에 있다. 그래프에 표시되어 있는 선을 4개의 행정에 적용시켜 보면 A-B가 흡입행정, B-C가 압축행정, C-E가 연소·팽창행정, E-A가 배기행정이라는 뜻이다. 보통, 행정이라는 것은 흡입부터 시작되지만 실제로는 배기부터 시작하는 것이 이해하기 쉽다. 그것은 가능한 한 많은 공기를 흡입하기 위해서 배기출구(배기포트)를 지나 밖으로 배출되는 연소가스의 관성력을 이용하기 때문이다.

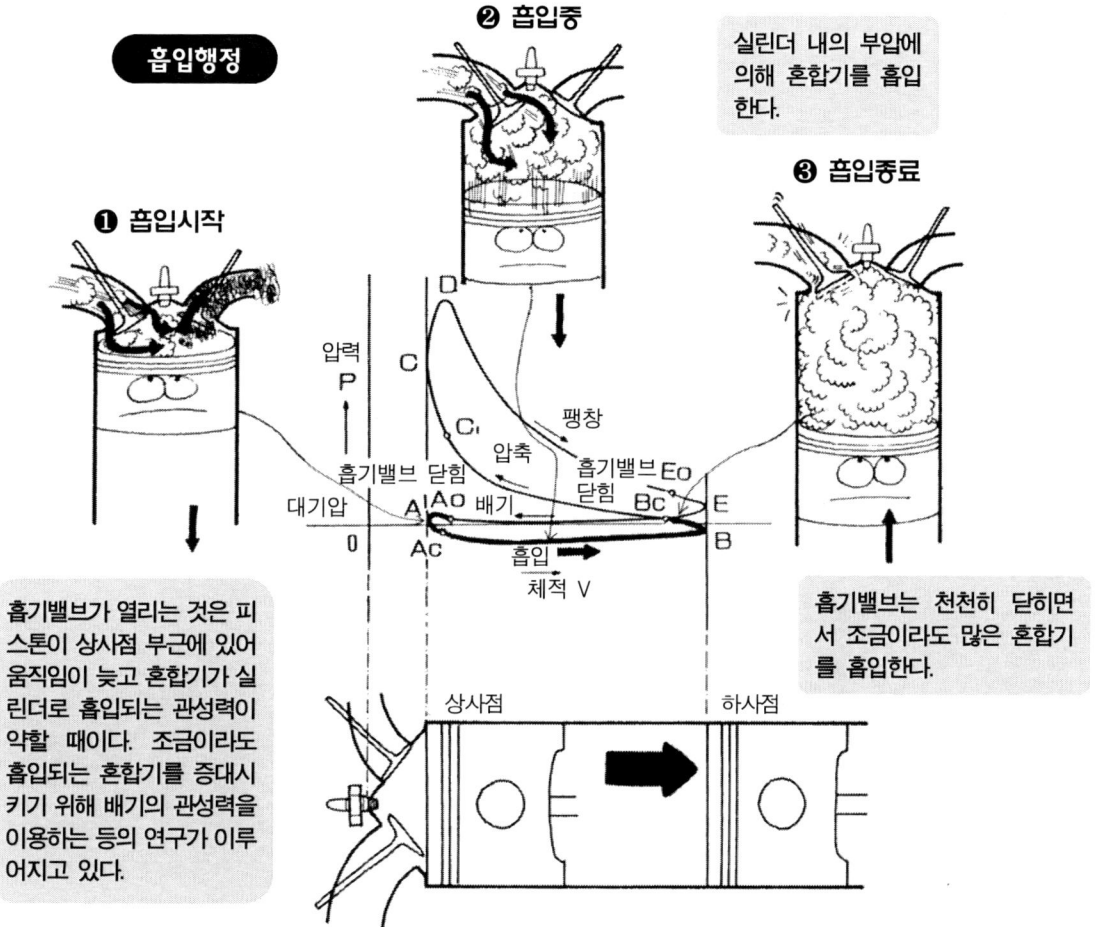

흡입행정

❷ 흡입중

실린더 내의 부압에 의해 혼합기를 흡입한다.

❸ 흡입종료

❶ 흡입시작

압력 P

대기압

흡기밸브 닫힘

흡기밸브 Eo 닫힘

팽창

압축

배기

흡입

체적 V

상사점

하사점

1 엔진의 기본

흡기밸브가 열리는 것은 피스톤이 상사점 부근에 있어 움직임이 늦고 혼합기가 실린더로 흡입되는 관성력이 약할 때이다. 조금이라도 흡입되는 혼합기를 증대시키기 위해 배기의 관성력을 이용하는 등의 연구가 이루어지고 있다.

흡기밸브는 천천히 닫히면서 조금이라도 많은 혼합기를 흡입한다.

배기행정은 배기밸브가 열린 상태에서 피스톤이 하사점으로부터 상사점을 향해 이동하면서 연소가스를 밀어내는 행정이다. 그러므로 배기밸브는 하사점에서 열릴 것이라 생각되지만 실제로는 피스톤이 완전히 내려가기 전에 그림의 Eo지점에서 열린다. 연소가스가 피스톤을 누르는 팽창력은 조금 남아 있지만 밸브를 빨리 열어 연소가스를 배출시키는 쪽이 효율이 좋기 때문이다. 이에 따라 피스톤은 잔류(殘留)가스를 밀어내면서 상승하여 배기 행정을 끝낸다.

흡기행정은 흡기밸브가 열린 상태에서 피스톤이 상사점에서 하사점을 향해 이동하면서 흡기포트로부터 혼합기를 흡입하는 행정이며, 흡기밸브는 피스톤이 상사점에 도달하기 조금 전인 Ao에서 열리기 때문에 연소가스가 배기밸브에서 계속 유출되려는 관성력에 의해 조금이나마 혼합기를 더 끌어들이는 효과가 발생하기 때문에 배기가스의 관성을 이용하는 것이다.

이와 같이 흡기밸브는 하사점의 B가 아닌 피스톤이 올라가기 시작하는 Bc에서 닫힌다. 그러면 혼합기는 계속 들어가려는 관성력에 의해 보다 많은 양이 실린더로 들어온다. 엔진에 공기를 넣는 것은 주사기에 주사액을 넣는 것과 같아 피스톤이 내려가는 것에 의해 실린더 안이 대기압보다 낮아지는 부압(負壓)현상을 이용하여 흡기밸브 주위의 좁은 틈새로 공기를 넣는 것으로 이러한 작은 점을 잘 이용하는 것도 중요한 것이다.

8. 압축 및 팽창행정

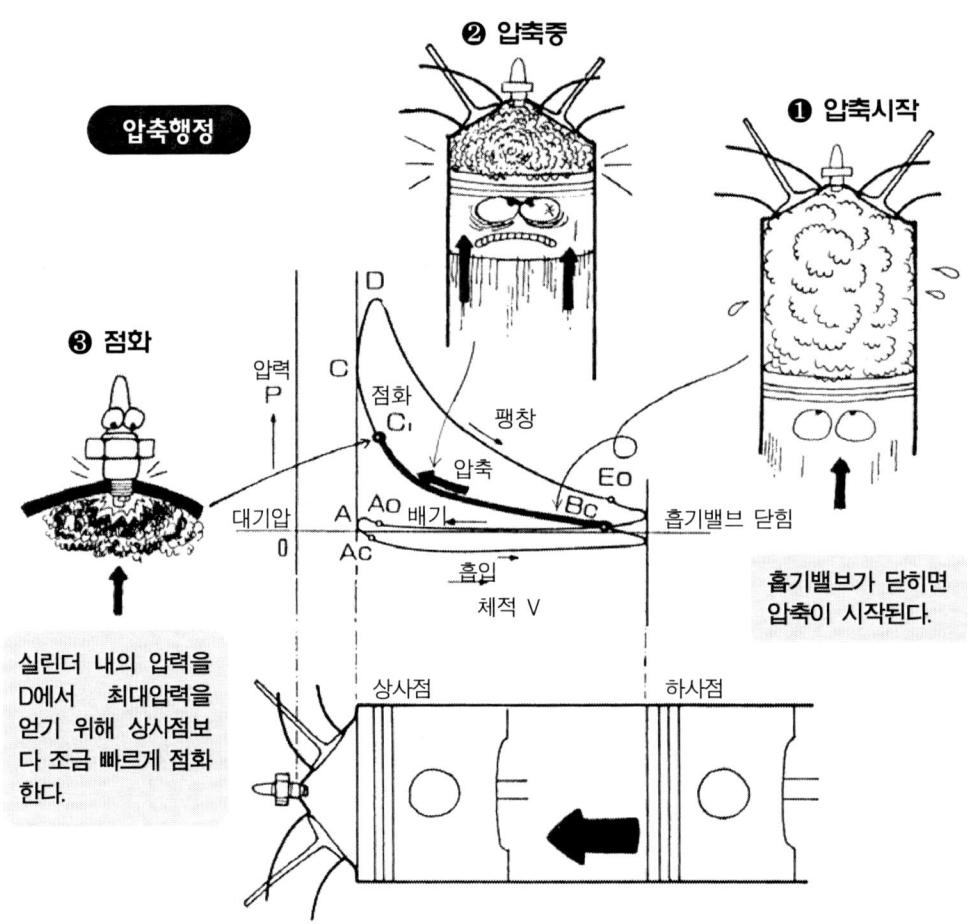

압축행정

❷ 압축중

❶ 압축시작

❸ 점화

압력
P

D

C

점화
C₁

팽창

압축

대기압

A   AO 배기

0

Ac

Eo

BC

흡기밸브 닫힘

흡입

체적 V

흡기밸브가 닫히면
압축이 시작된다.

실린더 내의 압력을
D에서 최대압력을
얻기 위해 상사점보
다 조금 빠르게 점화
한다.

상사점

하사점

압축행정에서 실린더에 흡입된 혼합기는 피스톤에 눌려 압력이 높아짐과 동시에 그 온도도 급상승하기 때문에 공기의 압축열과 강한 흐름에 의해 가솔린이 기화하여 극히 연소되기 쉬운 상태가 된다. 실린더에 막 흡입된 혼합기(混合氣) 속의 가솔린은 대부분이 공기 속에 안개 상태(霧化狀態)로 떠 있기 때문에 압축열(壓縮熱)에 의해 증발하여 가스(Gas) 상태로 연소된다. 이 압축된 혼합기가 연소되는 공간을 연소실(Combustion Chamber)이라 한다.

겨울에 엔진의 시동이 어려운 것은 가솔린이 기화(氣化)하기 어렵기 때문에 그 대책으로 가솔린을 많이 넣어 혼합기 속의 기체가 된 가솔린의 양을 증가시켜 연소하기 쉽게 하는 방법이 있다. 또 가솔린이 증발할 때에는 주변의 열을 빼앗기 때문에 연소실의 온도가 낮아진다. 따라서 연비를 좋게 하기 위해 가솔린의 양을 적게 하면 압축행정에서 온도가 지나치게 높아져 점화하기 전에 혼합기가 연소되는 등의 이상연소(異常燃燒)가 일어나는 경우도 있다.

흡입에서 압축으로 이어지는 행정에서 중요한 것은 혼합기의 흐름이다. 점화하여도 불이 붙지 않을 만큼의 강한 흐름은 물론 좋지 않지만 가솔린의 미립자가 공기와 잘 혼합 될수록 연소

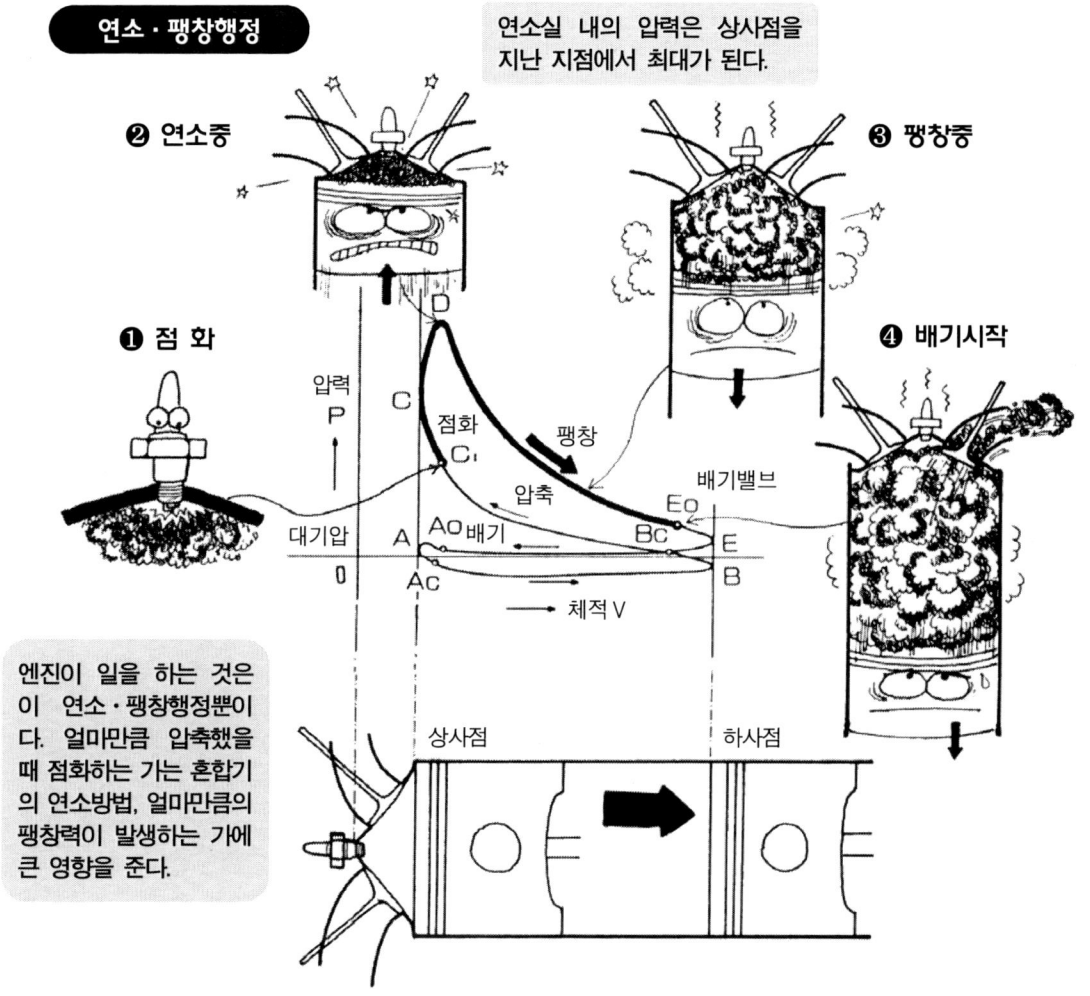

연소·팽창행정

연소실 내의 압력은 상사점을
지난 지점에서 최대가 된다.

❷ 연소중

❸ 팽창중

❶ 점화

❹ 배기시작

압력
P

점화

팽창

C

C_1

압축

배기밸브

대기압

Eo

A Ao 배기

Bc

E

0

Ac

B

체적 V

상사점

하사점

엔진이 일을 하는 것은
이 연소·팽창행정뿐이
다. 얼마만큼 압축했을
때 점화하는 가는 혼합기
의 연소방법, 얼마만큼의
팽창력이 발생하는 가에
큰 영향을 준다.

가 쉬운 가스가 되기 때문에 혼합기가 들어가는 흡기 포트(Intake Port)의 형태와 기류(氣流)를
연구하여 좋은 외류(渦流)가 형성되도록 하고 연소행정까지 감쇠(減衰)되지 않도록 하였다.

압축이 진행되어 피스톤이 상사점에 가까워지면 그림 C_1에서 스파크 플러그(Spark Plug)
로 전기불꽃을 발생시켜 혼합기에 점화하는데 이 타이밍이 중요하다. 왜냐하면 혼합기는 점화
한 순간에 모두 연소되는 것이 아니라 불이 붙고 나서 연소가 진행되며, 압력이 높아지기까지
시간이 걸리기 때문이다. 점화시기(Ignition Timing)는 상사점에서 거의 연소실의 반 정도까지
연소가 진행되고 있을 때가 보통이다. 또한 혼합기의 연소 속도는 엔진의 회전속도에 거의 비
례하여 빨라지기 때문에 점화시기를 여기에 맞추어 빠르게 하여야 한다.

연소가 시작되면 혼합기는 단시간에 연소가스가 되어 온도, 압력 모두 급상승한다. 이때의
연소가스 팽창력이 피스톤을 누르는 것이므로 이 팽창력은 가능한 한 커야 하기 때문에 혼합기
의 연소가 가능한 한 짧은 시간에 이루어지는 것이 바람직하다. 연소시간이 길면 피스톤이 내
려가고 나서 누르는 것이 되기 때문에 효율이 나쁘다. 연소시간은 연소실의 크기 및 형태에
따라 결정되는 가스의 흐름 및 혼합기의 성분 등 여러 가지 요인의 영향을 받는다.

1. 로터리 엔진

여러 가지 엔진 ●··

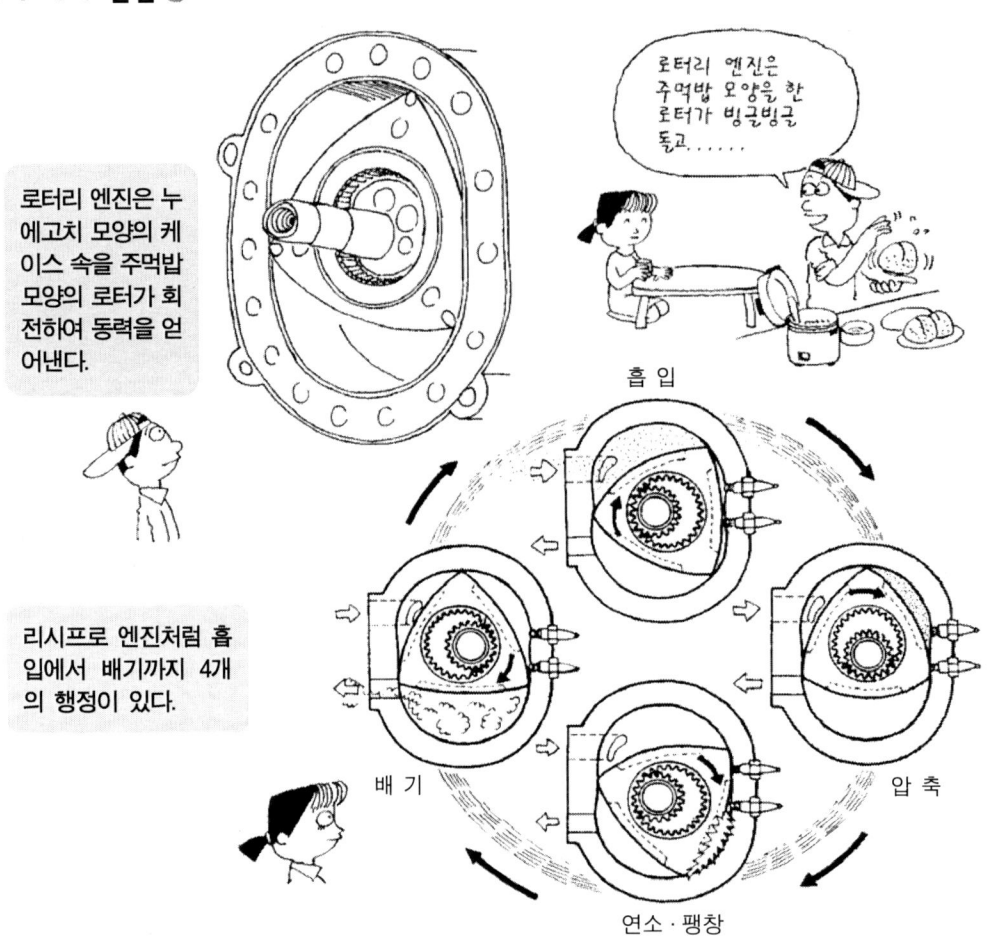

로터리 엔진은 누에고치 모양의 케이스 속을 주먹밥 모양의 로터가 회전하여 동력을 얻어낸다.

로터리 엔진은 주먹밥 모양을 한 로터가 빙글빙글 돌고……

리시프로 엔진처럼 흡입에서 배기까지 4개의 행정이 있다.

흡 입

배 기

압 축

연소·팽창

로터리 엔진은 로터리 피스톤 엔진이라고도 불리며, 리시프로 엔진이 크랭크 기구를 사용하여 직선운동에 의해 발생된 동력을 회전운동으로 변환시키는데 비하여 회전운동만으로 출력을 얻는다는 것이 특징이다. 그러나 일반적인 전동(電動) 모터와는 달라 회전을 얻는 방법이 단순하지 않고 누에고치 형태를 한 케이스 속을 주먹밥 형태의 로터가 회전하여 그 회전을 로터 속에 설계된 기어에 의해 얻어내는 구조로 되어 있다.

로터리 엔진은 3개의 연소실을 가지며, 각각의 연소실은 리시프로 엔진의 경우와 같은 방식으로 흡입, 압축, 연소·팽창, 배기의 4개 행정을 거친다. 한 개의 연소실에 주목(注目)하여 행정을 따라가면 선행(先行)하는 연소실은 앞의 행정에 있고, 뒤를 잇는 연소실은 다음 행정에 있기 때문에 로터가 1회전 하는 사이에 연소·팽창행정이 3회 이루어지게 된다. 로터 안쪽의 내접 기어는 엔진의 출력축에 장착되어 있는 외접 기어와 맞물려 기어 잇수가 3 : 2의 비율로 되어 있기 때문에 로터가 1회전하는 사이에 연소·팽창행정이 3회 이루어지는 것으로 계산하면 출력축의 1회전 당 1회의 연소·팽창행정이 이루어지는 것이 된다.

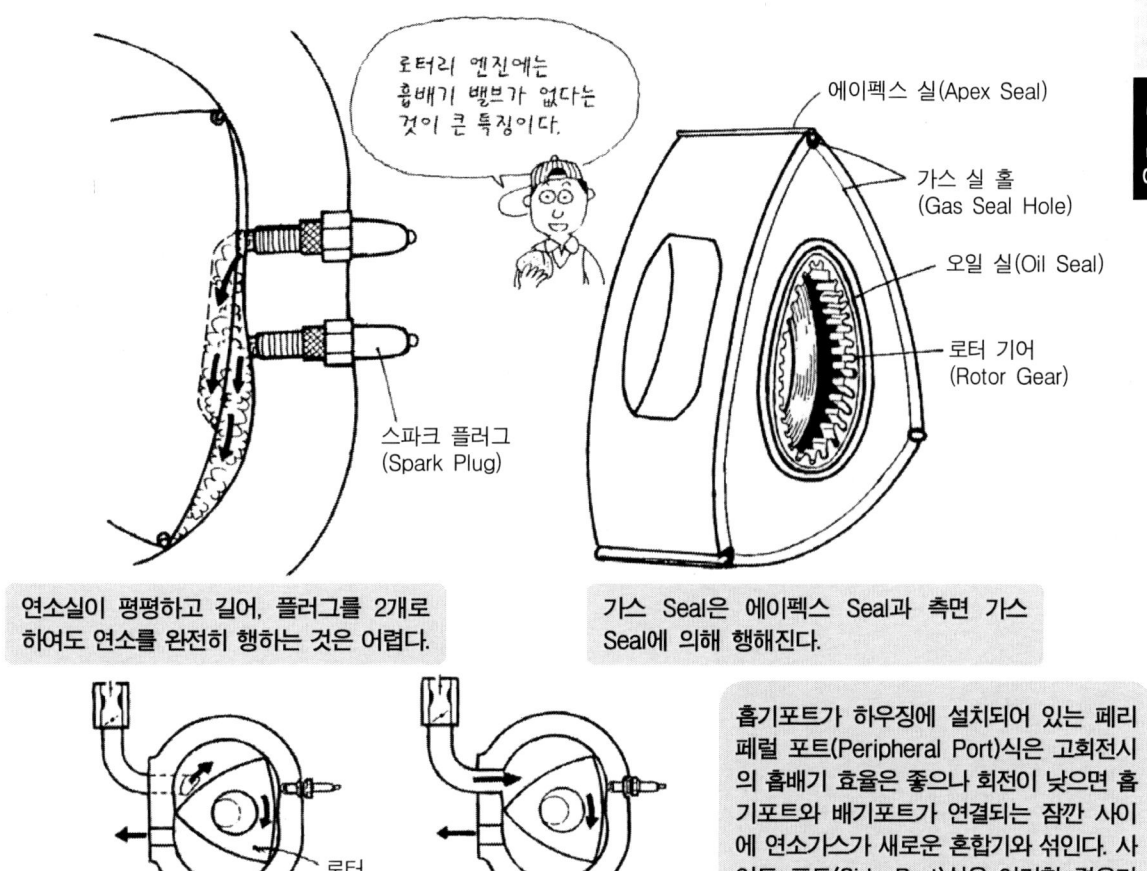

로터리 엔진에는 흡배기 밸브가 없다는 것이 큰 특징이다.

에이펙스 실(Apex Seal)

가스 실 홀
(Gas Seal Hole)

오일 실(Oil Seal)

로터 기어
(Rotor Gear)

스파크 플러그
(Spark Plug)

연소실이 평평하고 길어, 플러그를 2개로 하여도 연소를 완전히 행하는 것은 어렵다.

가스 Seal은 에이펙스 Seal과 측면 가스 Seal에 의해 행해진다.

로터

사이드 흡기포트

페리페럴 흡기포트

흡기포트가 하우징에 설치되어 있는 페리페럴 포트(Peripheral Port)식은 고회전시의 흡배기 효율은 좋으나 회전이 낮으면 흡기포트와 배기포트가 연결되는 잠깐 사이에 연소가스가 새로운 혼합기와 섞인다. 사이드 포트(Side Port)식은 이러한 경우가 없기 때문에 실용엔진에 사용되고 있다.

로터리 엔진이 리시프로 엔진과 결정적으로 다른 점은 4개의 행정이 각각 다른 즉, 그 행정 전용의 장소에서 이루어진다는 점이다. 예컨대 리시프로 엔진의 4개 행정이 모두 실린더의 위쪽에 있는 연소실을 중심으로 이루어지는 것에 비하여 혼합기를 흡입하여 압축하는 곳, 연소·팽창이 일어나는 곳, 연소가스를 배출하는 곳이 모두 다르다는 것이다. 이러한 점에서 로터리 엔진은 다음과 같은 특징이 있다.

우선 작동에 대해서 살펴보면 4사이클 리시프로 엔진에서 빼놓을 수 없는 흡배기 밸브가 없어 혼합기의 흐름에 방해되지 않기 때문에 흡·배기가 부드럽게 이루어지고 가스 교환의 효율이 좋다는 점과 2사이클 엔진과 같이 출력축의 1회전당 1회의 연소·팽창행정이 있다는 점이 큰 특징이다. 그 때문에 출력에 비해 소형, 경량이며, 거의 같은 출력의 리시프로 엔진과 비교하면 크기, 중량이 모두 약 2/3로 충분하다는 장점이 있다.

그러나 평평한 연소실이 하우징의 벽을 따라 이동하기 때문에 혼합기를 빠르게 완전 연소시키기가 어렵다는 점과 하우징의 벽면과 삼각 성점 부분에서의 가스 실링(Gas Sealing)이 어렵다는 기술적인 문제도 있어 현재는 일본 Mazda에서 생산되는 자동차에만 사용되고 있다.

2. 디젤 엔진

디젤 엔진과 가솔린 엔진의 차이는 연료의 점화방법이다.

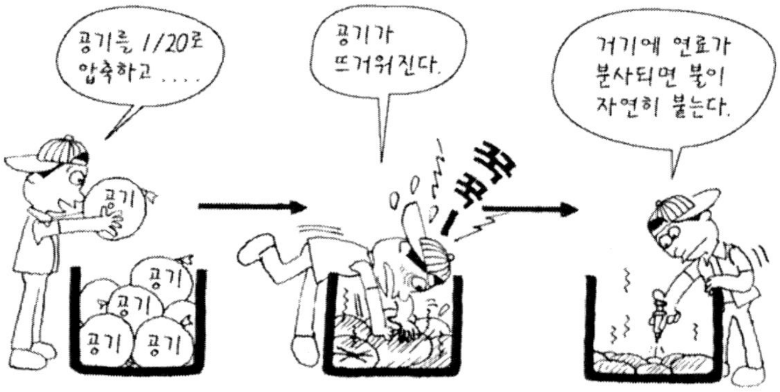

공기를 1/20로 압축하고 ....

공기가 뜨거워진다.

거기에 연료가 분사되면 불이 자연히 붙는다.

▼ 디젤엔진의 구조

캠(Cam)

글로 플러그 (Glow Plug)

연료분사노즐

흡기포트와 배기포트 (병행하여 설치)

부연소실 (副燃燒室)

피스톤

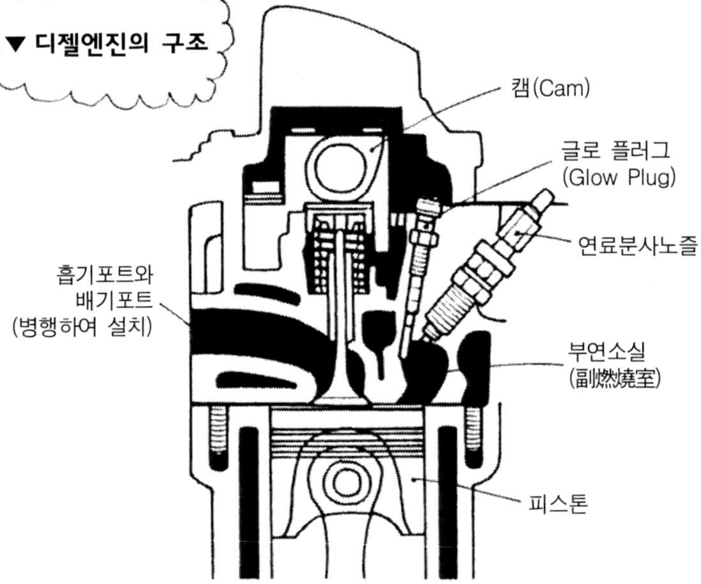

연소를 잘 되도록 하기 위해 연료는 일단 부연소실에 분사되고, 연료가 확산(擴散) 연소되도록 실린더 내에 분사한다. 글로 플러그는 저온시 시동을 쉽게 걸리도록 하기 위해 공기를 예열(豫熱)하는 히터(Heater)이다.

디젤 엔진은 외관(外觀), 구조 모두 가솔린 엔진과 비슷하며, 다른 점은 가솔린 엔진이 혼합기를 전기불꽃으로 점화하여 연소시키기 쉬운데 비하여, 디젤 엔진은 공기를 압축하여 고온이 되었을 때에 연료를 분무(噴霧)하여 태운다는 점뿐이다.

공기를 압축하면 온도가 높아진다는 것은 잘 알려져 있는 사실이다. 가솔린 엔진은 혼합기를 1/10 정도의 체적으로 압축하지만, 디젤 엔진은 공기를 1/20 전후까지 압축하여 600℃ 이상의 온도로 높인 후 연료 분사 펌프에서 연료의 압력을 100기압 이상으로 높여 1/1000 ~ 2/1000초의 단시간(短時間)에 분무한다. 가솔린 엔진은 흡입되는 혼합기의 양에 따라 출력이 조절되지만, 디젤 엔진은 흡입되는 공기량은 변하지 않고 분사되는 연료량에 따라 출력이 조절된다.

공기의 온도를 높여 연료의 연소가 잘 이루어지도록 하기 위해 가능한 한 압축비를 높이는 것이 좋지만 연소가스의 팽창력도 그만큼 커지므로 엔진이 잘 견딜 수 있도록 튼튼하게 만들어야 한다. 또한 고가(高價)인 연료 분사 펌프도 필요하기 때문에 무겁고 가격이 비싼 자동차용

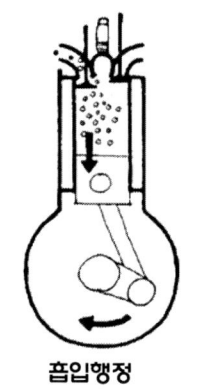
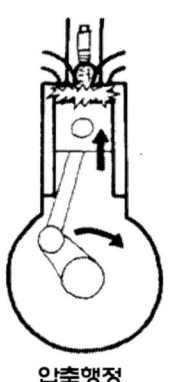
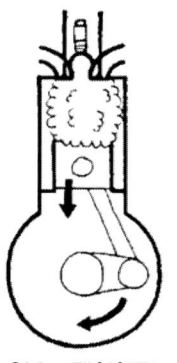
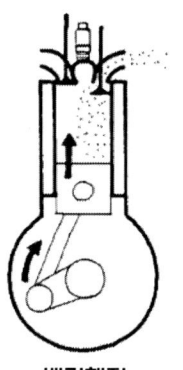

흡입행정   **압축행정 (연료분사)**   **연소 · 팽창행정**   **배기행정**

디젤 엔진의 행정은 4사이클 가솔린 엔진과 같다. 다른 점은 가솔린 엔진의 점화가 압축된 혼합기에 전기불꽃으로 점화하는 데에 비해, 디젤 엔진은 고온고압의 공기 중에 연료를 분사하여 자연 발화(自然發火)시킨다는 점이다.

디젤 엔진은 압축비가 높기 때문에 열효율이 좋고 연료 소비가 적은 것이 특징 중 하나이다.

연비가 좋은 디젤엔진은 상용차에 많이 사용되고 있다.

엔진으로서는 상당히 큰 핸디캡을 가지고 있다. 단, 일본에서는 디젤 엔진의 연료인 경유 가격이 세금 관계로 저렴하여 주행 비용(Running Cost)이 적다는 큰 장점이 있다.

디젤 엔진은 이와 같이 실린더의 용적(容積)에 따라 거의 일정한 공기가 흡입되기 때문에 엔진에 걸리는 부담(負擔)이 적고, 연료의 분사량이 적은 상태에서는 충분한 공기가 있어 완전 연소가 된다. 그러나 엔진에 부하가 Full로 걸린 상태에서 연료를 많이 분사하면 공기의 부족으로 인해 불완전 연소가 되기 때문에 그을음이 생성되어 매연(煤煙)을 발생하게 된다.

또한 가솔린 엔진의 경우 가솔린과 공기가 충분히 섞인 상태의 혼합기(混合氣)에 전기불꽃으로 점화하기 때문에 바로 연소되지만, 디젤 엔진에서는 연료가 미세한 액체로 공기 중에 분무(噴霧)되어 가스가 되기까지 시간이 걸리기 때문에 엔진의 최고 회전수가 상당히 낮고 최고 출력도 낮다. 그 밖에 가솔린 엔진에 비해 팽창력이 매우 크고 팽창력을 받는 운동 부분의 관성 질량 또한 크기 때문에 진동·소음까지 커질 수밖에 없다는 단점은 있지만 점화장치라는 섬세한 부품이 필요하지 않기 때문에 정비(整備)가 간단하고 연비(燃費)가 좋아 승용차용보다 상용차용(商用車用)으로 더 많이 이용된다.

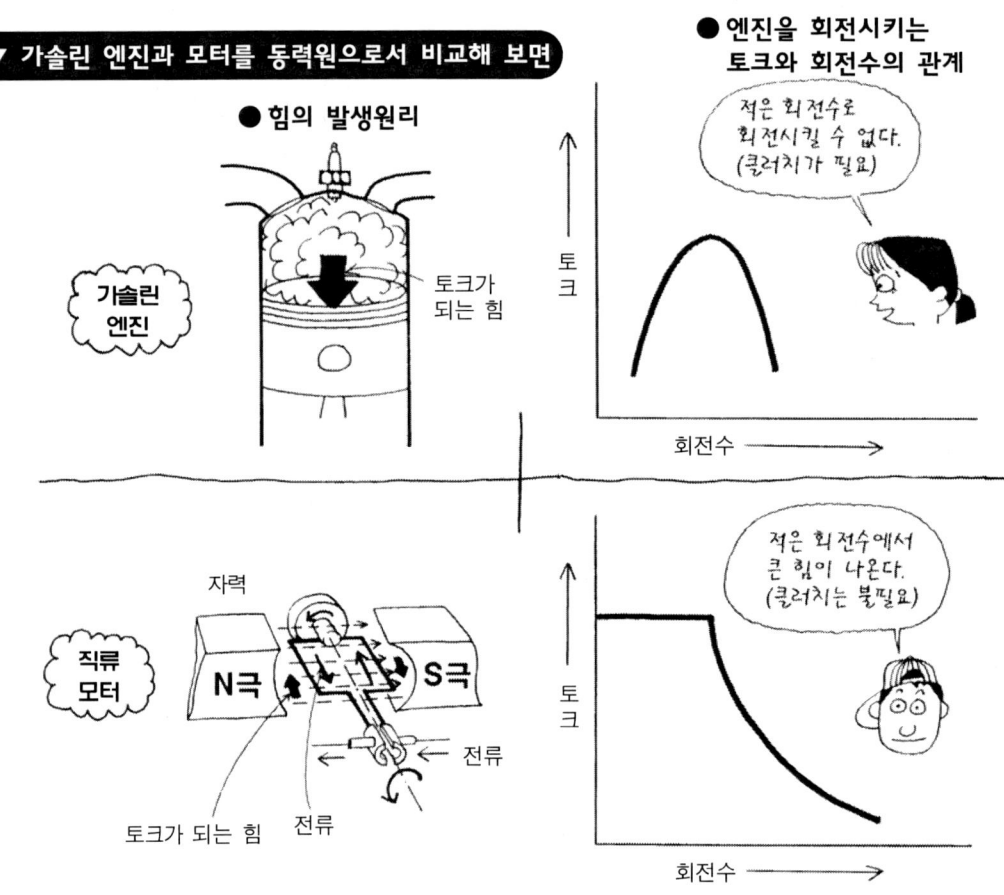

▼ 가솔린 엔진과 모터를 동력원으로서 비교해 보면

● 힘의 발생원리

● 엔진을 회전시키는 토크와 회전수의 관계

가솔린 엔진

토크가 되는 힘

적은 회전수로 회전시킬 수 없다. (클러치가 필요)

토크 / 회전수

직류 모터

자력

N극 S극

토크가 되는 힘 전류 전류

적은 회전수에서 큰 힘이 나온다. (클러치는 불필요)

토크 / 회전수

내연기관(內燃機關)인 4사이클 가솔린 엔진은 전기모터나 증기기관(蒸氣機關)에 비하면, 발생하는 동력이 엔진의 회전수에 따라 변화하고 낮은 회전수에서는 운전이 불가능하다는 작동상의 특징이 있기 때문에 엔진을 자동차용으로 사용할 때는 클러치와 변속기가 필요하다.

4사이클 엔진의 경우 연료와 공기의 혼합기(混合氣)를 실린더 내로 흡입하여 이것을 압축, 연소하기 쉬운 상태로 만들어 점화(點火)하고 연료가스가 연소하여 팽창할 때의 힘을 동력으로 이용한다. 따라서 EV(Electric Vehicles)에 사용되고 있는 모터와 같이 스위치를 넣어 전류가 흐르는 것만으로 움직이는 것이 아닌 엔진의 자체에서 발생하는 동력으로 실린더 내에 혼합기를 흡입할 수 있는 상태가 아니면 운전을 계속할 수 없으며, 자동차가 정차(停車) 상태에서도 엔진을 계속 작동시키기 위해서는 엔진의 동력이 타이어로 전달되지 않도록 끊고 연결하는 클러치(Clutch)가 필요하다.

또한, 자동차는 발진(發進)하거나 가속(加速)할 때는 큰 힘이 필요하고 같은 속도로 주행을 계속할 때는 큰 힘이 필요치 않다. 모터는 회전수가 낮을 때에 큰 힘이 나오고, 회전수가 커짐

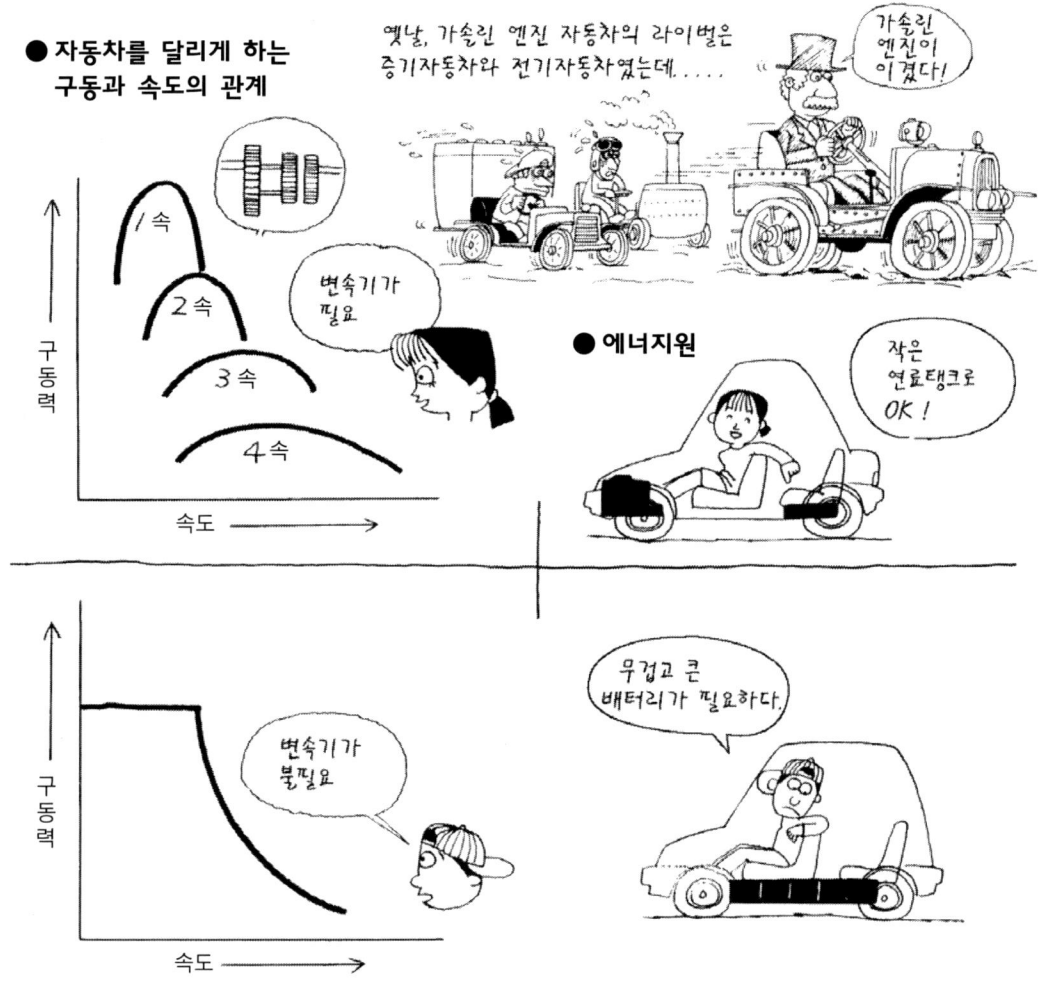

● 자동차를 달리게 하는
  구동과 속도의 관계

옛날, 가솔린 엔진 자동차의 라이벌은
증기자동차와 전기자동차였는데.....

가솔린
엔진이
이겼다!

변속기가
필요

● 에너지원

작은
연료탱크로
OK!

무겁고 큰
배터리가 필요하다.

변속기가
불필요

에 따라 그 힘이 적어진다는 성질이 있어 원리적으로는 자동차의 동력원(動力源)으로서 그대로 사용하는 것이 가능하다.

한편, 가솔린 엔진으로부터 발생하는 힘(Torque)은 엔진의 회전수에 따라 결정되고 실제로 사용하는 회전수의 범위도 한정되어 있다. 즉, 가솔린 엔진의 회전수는 매분 700 ~ 7,000rpm 정도로 발생하는 힘이 최대가 되는 것은 4,000rpm 전후가 보통이기 때문에 자동차가 저속에서 고속까지 다양한 속도로 주행할 수 있도록 하기 위해서는 엔진과 타이어 사이에 변속기 (Transmission)라 불리는 기어를 넣어 자동차의 속도 및 출력을 조정하는 것이 필요하다.

이렇게 보면 자동차용 엔진으로는 모터가 이상적이라고 생각되지만 문제는 동력원이 되는 연료에 있다. 가솔린은 취급에 주의할 필요가 있으나 비교적 간단하게 저장(貯藏), 운반이 가능하지만 전기는 축적(蓄積), 운반의 효율이 좋은 상태로 유지하기에는 어려움이 있다.

전기자동차의 개발에는 전기를 효율이 좋은 상태로 축적하기 위한 경량의 축전 능력이 높은 전지가 필요한데 그 개발이 극히 어렵다고 할 수 있다. 성능면에서는 실용화 수준에 이르렀지만 제조 원가가 높아 가솔린 엔진 자동차에 대체될 수준에는 도달하지 못한 것이 현실이다.

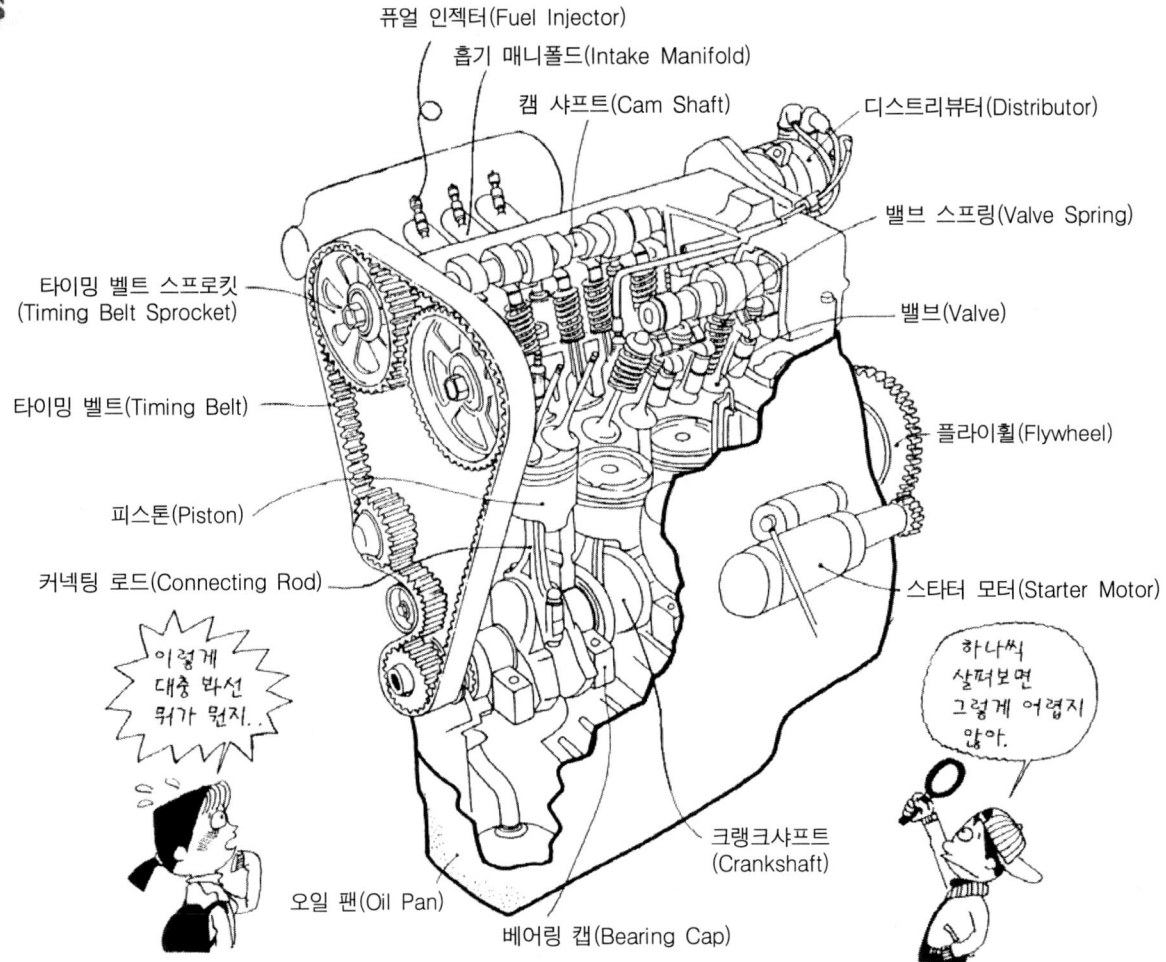

퓨얼 인젝터(Fuel Injector)
흡기 매니폴드(Intake Manifold)
캠 샤프트(Cam Shaft)
디스트리뷰터(Distributor)
밸브 스프링(Valve Spring)
타이밍 벨트 스프로킷(Timing Belt Sprocket)
밸브(Valve)
타이밍 벨트(Timing Belt)
플라이휠(Flywheel)
피스톤(Piston)
커넥팅 로드(Connecting Rod)
스타터 모터(Starter Motor)
크랭크샤프트(Crankshaft)
오일 팬(Oil Pan)
베어링 캡(Bearing Cap)

가솔린 엔진은 많은 부품이 조합된 복잡한 기계이다. 먼저 엔진의 본체가 어떻게 구성되어 있는지부터 살펴보자. 엔진은 건물로 말하면 3층 건물로 1층은 피스톤의 왕복운동을 회전운동으로 변화시키는 크랭크샤프트가 장착 되어있는 크랭크 케이스(Crankcase), 2층은 피스톤이 왕복하는 실린더(원통)를 하나로 모은 실린더 블록(Cylinder Block), 3층은 인간의 머리에 해당하는 실린더 헤드(Cylinder Head)로 구성되어 있다.

이 3층 건물의 1층과 2층의 실린더 부분 속에서 움직이는 부품 즉, 피스톤, 크랭크샤프트, 커넥팅 로드 등을 합하여 **주요운동부품(主要運動部品)**이라고 부른다. 3층 부분에는 실린더에 출입하는 혼합기와 연소가스를 통과시키거나 차단하는 밸브와 이것을 작동시키는 캠 샤프트 등을 통틀어 **밸브장치(Valve System)**라고 한다.

실린더 헤드에는 밸브장치와 인접하여 공기와 가솔린을 실린더 안으로 보내는 흡기 매니폴드와 연소가스를 배출하는 배기 매니폴드가 장착되어 있으며, 이를 합쳐 **흡배기계통**이라 부른다.

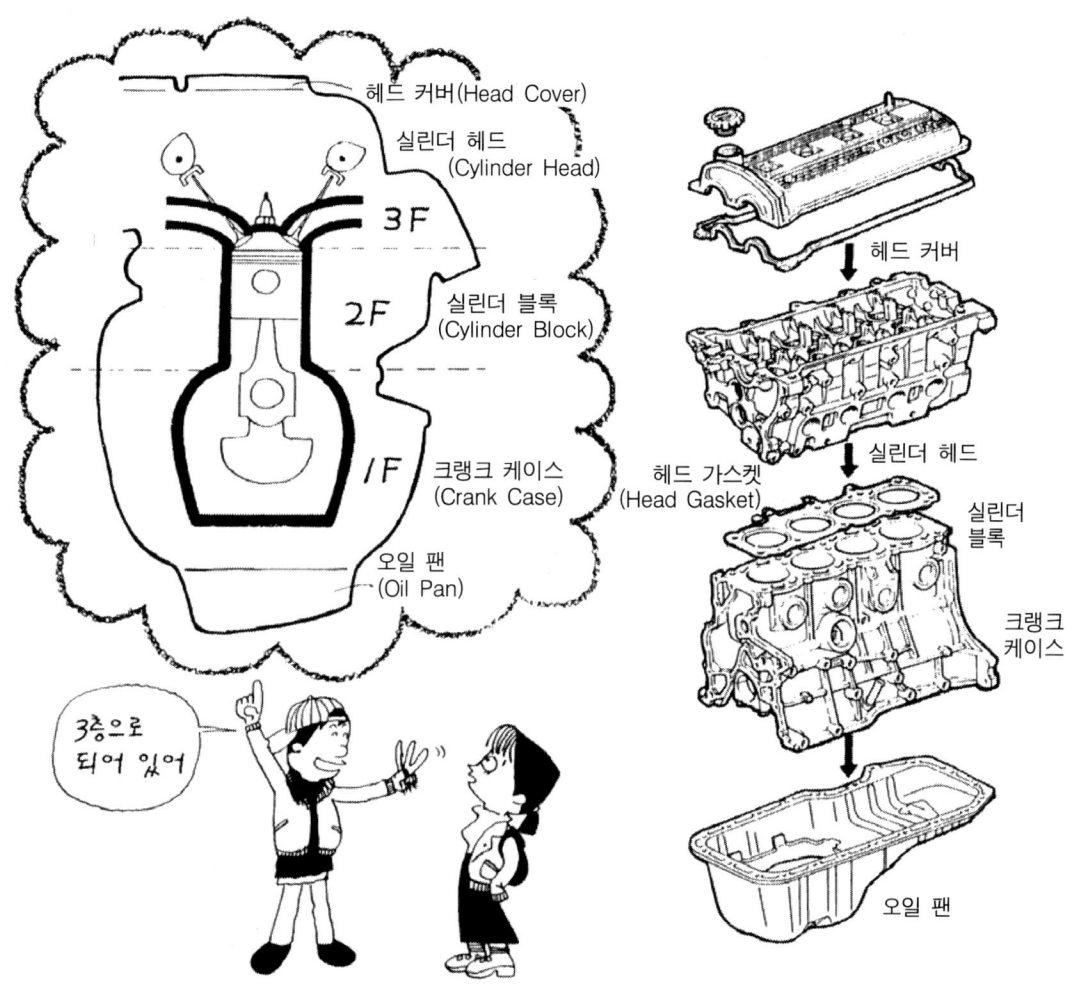

헤드 커버(Head Cover)

실린더 헤드
(Cylinder Head)

3F

2F

실린더 블록
(Cylinder Block)

1F

크랭크 케이스
(Crank Case)

헤드 가스켓
(Head Gasket)

오일 팬
(Oil Pan)

3층으로
되어 있어

헤드 커버

실린더 헤드

실린더
블록

크랭크
케이스

오일 팬

매니폴드(Manifold)는 영어로 많은 부분으로 이루어진 것을 의미하며, 다기관(多岐管)이라고 번역되고 있으나 중요한 것은 가지처럼 생긴 파이프로 공기와 가솔린을 각 실린더에 배분(配分)하거나 배출가스를 하나로 모은다는 것이다.

연료탱크에서 가솔린을 퍼내는 연료펌프로부터 공기에 가솔린을 혼입하는 카뷰레터(氣化器) 및 퓨얼 인젝터(燃料噴射裝置) 등의 부품을 **연료계통**이라고 한다. 엔진 속에서 운동하는 부분에 윤활하도록 오일을 보내는 오일 펌프와 더러워진 오일을 깨끗하게 여과(濾過)하는 오일 필터 등은 **윤활계통**, 엔진을 운전하는데 적합한 온도로 유지하기 위한 라디에이터(放熱器)와 워터 펌프 등은 **냉각계통**이라고 부른다.

엔진을 운전하기 위해서는 전기가 필요하다. 혼합기에 점화시키는 스파크 플러그와 이에 관련된 부품 및 전기를 발생하는 올터네이터(교류발전기 ; Alternator Current Generator), 엔진에 시동을 거는 스타터 모터 등 전기에 관련된 부품을 **전장품**(電裝品)이라고 한다.

이 밖에 엔진에는 자동변속기(Automatic Transmission) 및 파워스티어링 등을 작동시키려는 복석의 유압 펌프 및 에어컨 컴프레서, 이들 기기를 구동시킬 목적의 풀리 및 벨트 등이 장착되어 있는데 이를 통틀어 **보조기기(補助機機)** 및 **보조기기 구동부품** 이라고 한다.

2. 실린더 블록

실린더 블록은 엔진의 토대이기 때문에 튼튼하여야 하며, 동시에 많은 부품을 장착하고 있기 때문에 가공성도 요구된다. 주철이 오랫동안 사용되고 있는 것은 이 때문이다.

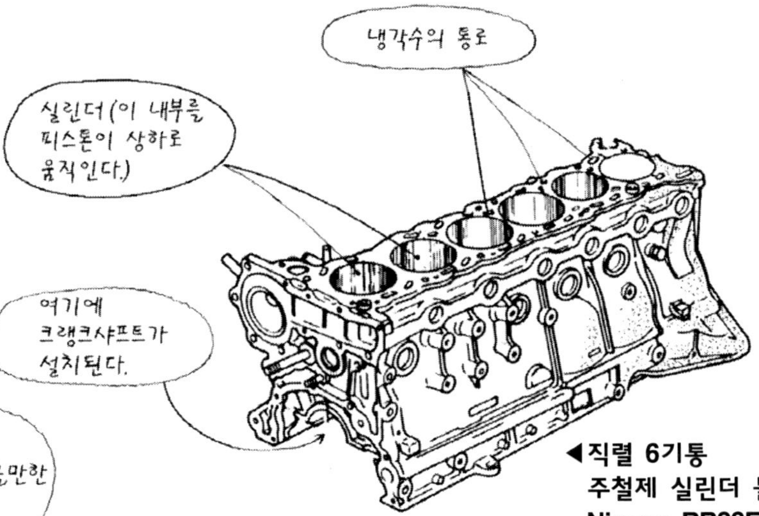

냉각수의 통로

실린더(이 내부를 피스톤이 상하로 움직인다.)

여기에 크랭크샤프트가 설치된다.

엔진 본체 속에 본체라고 할 수 있을만한 부품으로 여러 가지 형태가 있구나.

◀직렬 6기통 주철제 실린더 블록 Nissan RB20E형

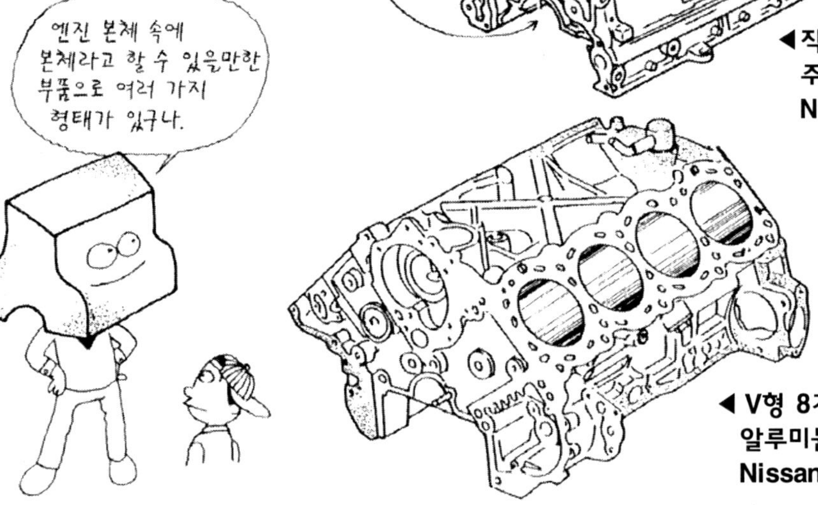

◀V형 8기통 알루미늄제 실린더 블록 Nissan VH41형

실린더 블록은 엔진의 본체라고도 할 수 있을 만큼 기본적인 부품으로 스틸(Steel)과 알루미늄(Aluminium) 주물로 만들어지며, 가운데를 피스톤이 왕복하는 원통형 실린더와 이 실린더를 적당한 온도로 유지할 목적으로 냉각수를 순환시키는 워터 재킷(Water Jacket)으로 이루어져 있고 아래에 크랭크샤프트가 장착되어 있다.

실린더 블록의 역할은 혼합기의 연소·팽창에 따라 높은 열과 큰 힘을 받는 피스톤이 왕복운동의 가이드가 되고 실린더를 적당히 냉각하여 크랭크샤프트를 견고히 지지하는 것이다. 요컨대 엔진의 토대 역할을 한다는 뜻이지만 동시에 엔진의 전체 부품이 직·간접적으로 실린더 블록에 장착되기 때문에 충분한 강도와 높은 강성이 요구되는 것은 두말할 나위도 없다.

이러한 목적에 부합되도록 실린더 블록은 주철로 만들어지는 것이 보통이며, 이것은 철이 주조 및 기계 가공이 쉽고 마모와 부식에 강하다는 특성을 가지고 있기 때문이다.

최근에는 주철 대신 알루미늄 합금의 사용이 증가하고 있으며, 알루미늄은 스틸에 비해 가볍고 열전달이 우수하여 엔진용으로는 이상적인 소재라고 생각되기 때문이다. 그러나 모든 블록이

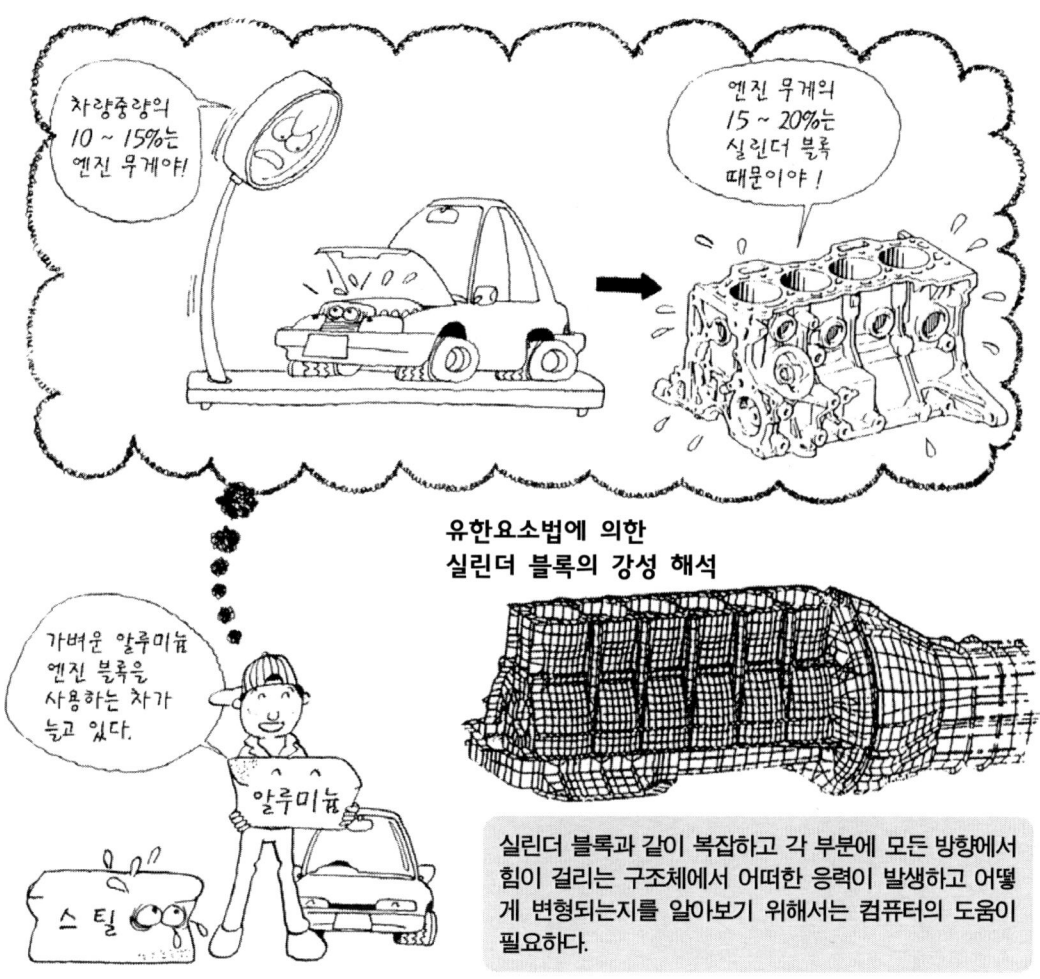

**유한요소법에 의한
실린더 블록의 강성 해석**

실린더 블록과 같이 복잡하고 각 부분에 모든 방향에서 힘이 걸리는 구조체에서 어떠한 응력이 발생하고 어떻게 변형되는지를 알아보기 위해서는 컴퓨터의 도움이 필요하다.

알루미늄으로 만들어지지는 않는다. 스틸보다 가격이 상당히 비싸고 열팽창률도 다르기 때문에 스틸과 함께 사용할 때는 가공이 매우 복잡하여 상당한 연구가 필요하기 때문이다.

승용차의 경우 엔진은 차량 중량의 10~15%를 차지하고 그 중 15~20%가 실린더 블록이기 때문에 강성을 유지한 상태에서 가능한 한 경량화해야 한다는 것이 실린더 블록의 중요한 요건이다. 이 때문에 스켈러튼(Skeleton, 골격) 구조라는 특히 큰 힘을 받는 부분과 변형되기 쉬운 부분을 두껍게 하고 그 밖의 부분은 얇게 하는 구조로 하고 있다. 이러한 복잡한 형상의 블록을 설계할 때 구조 해석은 엔진을 삼각형과 사각형의 수백만 개의 작은 셀로 분할하여 각각의 요소에 대한 연립방정식(聯立方程式)을 세우고 해를 구한 후 전체의 합을 컴퓨터를 이용하여 수치적으로 계산하는 유한요소법(Finite Element Method)이 이용되고 있다.

블록 내부에는 냉각수가 순환하는 워터 재킷이 있어 가공에는 복잡한 형상을 정밀하게 주조하는 기술이 필요하며, 두께가 다른 부분이 냉각될 때 발생할 우려가 있는 주물의 크랙을 방지하거나 실린더의 내마모성을 향상시키기 위해 열처리도 하고 있다.

3. 실린더 라이너

주철제 실린더 블록에는 실린더 라이너가 없는
라이너리스(Linerless) 타입이 보통이다.

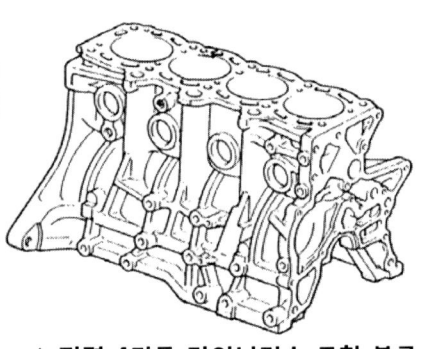

▲ 직렬 4기통 라이너리스 주철 블록
Toyota 3S

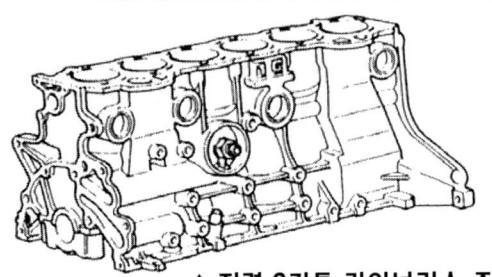

▲ 직렬 6기통 라이너리스 주철 블록
Toyota 1G

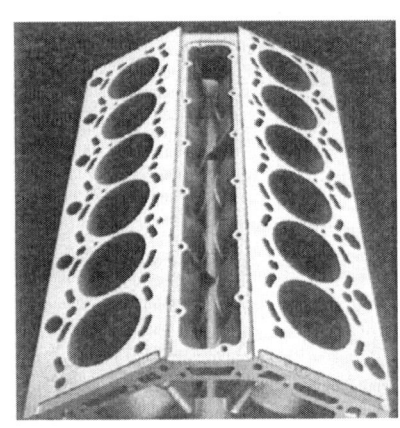

◀ V12라이너리스 알루미늄 블록
(BMW)

라이너가 있는
블록에는 내가
이 속에 들어가지

실린더라이너

실린더

실린더 벽(Cylinder Wall)은 유막(Oil Film)을 사이에 두고 피스톤이 고속으로 왕복하는 부분으로 내열·내마모성을 유지함과 동시에 피스톤과 열팽창에 의한 치수 변화가 허용범위 내에 있고 녹아서 달라붙지 않아야 된다는 까다로운 조건을 갖추어야 한다.

이 부분은 실린더 블록의 소재(素材)가 스틸인 경우 주조에 의해 만들어진 원통 부분이 정밀하게 연마되어 있는 것이 일반적이며, 이것을 라이너리스(Linerless) 타입이라고 불린다. 실린더 블록이 알루미늄 합금인 경우에는 실린더 벽의 마모가 우려되기 때문에 주철로 만들어진 별개의 실린더 라이너라는 원통이 압입(壓入)되어 있다. 라이너는 영어로 의복 등의 안감을 의미하는 뜻으로 실린더 라이너는 실린더 블록을 만들 때 함께 주조하거나 나중에 압입한다.

알루미늄 블록의 실린더 라이너는 주철이 사용되는 것이 보통이지만 알루미늄 합금에 비해 중량이 무거울 뿐만 아니라 열전달이 어렵기 때문에 경주용 차량의 엔진 및 고성능 엔진의 일부에는 알루미늄을 베이스로 하여 실리콘을 많이 함유한 특수한 합금 라이너나 알루미늄 표면에 특수 가공을 한 라이너가 개발되고 있다.

▲ 알루미늄 합금제
실린더 라이너

　이러한 특수 라이너는 재료가 비싸고 가공도 어렵기 때문에 양산용 엔진에는 알루미늄 합금의 재질을 연구하여 라이너를 사용하지 않는 라이너리스 실린더 블록도 개발되고 있다. 비용이 많이 소요되는 것을 피할 수는 없지만 라이너가 없기 때문에 그만큼 경량화가 가능하고 실린더 사이의 치수가 작아지는 만큼 엔진이 콤팩트(compact)화 할 수 있는 장점이 있어 일부 고성능 엔진에 적용되고 있다.

　실린더 라이너와 피스톤 사이의 간격은 라이너와 피스톤 재료에 따라 다르다. 라이너가 주철이고 피스톤이 알루미늄인 경우 알루미늄의 열팽창률이 철의 약 2배로 엔진이 뜨거워지면 차가운 상태일 때보다도 피스톤과 라이너의 간격이 작아지기 때문에 상온에서는 0.03~0.04mm의 간극(Piston Clearance)이 존재한다. 라이너와 피스톤 모두 알루미늄이라면 열팽창의 차이가 없기 때문에 그 간극은 0.01mm 정도로 작아진다.

　실린더 라이너의 주위는 워터 재킷이라 불리는 냉각수 통로로 되어 있어 혼합기가 연소되었을 때 팽창력이 되어 피스톤을 누르는 힘이 되지 않았던 여분의 에너지를 열에너지로 흡수하여 엔진을 운전에 적합한 온도로 유지하는 구조로 되어 있다.

4. 워터 재킷

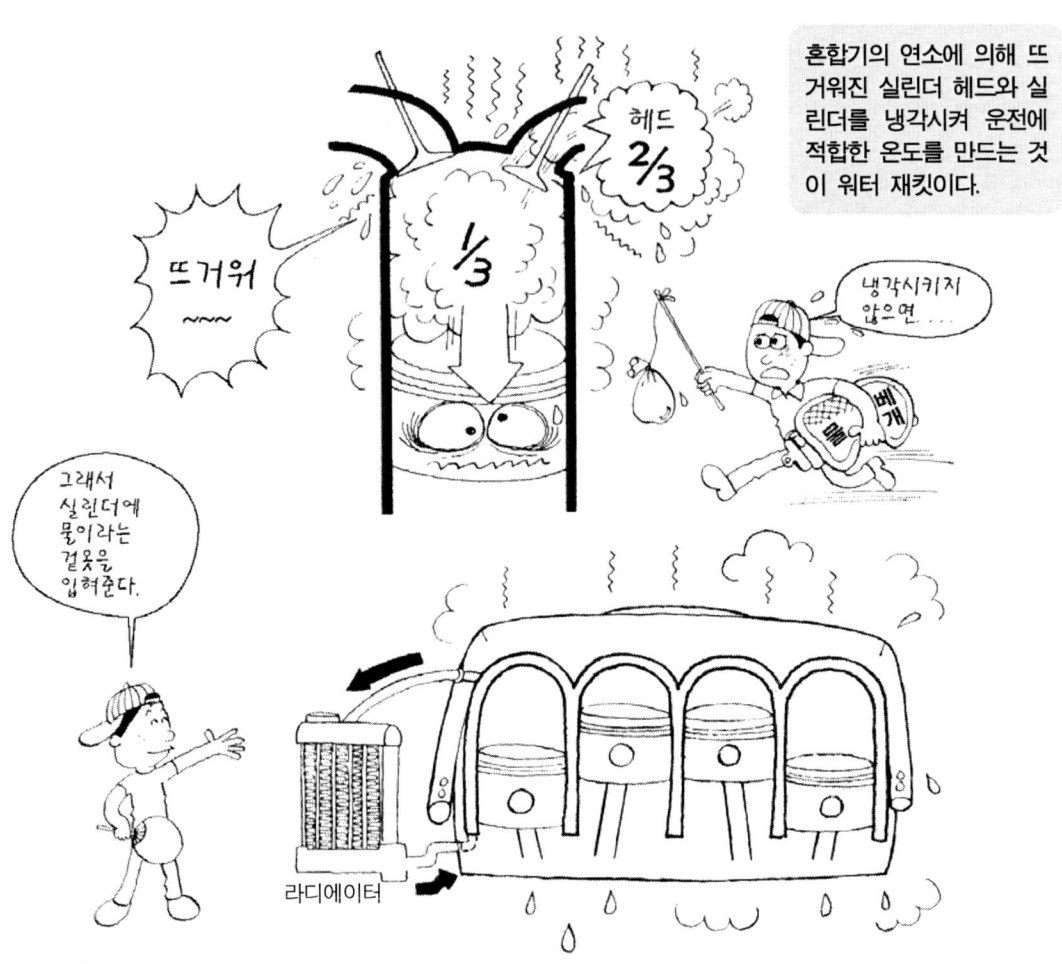

혼합기의 연소에 의해 뜨거워진 실린더 헤드와 실린더를 냉각시켜 운전에 적합한 온도를 만드는 것이 워터 재킷이다.

헤드 2/3

1/3

뜨거워 ~~

냉각시키지 않으면....

그래서 실린더에 물이라는 겉옷을 입혀준다.

라디에이터

실린더 블록을 주조할 때 실린더 주변의 코어를 모래로 둘러싸 중공(中空) 부분을 만든다. 이 부분을 워터 재킷이라 하며, 이 속에 냉각수가 흐르도록 하여 혼합기의 연소에 의해 뜨거워진 실린더 헤드와 실린더를 냉각시켜 엔진의 작동에 적합한 온도로 유지시킨다.

냉각수는 워터 재킷의 내부를 순환하여 열을 흡수한 물을 냉각시키는 라디에이터의 위 탱크로 유입(流入)되고 라디에이터 아래 탱크로부터 엔진으로 들어가 실린더 아래쪽을 냉각한 후 위로 올라가 실린더 헤드를 냉각시키며, 열을 흡수한 냉각수는 실린더 헤드로부터 유출(流出)되어 라디에이터의 위 탱크로 유입되는 경로로 순환된다. 이 때 각 실린더의 균일한 냉각이 중요하기 때문에 가능한 한 적은 용적으로 필요한 부분에 냉각수가 확산되어 흐르는 방법이 연구되고 있다. 뜨거워진 냉각수는 라디에이터라고 하는 냉각장치에서 냉각되어 다시 워터 재킷으로 되돌아가지만 겨울에는 히터의 방열기로 순환하여 실내를 따뜻하게 하는 기능도 한다.

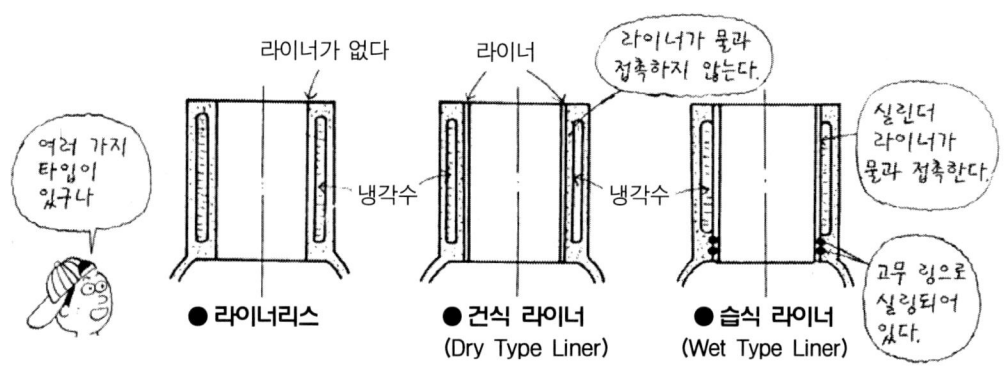

라이너가 없다　　라이너　　라이너가 물과 접촉하지 않는다.　　실린더 라이너가 물과 접촉한다.

여러 가지 타입이 있구나

냉각수　　냉각수

고무 링으로 실링되어 있다.

● 라이너리스　　● 건식 라이너 (Dry Type Liner)　　● 습식 라이너 (Wet Type Liner)

> 실린더 라이너가 없는 실린더는 라이너리스라 한다. 실린더 라이너가 설치된 실린더는 2가지 타입으로 나뉘며, 실린더 라이너가 냉각수로 직접 냉각되는 타입을 습식 라이너, 간접적으로 냉각되는 타입을 건식 라이너라 한다. 엔진의 콤팩트화가 요구되고 있어 엔진의 전장(全長)을 짧게 할 수 있는 습식 라이너가 많아지고 있다.

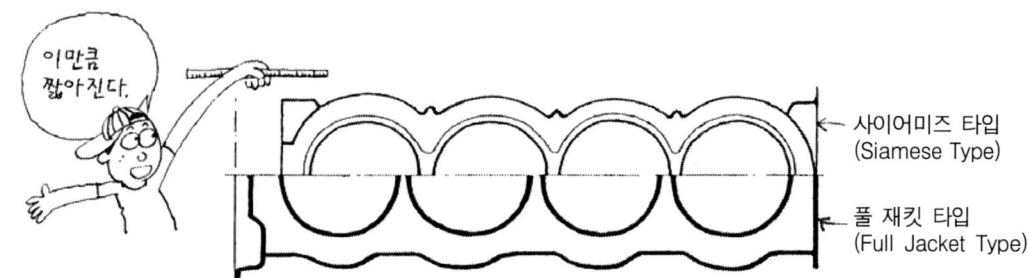

이만큼 짧아진다.

사이어미즈 타입 (Siamese Type)

풀 재킷 타입 (Full Jacket Type)

> 워터 재킷에는 각 실린더의 주위를 덮는 풀 재킷 타입과 실린더와 실린더 사이에 냉각수를 통과시키지 않는 사이어미즈 타입이 있는데 사이어미즈 타입의 엔진 길이가 더 짧다. 냉각성능의 향상은 엔진에 있어서 중요한 부분이나 냉각효율을 좋게 함에 따라 냉각수 주변의 공간을 작게 하여 엔진의 경량화를 도모하고 있다.

　워터 재킷은 모든 실린더 주위에 있는 것이 일반적이지만 실린더가 줄지어 있는 방향(축방향)의 길이를 조금이라도 짧게 하기 위해서 실린더와 실린더를 연결하여 그 사이에 냉각수를 통과시키지 않는 타입의 실린더 블록도 증가하고 있는데 이것을 사이어미즈(Siamese) 타입이라고 한다. 사이어미즈는 신체의 일부가 붙어 나오는 기형의 샴쌍둥이에서 온 말이다. 이에 비해 일반적인 재킷은 풀 재킷 타입(Full Jacket Type)이라 한다.

　또한 실린더 라이너가 있는 엔진은 워터 재킷 속의 냉각수가 실린더 라이너에 접촉하는 것과 접촉하지 않는 것으로 분류된다. 실린더 라이너 주위가 실린더 블록의 벽으로 둘러싸여 라이너 외측이 주위의 냉각수에 접촉하지 않는 타입을 건식 라이너(Dry Type Liner), 라이너의 대부분이 직접 냉각수에 접촉하는 타입을 습식 라이너(Wet Type Liner)라고 한다.

　냉각 효과는 습식 라이너가 좋으나 라이너와 블록 사이에서 냉각수가 새어나오기 때문에 O링으로 실링되어 있다. 지금까지는 실린더를 냉각시키기 어려워 엔진이 소결(Sintering)되었다는 이야기가 없었으므로 현재의 라이너를 사용하는 엔진은 건식 라이너가 증가되고 있다.

5. 실린더 헤드

실린더 헤드 ▶

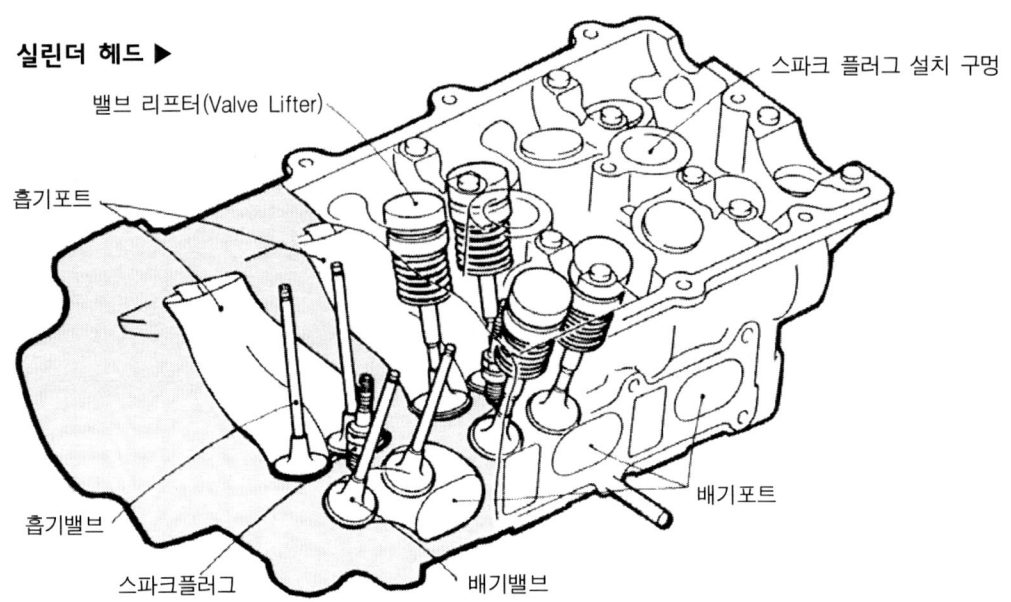

밸브 리프터(Valve Lifter)

흡기포트

흡기밸브

스파크플러그

스파크 플러그 설치 구멍

배기포트

배기밸브

▼ 실린더 헤드 가스켓

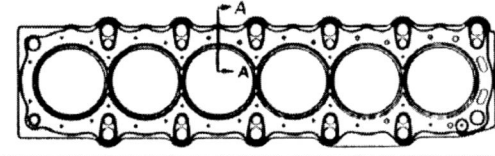

실린더 헤드는 실린더 헤드 가스켓을 끼워 실린더 블록에 설치되어 있다.

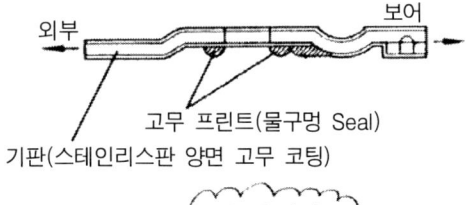

외부

보어

고무 프린트(물구멍 Seal)

기판(스테인리스판 양면 고무 코팅)

A-A단면

　실린더 헤드는 연소가스가 누출되지 않도록 가스켓(Gasket)을 끼워 실린더 블록 위에 설치되어 있고 아랫면은 연소실(Combustion Chamber)의 지붕 부분으로 이루어져 있으며, 극히 복잡한 형상을 하고 있다. 윗면의 직사각형 상자와 비슷한 부분에는 실린더에 혼합기를 공급하고 연소가스를 배출시키는 밸브 구동 시스템과 점화 플러그가 장착되어 있어 이 부분의 형상과 작동에 따라 혼합기의 연소가 좌우되기 때문에 한마디로 엔진의 성능을 결정하는 중요한 부품이라 할 수 있다.

　실린더 헤드의 구조는 엔진 형식에 따라 상당히 다르나 상부에는 밸브구동 시스템이, 측면에는 혼합기가 연소실로 들어가는 **흡기 포트(Intake Port)**와 연소가스를 배출하는 **배기 포트(Exhaust Port)**가 있으며, 내부에는 실린더 블록에서 올라온 냉각수가 순환하는 워터 재킷으로 구성되어 있다는 점은 공통적이다.

　연소실은 엔진의 성능을 결정한다고 해도 좋을 만큼 중요한 부분으로 그 크기와 동시에 형태가 중시(重視)된다. 연소실이 크면 피스톤으로 혼합기를 압축할 때 충분히 압축되지 않고 혼

실린더 헤드의 연소실 쪽(上)과 캠의 구동
시스템이 장착되어 있는 쪽(下). 양면 모두
복잡한 형태로 가공되어 있다.

● 헤드 단면도

캠샤프트

흡기

흡기포트

배기
배기포트

워터재킷

연소실

피스톤

● 헤드 하면도

흡기밸브

배기밸브 스퀴시 에어리어
(Squish Area)

합기의 연소에 시간이 지연되어 힘을 발생하기 어렵기 때문에 가능한 한 콤팩트한 편이 좋다.

또한, 연소실의 형태는 혼합기가 연소되기 쉽도록 가능한 한 울퉁불퉁한 면이 적은 것이 좋다. 복잡한 형태의 연소실은 용적에 비해 주변의 면적이 크기 때문에 연소에 의해 발생한 열이 연소실 벽에 빼앗겨 피스톤을 누르는 힘이 그만큼 적어지기 때문에 좋지 않다.

흡기 포트는 연소실에 들어온 혼합기의 흐름이 그 크기와 형태에 따라 결정되는 중요한 부분이다. 흐름만을 생각하면 혼합기의 흐름에 대한 저항이 작도록 내면이 매끄럽고 가능한 한 스트레이트(Straight)에 가까운 것이 좋지만 실린더에 흡입된 뒤 혼합기에 와류가 형성되어 압축행정 후 연소가 잘 이루어지는 형태여야 한다. 워터 재킷은 연소에 의해 발생한 여분(餘分)의 열을 배기행정이 끝날 때까지 빠르게 흡수하여 다음에 흡입되는 새로운 혼합기의 온도가 되도록 높아지지 않게 하고 특히, 온도가 높아지기 쉬운 배기밸브와 스파크 플러그의 주위를 중점적으로 냉각시켜 열에 의한 트러블의 발생을 방지한다.

실린더 헤드에는 캠 샤프트 등의 밸브 구동시스템을 지지하는 베어링이 있으며, 엔진 오일에 의해 윤활과 냉각이 동시에 이루어지고 있다.

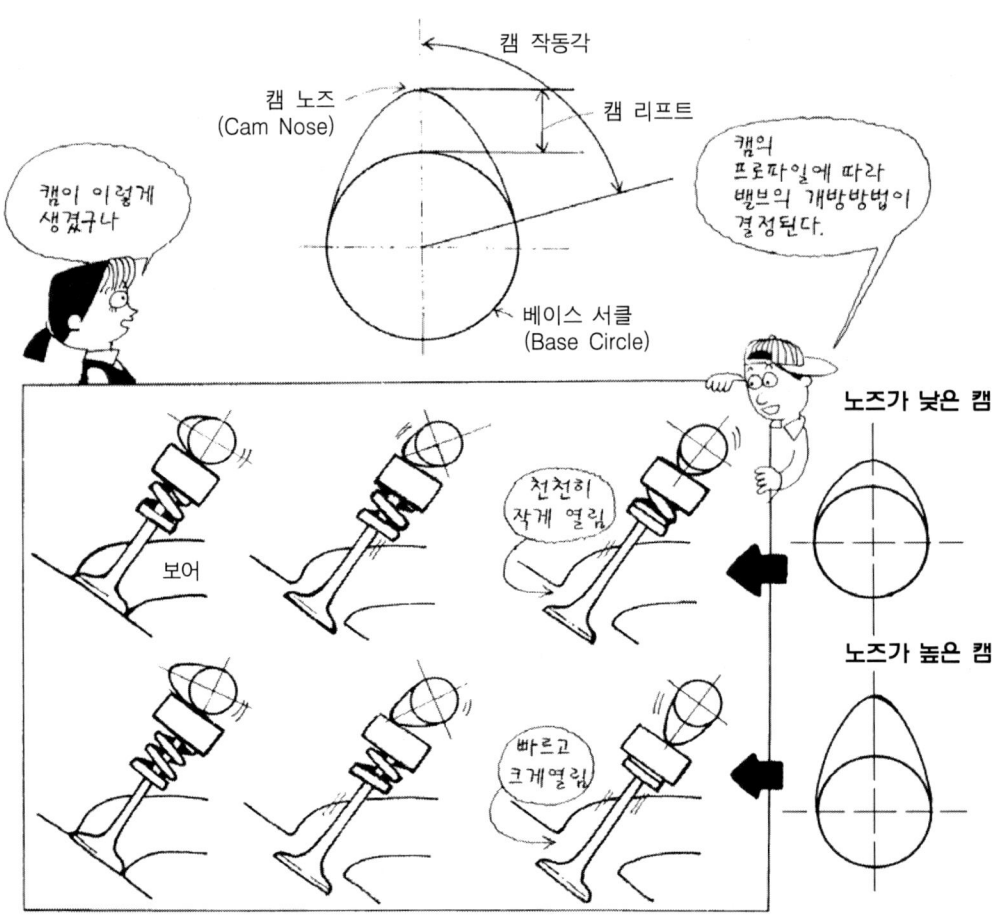

연료가 되는 혼합기가 연소실에 흡입되는 것은 실린더 헤드의 흡기 포트에서, 연소가스의 배출은 배기 포트에서, 각 포트를 개폐(開閉)시키는 밸브의 작동은 캠에 의해서 이루어진다. 캠은 OHC(Over Head Cam Shaft) 및 DOHC(Double Over Head Cam Shaft) 엔진에서 실린더 헤드 속에 있는 캠 샤프트에 장착되어 있다.

캠 샤프트에는 흡·배기 밸브와 같은 수의 캠이 각각의 밸브 개폐시기가 알맞은 각도로 배열되어 있다. 4사이클 엔진에서 흡기 밸브와 배기 밸브가 열리는 것은 크랭크샤프트 2회전당 1회의 비율이기 때문에 캠 샤프트는 이에 맞추어 크랭크샤프트 2회전당 1회전하도록 설정되어 있다.

캠의 돌출부분을 코에 비유하여 **캠 노즈(Cam Nose)** 또는 **로브(Lobe)**라고 하며, 그 높이를 **캠 리프트(Cam Lift)**라고 한다. 또한 밸브는 리프트만큼만 열리기 때문에 그 열림 정도는 캠의 형태에 따라 결정되며, 밸브의 개폐시기(開閉時期)는 노즈의 돌출이 시작되어 끝나기까지의 각도인 작동 각도에 따라 결정된다.

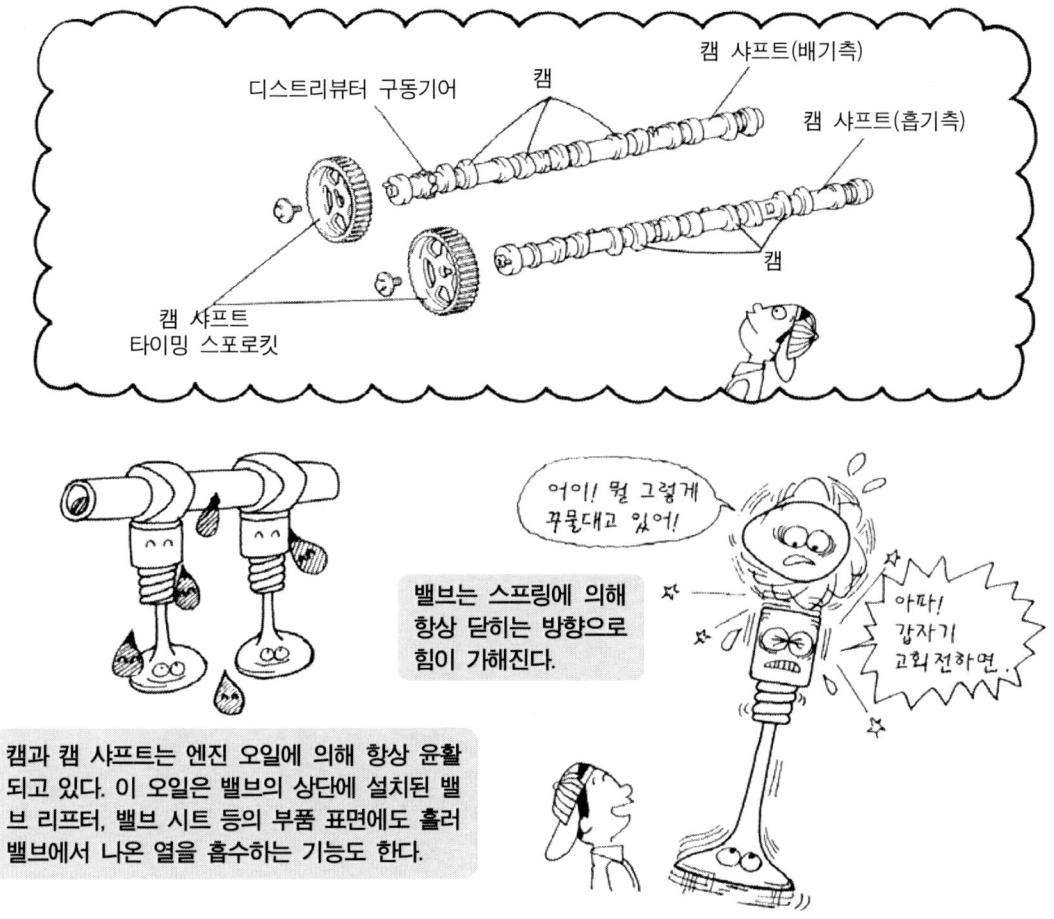

디스트리뷰터 구동기어

캠

캠 샤프트(배기측)

캠 샤프트(흡기측)

캠

캠 샤프트
타이밍 스프로킷

밸브는 스프링에 의해
항상 닫히는 방향으로
힘이 가해진다.

어이! 뭘 그렇게
꾸물대고 있어!

아파!
갑자기
고회전하면.

캠과 캠 샤프트는 엔진 오일에 의해 항상 윤활
되고 있다. 이 오일은 밸브의 상단에 설치된 밸
브 리프터, 밸브 시트 등의 부품 표면에도 흘러
밸브에서 나온 열을 흡수하는 기능도 한다.

밸브가 닫혀 밸브 시트에 밀착될 때는 가능한 한 충격이 적어야 하기 때문에 캠은 달걀과 같은 단면 형상으로 되어 있다.

밸브는 밸브 스프링에 의해 항상 닫히는 방향으로 힘이 가해지고 있으며, 캠 노즈로 스프링을 눌러 밸브를 열기 때문에 캠의 회전속도가 빨라져 밸브의 관성력이 커지면 밸브의 왕복운동이 캠 회전을 따라갈 수 없게 된다. 이 한계에 도달한 회전속도가 엔진의 최고 회전속도가 되는 경우가 많기 때문에 캠의 프로파일(Cam Profile)은 매우 중요하다.

캠 노즈 부분은 밸브를 개폐시키는 밸브 리프터와 로커 암(Rocker Arm)과 강하게 마찰되기 때문에 표면은 내마멸성(耐磨滅性)이 있어야 한다. 캠 샤프트는 주철로 만들어져 있고 주조할 때에 **칠(Chill)**이라는 것으로 노즈 부분을 급랭하여 표면의 조직이 경화(硬化)되어 있다.

캠 노즈와 캠 샤프트를 지지하는 **캠 저널(Cam Journal)**을 윤활하려는 목적의 급유 방법에는 외부 급유와 내부 급유의 2가지 경우가 있다. 외부 급유에는 저널에서 오일을 분출시키는 것 등이, 내부 급유에는 캠 샤프트에 구멍을 뚫어 캠과 저널 부분의 중앙에 오일을 보낸다. 또한 캠 샤프트를 경량화 하기 위해 내부를 중공(中空)으로 하여 급유에 이용하는 타입도 있다.

2. 캠 샤프트 구동

캠 샤프트는 크랭크 샤프트의 회전을 체인 및 벨트로 전달하여 구동된다.

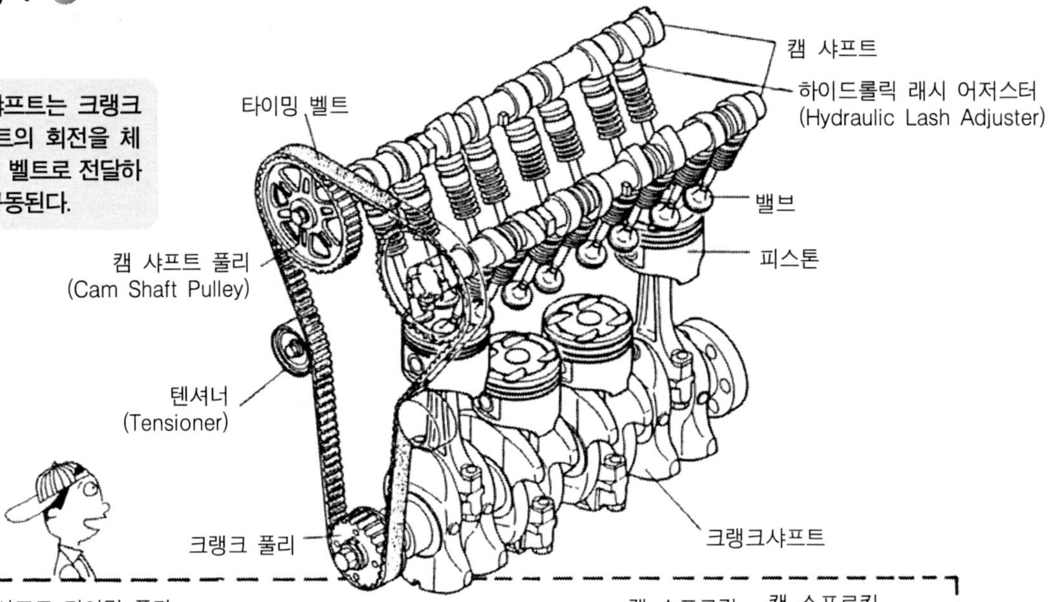

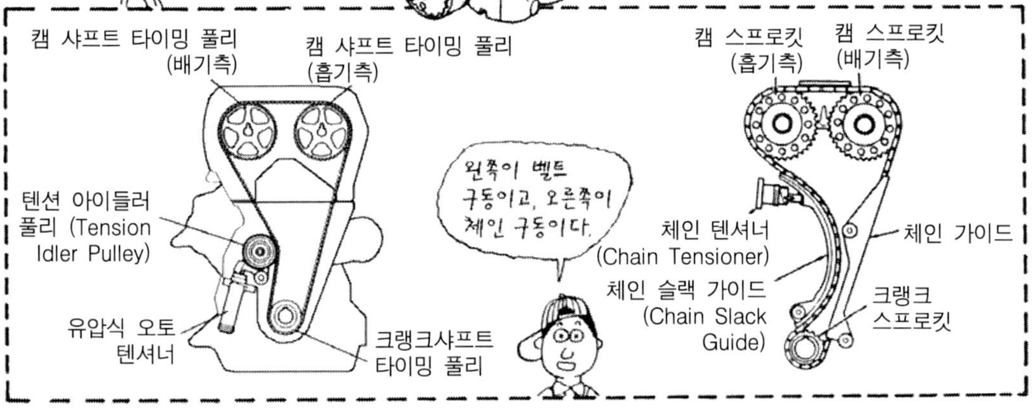

캠 샤프트
하이드롤릭 래시 어저스터 (Hydraulic Lash Adjuster)
밸브
피스톤
크랭크샤프트

타이밍 벨트
캠 샤프트 풀리 (Cam Shaft Pulley)
텐셔너 (Tensioner)
크랭크 풀리

캠 샤프트 타이밍 풀리 (배기측)
캠 샤프트 타이밍 풀리 (흡기측)
텐션 아이들러 풀리 (Tension Idler Pulley)
유압식 오토 텐셔너
크랭크샤프트 타이밍 풀리

왼쪽이 벨트 구동이고, 오른쪽이 체인 구동이다.

캠 스프로킷 (흡기측)
캠 스프로킷 (배기측)
체인 텐셔너 (Chain Tensioner)
체인 슬랙 가이드 (Chain Slack Guide)
체인 가이드
크랭크 스프로킷

OHC 엔진에서 크랭크샤프트는 실린더 블록 아래에, 캠 샤프트는 위에 있기 때문에 크랭크 샤프트의 회전을 체인과 벨트를 이용하여 전달할 필요가 있다. 흡배기 밸브의 움직임은 크랭크 샤프트의 회전과 타이밍이 정확하게 맞도록 하는 것이 중요하기 때문에 경주용 차량의 엔진에서는 정확성을 기할 목적으로 기어를 나열하여 전달하는 경우도 있다.

체인에 의해 회전을 전달할 때 이에 맞물리는 기어를 **스프로킷(Sprocket)**이라 하며, 크랭크 샤프트에 장착되어 있는 것을 **크랭크 스프로킷**, 캠 샤프트에 장착되어 있는 것을 **캠 스프로킷**이라 부른다. 체인에 의해 캠 샤프트를 구동하는 장치는 크랭크 스프로킷의 톱니 수와 캠 스프로킷의 톱니 수를 1 : 2로 하여 둘을 체인으로 연결한 것으로 체인의 인장을 일정하게 유지하는 **체인 텐셔너**와 흔들리지 않게 하는 **체인 가이드**가 장착되어 있다.

이 하나의 체인으로 감속하는 방법을 DOHC 엔진에 적용한 경우 캠 스프로킷이 톱니 수에 의해 직경이 커지기 때문에 캠 샤프트의 간격, 나아가 흡배기 밸브의 간격이 넓어지게 된다.

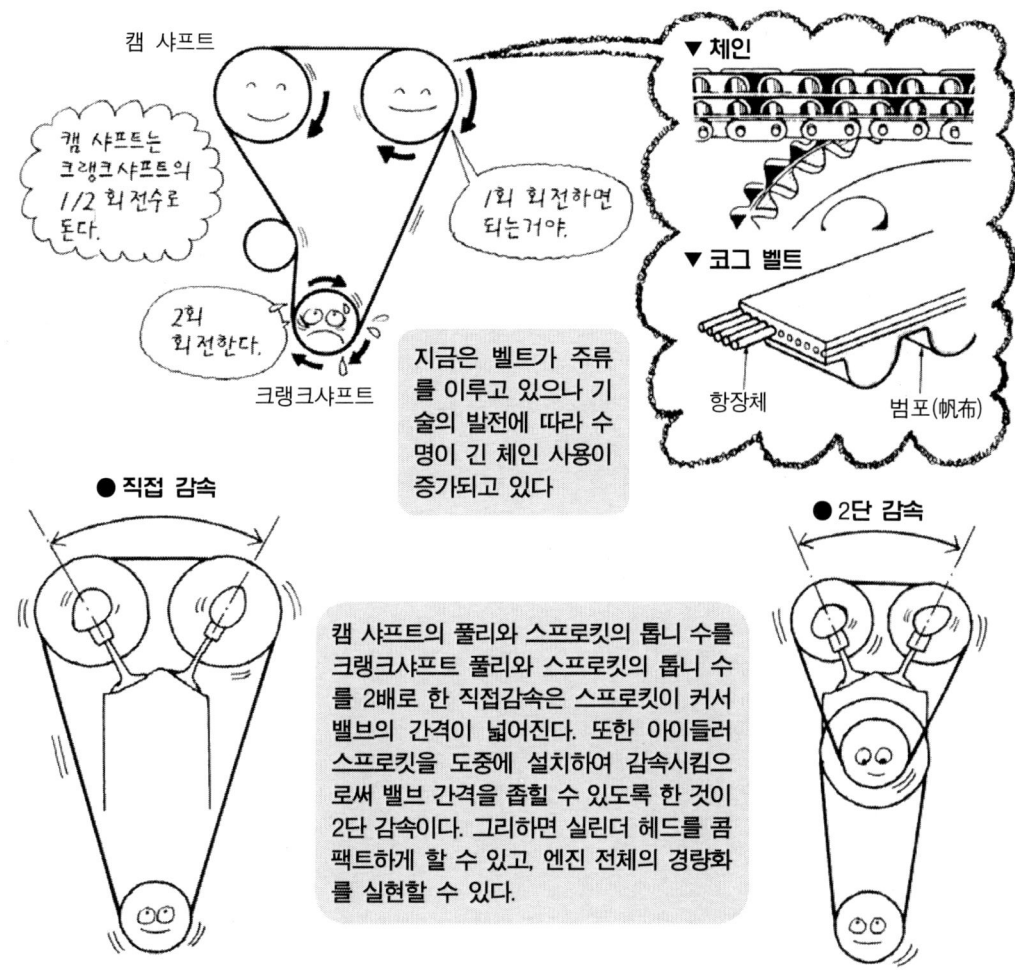

그렇기 때문에 연소실이 콤팩트한 엔진에는 이 방식을 사용할 수 없기 때문에 개발된 것이 스프로킷을 하나 더 중간에 장착하여 감속함으로써 직경이 작은 캠 스프로킷에 전달하는 방법이 2단 감속 방식이다.

타이밍 벨트(Timing Belt) 방식은 체인 대신 벨트에 톱니를 붙인 **코그 벨트(Cogged Belt)**를, 스프로킷 대신 풀리를 사용한다. 이 경우 캠 샤프트 끝에 장착되어 있는 스프로킷과 풀리에는 밸브 개폐시기를 나타내는 타이밍 마크가 각인되어 있기 때문에 타이밍이라는 이름을 앞에 붙여 부른다. 크랭크샤프트에 장착되어 있는 것이 **크랭크 타이밍 풀리(Crank Timing Pulley)**이며, 캠 샤프트에 장착되어 있는 것이 **캠 타이밍 풀리(Cam Timing Pulley)**이다. 이 방식도 체인의 경우와 같이 직접 감속과 2단 감속이 있다.

OHC 엔진은 오랫동안 체인 구동이 사용되어 왔으나 현재는 벨트 구동이 주류(主流)를 이루고 있다. 이것은 체인 구동의 단점으로 오래 사용하는 경우에 체인이 늘어나 타이밍이 틀려지게 되는 것, 소음이 큰 것, 윤활이 필요한 것 등이 벨트 구동에 의해 해결되었기 때문이다. 그러나 벨트는 섬유와 고무로 이루어져 있기 때문에 열과 기름에 취약하여 이들의 영향을 받으면 끊어질 염려가 있어 현재 10만km에 교환하는 것이 일반적이다.

3. 흡·배기 밸브

직동식 밸브 시스템

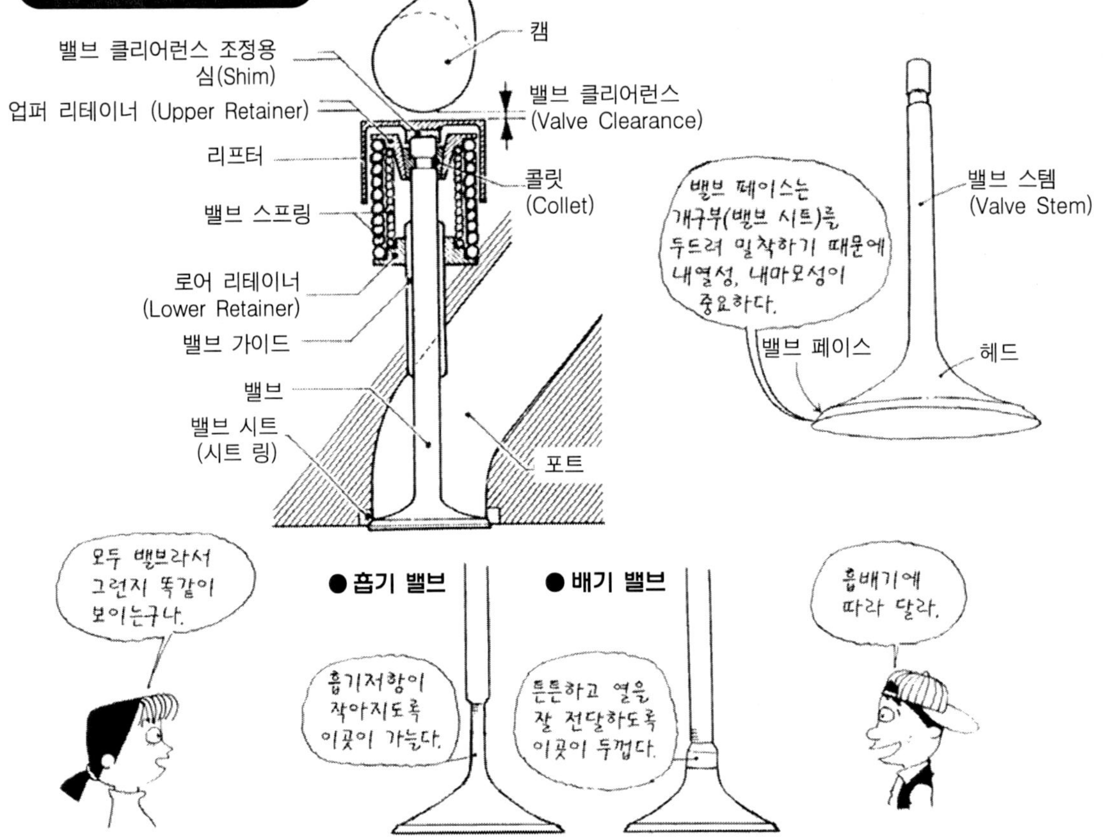

밸브 클리어런스 조정용 심(Shim)
업퍼 리테이너 (Upper Retainer)
리프터
밸브 스프링
로어 리테이너 (Lower Retainer)
밸브 가이드
밸브
밸브 시트 (시트 링)

캠
밸브 클리어런스 (Valve Clearance)
콜릿 (Collet)
포트

밸브 스템 (Valve Stem)

밸브 페이스는 개구부(밸브 시트)를 두드려 밀착하기 때문에 내열성, 내마모성이 중요하다.

밸브 페이스
헤드

● 흡기 밸브
● 배기 밸브

모두 밸브라서 그런지 똑같이 보이는구나.

흡기저항이 작아지도록 이곳이 가늘다.

튼튼하고 열을 잘 전달하도록 이곳이 두껍다.

흡배기에 따라 달라.

실린더 헤드에는 혼합기를 실린더에 보내는 흡기 포트와 연소가스가 배출되는 배기 포트가 있는데 여기에 설치되는 밸브가 흡기 밸브와 배기 밸브이다. 이 작은 모양에 의해 **포핏 밸브 (Poppet Valve)** 또는 **버섯 밸브**라 불린다.

접시와 같은 형상의 부분을 **헤드(Head)**, 이 우산에 연결되어 있는 봉을 **밸브 스템(Valve Stem)**이라 부르며, 스템은 **밸브 가이드(Valve Guide)**에 의해 지지되어 있고 밸브는 캠 노즈에 의해 눌려서 열리며, **밸브 스프링(Valve Spring)**의 힘으로 닫히는 구조로 이루어져 있다.

연소에 따른 화염의 온도는 2,000℃ 이상이 되기 때문에 1,000℃ 이상의 연소가스가 주위를 통과하므로 배기 밸브의 온도는 800℃ 이상이다. 흡기 밸브 또한 300℃ 이상이기 때문에 밸브의 소재로는 고온에 강한 **내열강**이 사용되고 있다.

밸브 사이즈는 헤드의 직경으로 표시되지만 흡기측이 배기측보다 크고, 헤드의 면적이 흡기 밸브 100에 배기 밸브 75~85 정도로 되어 있는 것이 보통이다. 이것은 흡기와 배기의 균형을 유지하는 것으로 흡기가 피스톤이 내려갈 때 실린더 내 부압에 의해 혼합기를 흡입함에 반해,

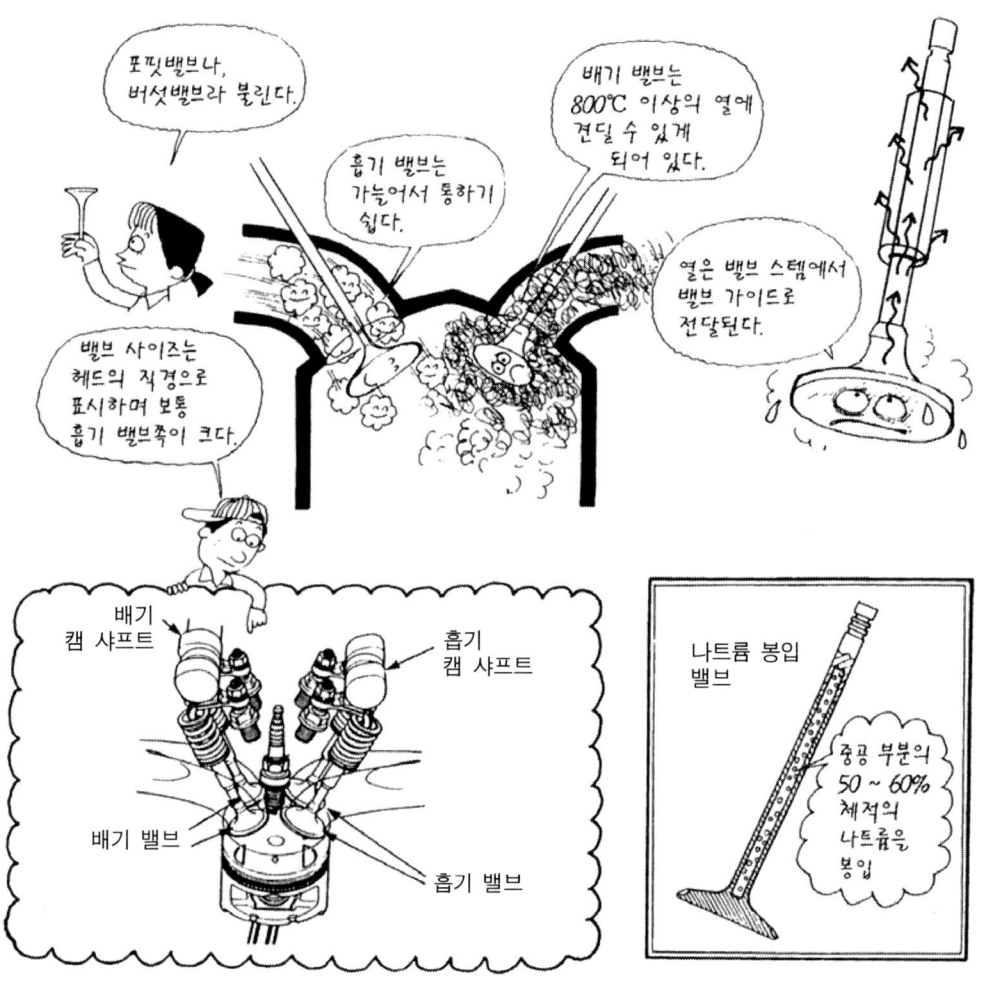

포핏밸브나, 버섯밸브라 불린다.

흡기 밸브는 가늘어서 통하기 쉽다.

배기 밸브는 800℃ 이상의 열에 견딜 수 있게 되어 있다.

열은 밸브 스템에서 밸브 가이드로 전달된다.

밸브 사이즈는 헤드의 직경으로 표시하며 보통 흡기 밸브쪽이 크다.

배기 캠 샤프트

흡기 캠 샤프트

배기 밸브

흡기 밸브

나트륨 봉입 밸브

중공 부분의 50 ~ 60% 체적의 나트륨을 봉입

배기는 압력이 높은 연소가스가 배기 포트로부터 뿜어지기 때문에 흡기 밸브보다 작아도 되는 것이다. 밸브 헤드와 밸브 스템의 연결 부분도 흡배기를 고려하여 흡기 밸브는 혼합기의 흐름 저항이 작아지도록 가늘게, 배기 밸브는 내열성과 동시에 헤드부의 열을 스템에 전달하기 쉽도록 두껍게 만들어져 있다.

헤드의 열은 밸브 스템 → 밸브 가이드 → 실린더 헤드 → 냉각수로 전달되지만 고성능 엔진은 스템을 중공(中空)으로 하여 나트륨을 봉입한 것도 적용된다. 나트륨이 스템의 중앙(中央)을 오르내려 밸브의 냉각이 잘 된다는 뜻이다. 헤드 주위의 **밸브 페이스(Valve Face)**가 접촉하는 포트 부분이 **밸브 시트(Valve Seat)**로 실린더 헤드가 주철인 경우 밸브 시트도 그대로 만들지만 알루미늄 합금의 경우에는 시트를 튼튼한 내열강으로 만들어 조립한다.

밸브는 항상 캠으로 눌러서 열리기 때문에 캠 노즈가 밸브를 눌렀을 때 마찰저항을 작게 하기 위해서 **밸브 스프링(Valve Spring)**은 부드러운 쪽이 좋다. 그러나 흡배기량을 많게 하기 위해 밸브를 크게 하거나 리프트를 크게 함과 동시에 최고 회전수를 높이기 위해서는 스프링을 견고하게 하여 짧은 시간에 신축(伸縮)이 반복되도록 해야 되지만 공진(共振)이라는 문제가 발생하여 그 균형을 유지하기가 어렵다.

4. 밸브 구동 시스템

사이드 밸브식

OHV식

OHC식

DOHC식

양 타입 모두 캠 샤프트는 실린더 블록 쪽에 있다.

캠 샤프트의 위치에 따라 여러 타입이 있다.

밸브의 구동방식이야.

재미있네.

직동식

스윙 암 식

로커 암 식

로커 암 (Rocker Arm)

스윙 암 (Swing Arm)

로커 암 샤프트

밸브는 실린더에 흡입되는 혼합기와 연소 후에 실린더로부터 배출되는 연소가스를 직접 컨트롤하는 부품이기 때문에 구동방식에 따라서 엔진의 성능에 큰 영향을 미친다. 여러 가지 방식이 개발되고 있지만 사이드 밸브를 시작으로 OHV, OHC, DOHC로 변화되어가는 흐름이다.

사이드 밸브식(Side Valve Type)은 크랭크샤프트 부근에 배치된 캠 샤프트가 긴 밸브 시스템을 눌러 밸브를 개폐(開閉)시키는 것으로 연소실이 넓고 혼합기가 연소하는데 시간이 걸리기 때문에 높은 출력을 얻을 수 없어 현재는 사용되지 않게 되었다.

OHV(Over Head Valve)는 사이드 밸브식의 밸브를 실린더 위에 설치하고 푸시로드(Push Rod)라는 긴 봉(棒)을 이용하여 밸브를 개폐를 시키는 형식으로 현재의 엔진에 가까운 연소실 형상으로 하여 좋은 성능을 얻도록 한 것이다.

그 뒤에 등장한 **OHC(Over Head Cam shaft)**는 그 이름과 같이 캠 샤프트를 머리 위에, 즉 실린더 헤드의 중앙에 배치한 타입이다. OHC에는 흡기 밸브와 배기 밸브가 실린더의 배치

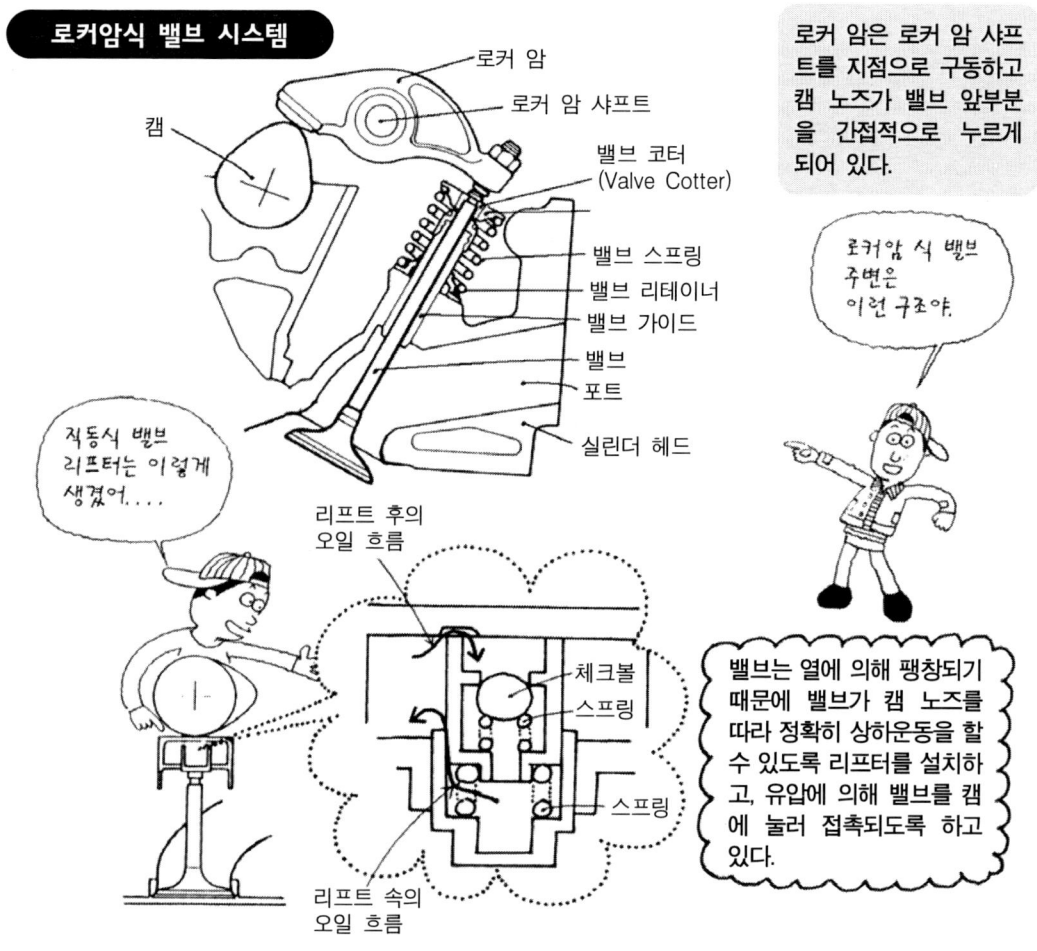

로커암식 밸브 시스템

캠

로커 암

로커 암 샤프트

밸브 코터
(Valve Cotter)

밸브 스프링

밸브 리테이너

밸브 가이드

밸브 포트

실린더 헤드

로커 암은 로커 암 샤프트를 지점으로 구동하고 캠 노즈가 밸브 앞부분을 간접적으로 누르게 되어 있다.

로커암 식 밸브 주변은 이런 구조야.

직동식 밸브 리프터는 이렇게 생겼어....

리프트 후의 오일 흐름

체크볼

스프링

스프링

리프트 속의 오일 흐름

밸브는 열에 의해 팽창되기 때문에 밸브가 캠 노즈를 따라 정확히 상하운동을 할 수 있도록 리프터를 설치하고, 유압에 의해 밸브를 캠에 눌러 접촉되도록 하고 있다.

방향으로 서로 교차하여 배열되어 있는 인라인 형과 흡배기 밸브가 실린더의 좌우 방향에 V자형으로 배치되어 있는 **V형 배열**의 2종류가 있으며, V형 배열이 흡배기 효율이 좋기 때문에 높은 성능을 얻을 수 있다. 이 V형 배열을 더욱 더 발전시켜 흡기 밸브와 배기 밸브를 각각 별개의 캠 샤프트로 구동하는 것이 DOHC(Double Over Head Camshaft)방식으로 현재의 고성능 엔진에 주류를 이루고 있다. 즉 흡기 밸브용과 배기 밸브용에 캠 샤프트가 2개(더블) 있다는 뜻으로 **트윈 캠(Twin Cam)**이라고도 불린다. 덧붙여서 V형 엔진은 실린더 헤드가 2개 있으므로 캠 샤프트는 4개가 된다.

흡배기 밸브의 구동방식에는 캠으로 밸브를 직접 구동하는 직동식(直動式)과 지레를 사용하여 간접적으로 밸브를 구동하는 로커 암 식(Rocker Arm Type)이 있다. 로커 암이라고 하는 것은 지레의 지점과 캠을 연결하는 레버(Lever)를 뜻하는 것으로 이 방식은 지렛대 원리에 의해 캠 리프트보다도 밸브를 크게 열 수 있다는 특징이 있다.

직동 타입(Direct Type)은 구성이 간단하여 부품수가 적고 시스템의 강성이 높은 것이 특징으로 유압을 이용히는 **밸브 리프터(Valve Lifter)**를 사용하여 항상 밸브가 캠 프로파일(Cam Profile)을 따라가도록 하는 것이 일반적이다.

1. 피스톤

피스톤은 가볍고 튼튼하며 연소가스의 열에도 강해야 한다.

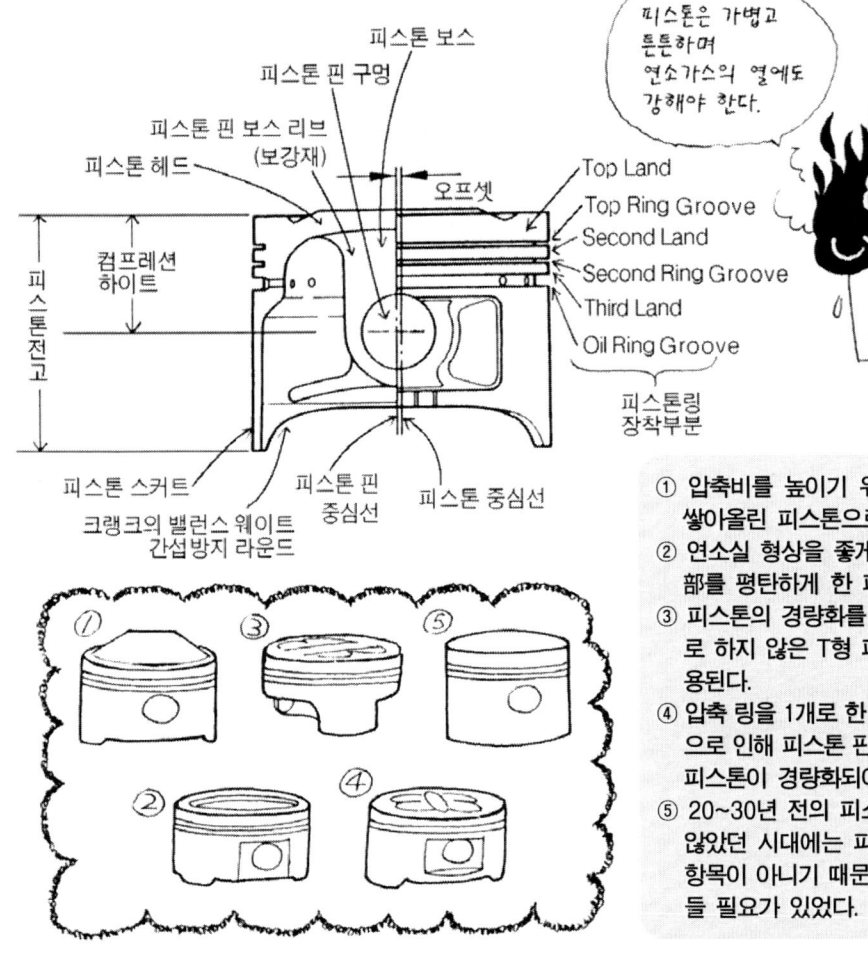

피스톤 핀 구멍
피스톤 보스
피스톤 핀 보스 리브 (보강재)
피스톤 헤드
오프셋
컴프레션 하이트
피스톤전고
Top Land
Top Ring Groove
Second Land
Second Ring Groove
Third Land
Oil Ring Groove
피스톤링 장착부분
피스톤 스커트
크랭크의 밸런스 웨이트 간섭방지 라운드
피스톤 핀 중심선
피스톤 중심선

① 압축비를 높이기 위해 피스톤 헤드 부분을 쌓아올린 피스톤으로 구형(舊型).
② 연소실 형상을 좋게 하기 위해 피스톤 헤드部를 평탄하게 한 피스톤.
③ 피스톤의 경량화를 위해 스커트部를 원통으로 하지 않은 T형 피스톤, 고성능 엔진에 사용된다.
④ 압축 링을 1개로 한 2개 링 피스톤. 이렇게 함으로 인해 피스톤 핀의 위치도 올라가게 되고, 피스톤이 경량화되어 마찰손실도 적어진다.
⑤ 20~30년 전의 피스톤. 출력이 그다지 크지 않았던 시대에는 피스톤의 경량화는 중요한 항목이 아니기 때문에 무거워도 튼튼하게 만들 필요가 있었다.

피스톤은 실린더 내부를 왕복하며, 팽창행정에서 순간적으로 2,000℃ 이상 되는 연소가스의 팽창력에 의해 최대 3~4톤(터보엔진은 5톤)의 큰 힘을 받아 커넥팅 로드로 전달하는 역할을 한다. 따라서 피스톤은 왕복운동에 의해 발생하는 관성력을 작게 하기 위해 가볍고, 팽창력에 견딜 수 있도록 강성(剛性)이 있어야 하며, 열전도율(熱傳導率)이 좋고 열팽창에 의해 형상이 변형되지 않아야 한다. 경량(輕量)과 강성(剛性) 모두를 양립(兩立)시키기 위한 소재로 알루미늄이 사용되고 있다. 일반적으로 알루미늄 합금을 주조하여 만든 것이 많으며, 강도(強度)를 높여 치수의 변화를 작게 할 목적으로 열처리를 한다.

피스톤의 윗부분은 피스톤 헤드(Piston Head), 피스톤 크라운(Piston Crown) 등으로 불리며, 실린더 헤드와의 사이에서 연소실을 형성하는 중요한 부분이다. 혼합기를 빠르게 연소시켜 연소 효율을 좋게 하기 위해 피스톤 헤드는 평평한 것이 이상적이나 압축비를 높이기 위해 중앙부분이 솟아올라 있거나 흡배기 밸브가 열렸을 때 피스톤에 부딪치지 않도록 밸브 리세스

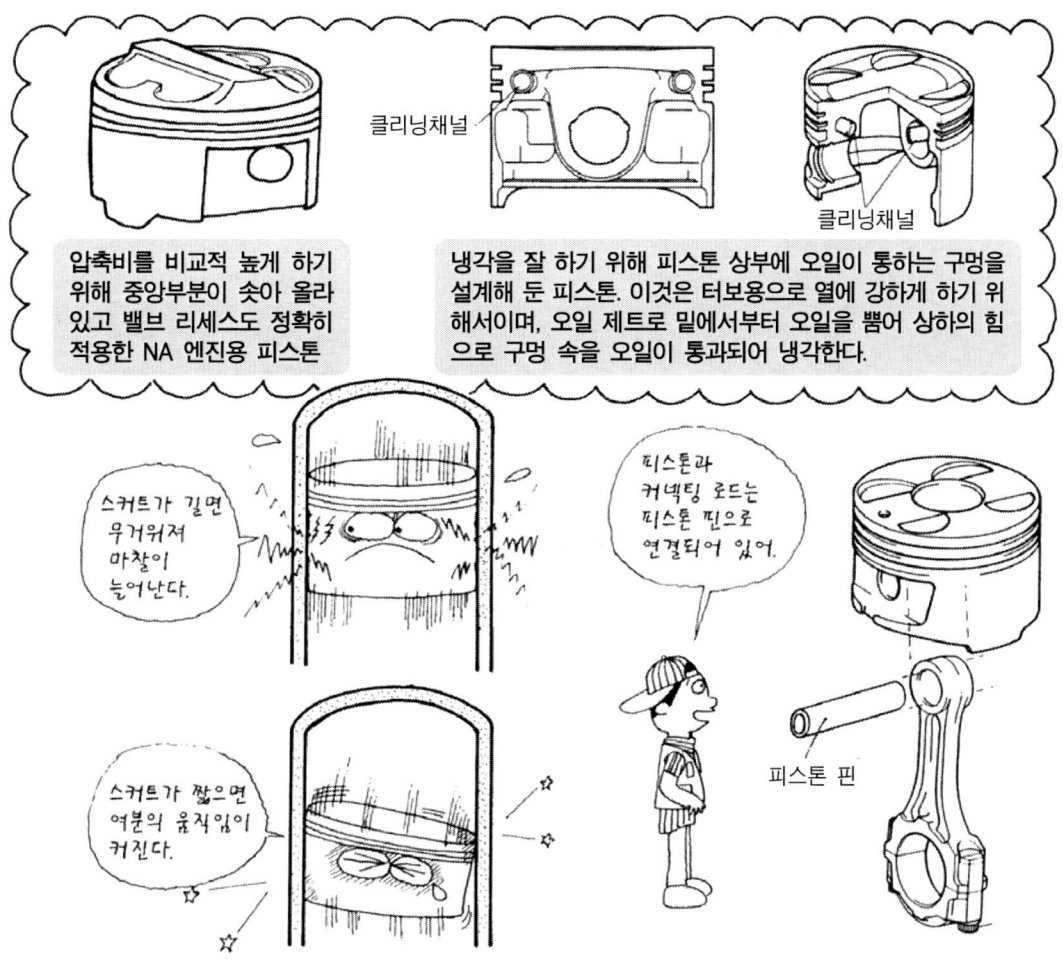

클리닝채널

클리닝채널

압축비를 비교적 높게 하기 위해 중앙부분이 솟아 올라 있고 밸브 리세스도 정확히 적용한 NA 엔진용 피스톤

냉각을 잘 하기 위해 피스톤 상부에 오일이 통하는 구멍을 설계해 둔 피스톤. 이것은 터보용으로 열에 강하게 하기 위해서이며, 오일 제트로 밑에서부터 오일을 뿜어 상하의 힘으로 구멍 속을 오일이 통과되어 냉각한다.

스커트가 길면 무거워져 마찰이 늘어난다.

피스톤과 커넥팅 로드는 피스톤 핀으로 연결되어 있어.

피스톤 핀

스커트가 짧으면 여분의 움직임이 커진다.

(Valve Recess)라 불리는 움푹하게 패인 곳이 설계되어 있기도 하여 복잡한 형상을 이루고 있는 것도 있다. 피스톤의 아랫부분은 피스톤 스커트(Piston Skirt)라 불리며, 피스톤의 왕복운동을 안정시키는 역할을 하고 있다. 스커트 앞의 일부분을 잘라낸 것과 같이 생긴 것은 피스톤이 하사점으로 내려왔을 때 밸런스 웨이트(Balance Weight)가 이 부분을 지나가기 때문이다.

　피스톤과 실린더 사이에는 틈새가 있고, 그 틈새는 피스톤 링에 의해 실링되어 있으며, 피스톤 자체의 상하운동으로 스커트 부분이 실린더 벽에 부딪치는 경우가 있다. 이것을 줄이는 방법 중 하나로 스커트 형상의 연구가 이루어지고 있다. 스커트는 가능한 한 짧은 편이 피스톤과의 마찰과 접촉시에 소음도 작고 그만큼 가볍기 때문에 좋을 듯하지만 이러한 여분의 움직임이 커지기 때문에 피스톤의 크기와 균형이 잡힌 것으로 되어 있다.

　피스톤은 피스톤 핀에 의해 커넥팅 로드와 연결되어 있기 때문에 피스톤이 받은 팽창력의 대부분이 핀에 걸리게 된다. 피스톤 핀은 보통 중공으로 되어 있으며, 같은 중량이면 외경이 큰 쪽이 굽힘에 강하지만 핀이 끼워지는 피스톤 핀 보스(Piston Pin Boss)가 커져 결과적으로 핀에서 피스톤 헤드까지의 길이(Compression Height)까지 길어져 무겁게 된다. 이러한 점을 배려하여 핀은 피스톤의 크기와 균형이 맞는 굵기로 되어 있다.

2. 피스톤 링

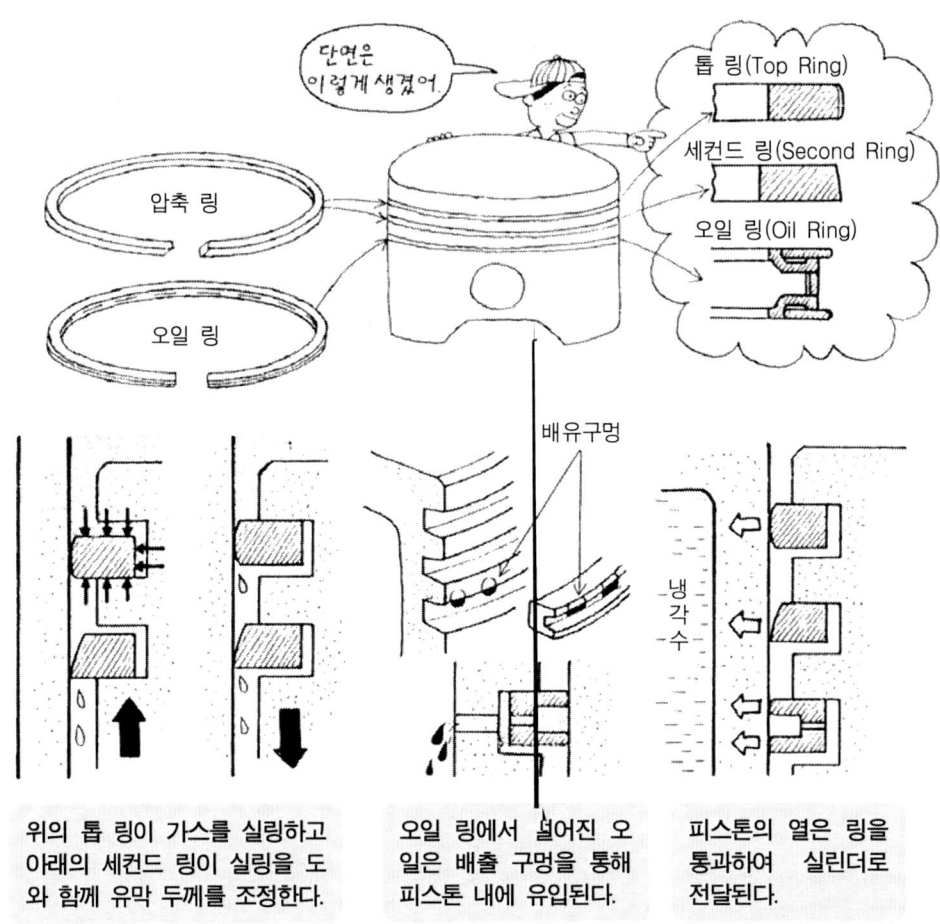

단면은 이렇게 생겼어.

톱 링(Top Ring)

세컨드 링(Second Ring)

오일 링(Oil Ring)

압축 링

오일 링

배유구멍

냉각수

위의 톱 링이 가스를 실링하고 아래의 세컨드 링이 실링을 도와 함께 유막 두께를 조정한다.

오일 링에서 덜어진 오일은 배출 구멍을 통해 피스톤 내에 유입된다.

피스톤의 열은 링을 통과하여 실린더로 전달된다.

피스톤링은 피스톤의 헤드 부분에 둘러싸인 스틸계 링으로 먼저 피스톤과 실린더의 틈새를 실링하여 가스가 새지 않도록 하는 것, 다음으로 실린더 벽면의 윤활유를 떨어뜨려 연소실에 유입되지 않도록 하는 것, 또한 피스톤의 열을 실린더에 전달하는 3가지 역할을 한다.

보통 3개의 링이 사용되며, 피스톤 헤드에 가까운 쪽 2개를 **압축 링(Top Ring)**, 스커트에 가까운 쪽 링을 **오일 링(Oil Ring)**이라고 한다. 위의 압축 링으로 가스의 밀봉을, 아래에 있는 오일 링으로 오일을 긁어내리고, 한가운데의 압축 링(Second Ring)으로 완전하게 밀봉함과 동시에 유막의 두께를 조정한다.

압축 링과 오일 링이 1개씩으로만 구성된 피스톤도 있다. 이것은 링의 기능을 다소 희생해서라도 피스톤 링과 실린더 벽 사이의 마찰에 의한 손실을 적게 하여 연비를 좋게 하는 것을 목표로 한 것이다. 경주용 차량의 엔진에서는 피스톤의 높이를 짧게 하고, 경량화를 목적으로 2개의 링을 적용하고 있는 경우도 있다.

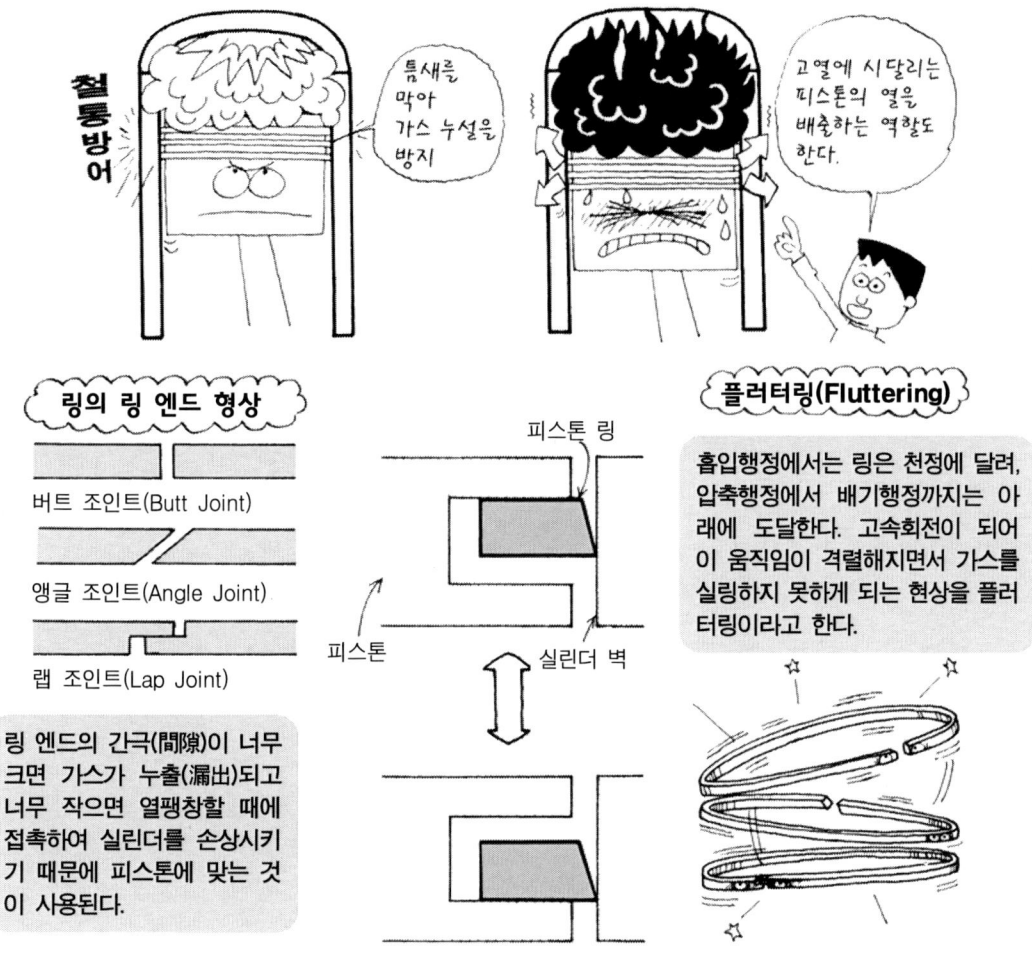

압축 링은 주철과 스프링 강으로 만들어져 있고 가스의 누출을 없앰과 동시에 피스톤과의 윤활면을 부드럽게 하여 마모를 경감하기 위해 표면경화(表面硬化) 되어 있다. 링을 피스톤에 끼웠을 때 적당한 장력으로 실린더에 압착되도록 하기 위해 링의 일부를 잘라 맞대는데 이 부분을 링 엔드(Ring End)라고 한다. 연소가스는 조금씩 링 엔드로부터 누출되며. 이 블로바이 가스(Blow-by Gas)는 환원장치에 의해 연소실로 유입되기 때문에 외부로의 누출은 없다.

압축 링의 홈은 링의 폭보다 조금 넓어 링이 홈 속을 상하로 움직이면서 조금씩 회전하는데 실린더와의 친밀성(親密性)이 평균화됨과 동시에 3개 링의 링 엔드가 겹치는 일이 없도록 하기 위함이나 링의 강성이 부족하면 고속회전시 플러터링(Fluttering) 현상으로 홈 속을 불규칙적으로 회전하여 가스를 실링하지 못하는 경우가 있다.

오일 링은 단면이 「ㄱ」 형태로 되어 있어 실린더로부터 받은 오일을 ㄱ형의 아랫부분에 설치된 구멍을 통해 피스톤 안쪽으로 흘러가게 된다. 또한 엔진이 고속회전을 하면 링의 장력만으로는 오일을 차단(遮斷)할 수 없기 때문에 익스펜더(Expender)라 불리는 스프링을 추가하여 사용함에 따라 실린더에 압착시키는 힘을 강하게 한다.

3. 커넥팅 로드

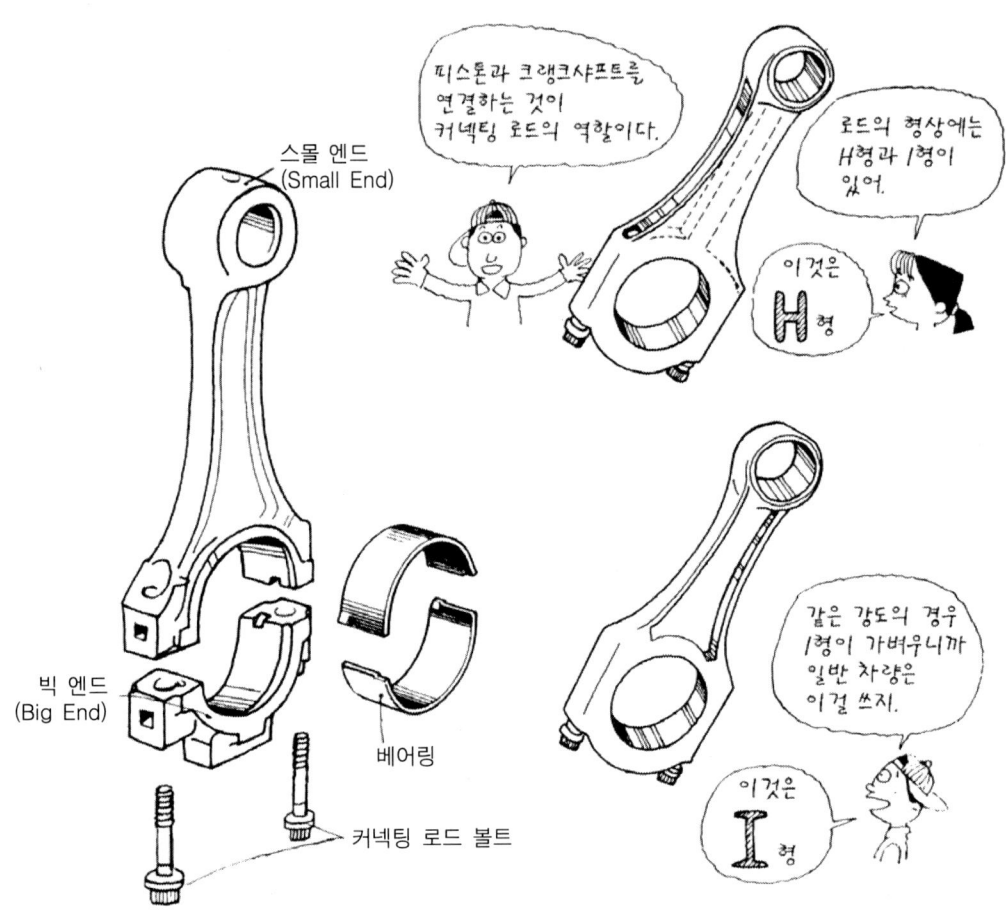

스몰 엔드
(Small End)

빅 엔드
(Big End)

베어링

커넥팅 로드 볼트

피스톤과 크랭크샤프트를 연결하는 것이 커넥팅 로드의 역할이다.

로드의 형상에는 H형과 I형이 있어.

이것은 H형

같은 강도의 경우 I형이 가벼우니까 일반 차량은 이걸 쓰지.

이것은 I형

　커넥팅 로드(Connecting Rod)는 피스톤과 크랭크샤프트를 연결하는 봉으로 피스톤의 왕복운동을 크랭크샤프트를 회전운동으로 바꾸는 기능을 한다.

　이 때문에 커넥팅 로드는 피스톤 핀을 축으로 진자(振子)처럼 좌우로 흔들면서 전체가 상하로 움직이는 복잡한 움직임(角運動)을 하기 때문에 밸런스 웨이트(Balance Weight) 등으로 간단히 수정하기 어려운 관성력(慣性力)이 발생한다. 이 때 커넥팅 로드의 중량이 관성력에 기여하는 비율은 왕복운동 1에 대해 회전운동이 거의 2의 비율이 된다. 그 관성력을 작게 하여 베어링의 하중 부담을 줄이고 진동을 작게 하기 위해서는 가능한 한 가벼운 것이 이상적이나 피스톤에 걸리는 큰 팽창력을 크랭크샤프트로 전달하기 위한 강도(强度)도 필요하다.

　커넥팅 로드는 특수강의 주조(鑄造) 또는 단조(鍛造)에 의해 제작되고, 실용차용(實用車用)은 만들기 쉽고 저렴한 주조품이 사용되는 경우도 있으나 보다 강도가 높은 단조품이 사용되는 것이 일반적이다. 경주용차에는 고가이지만 가볍고 강한 티탄 합금이 사용되고 있으며, 이는 고성능 엔진에도 적용(適用)되고 있다.

로드의 단면 형상은 길이 방향에서 보았을 때 I字로 보이는 것과 H字로 보이는 것이 있으며, 각각 I형 단면, H형 단면이라 불린다. 같은 강도의 경우 I형 단면 쪽이 가볍기 때문에 일반적으로 적용되고 있으며, H형 단면은 핀에 대하여 축 방향의 굽힘에 강하기 때문에 경주용차의 엔진에 사용되는 경우가 있으나 H형은 핀의 축 방향에 비해 직각 방향의 굽힘에 약하여 힘이 축의 중심부로 집중되기 때문에 좋지 않다는 사람도 있다.

커넥팅 로드의 길이가 길수록 피스톤의 흔들림은 적다. 이것은 크랭크샤프트가 회전했을 때 피스톤에 걸리는 힘을 종방향(縱方向)과 횡방향(橫方向)으로 나누어 생각할 경우 커넥팅 로드가 길수록 횡방향 힘의 비율이 작아져 진동 및 마찰 모두 작아지기 때문이다. 그러나 커넥팅 로드를 길게 한다는 것은 엔진이 크고 무거워지기 때문에 바람직하지 않다. 일반적으로 커넥팅 로드의 길이는 피스톤 핀의 중심에서 크랭크 핀 중심까지의 길이(Center Distance)라고 하며, 이 길이는 스트로크의 2배 전후이다.

커넥팅 로드의 피스톤 핀 측 끝을 그 크기에 따라 스몰 엔드(Small End), 크랭크 핀 측의 끝은 빅 엔드(Big End)라 부르며, 스몰 엔드는 부싱(Bushing)을 사이에 두고 피스톤 핀으로 피스톤에, 빅 엔드는 베어링(Bearing)을 사이에 두고 크랭크 핀에 장착되어 있다.

4. 크랭크샤프트

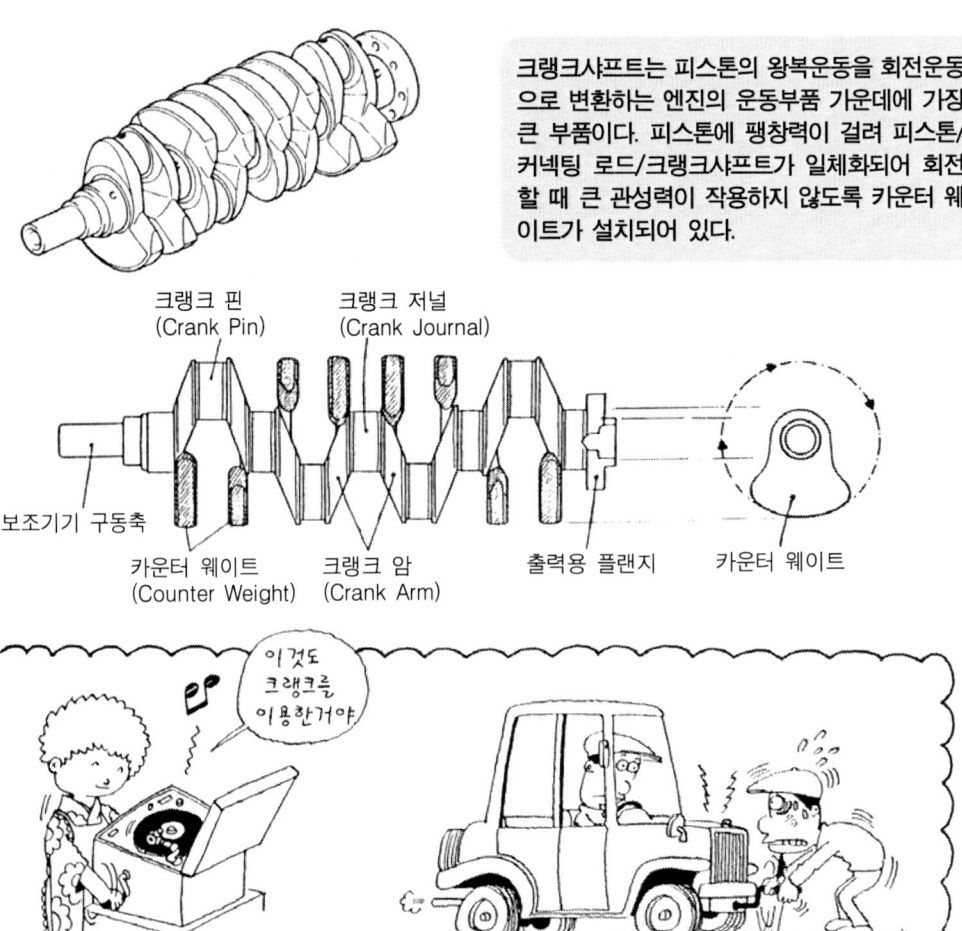

크랭크샤프트는 피스톤의 왕복운동을 회전운동으로 변환하는 엔진의 운동부품 가운데에 가장 큰 부품이다. 피스톤에 팽창력이 걸려 피스톤/커넥팅 로드/크랭크샤프트가 일체화되어 회전할 때 큰 관성력이 작용하지 않도록 카운터 웨이트가 설치되어 있다.

크랭크 핀
(Crank Pin)

크랭크 저널
(Crank Journal)

보조기기 구동축

카운터 웨이트
(Counter Weight)

크랭크 암
(Crank Arm)

출력용 플랜지

카운터 웨이트

이것도 크랭크를 이용한거야

크랭크는 지금까지 서술(敍述)한 것과 같이 왕복운동을 회전운동으로 변환하는 영어의 『구부러진 손잡이』를 의미하며, 엔진도 옛날에는 크랭크를 사용하여 시동을 걸었다. 시동용으로 전기모터를 사용하기 시작하고 나서도 일본차는 1950년대까지 시동장치가 고장 날 것을 대비하여 엔진 끝에 크랭크를 꽂을 수 있게 하였다.

각 실린더의 크랭크를 연결한 것이 크랭크샤프트로 그 주축을 크랭크 저널, 커넥팅 로드의 빅 엔드가 장착되는 부분을 크랭크 핀이라고 부른다. 이것은 커넥팅 로드의 스몰 엔드에 피스톤이 장착되는 부분을 피스톤 핀이라 불리는 것에 대응하고 있다. 크랭크 저널과 크랭크 핀을 연결하는 부분을 크랭크 암 또는 크랭크 웨이브이라 불리며, 크랭크 암의 끝에는 부채 모양의 카운터 웨이트(Counter Weight, 밸런스 웨이트 ; Balance Weight)라는 추가 달려있다.

카운터 웨이트의 형상은 접합부분이 작고, 앞으로 갈수록 크고 두꺼워 지는 것은 같은 무게라도 회전했을 때 추의 효과를 크게 즉, 관성력을 크게 하기 위해서이다.

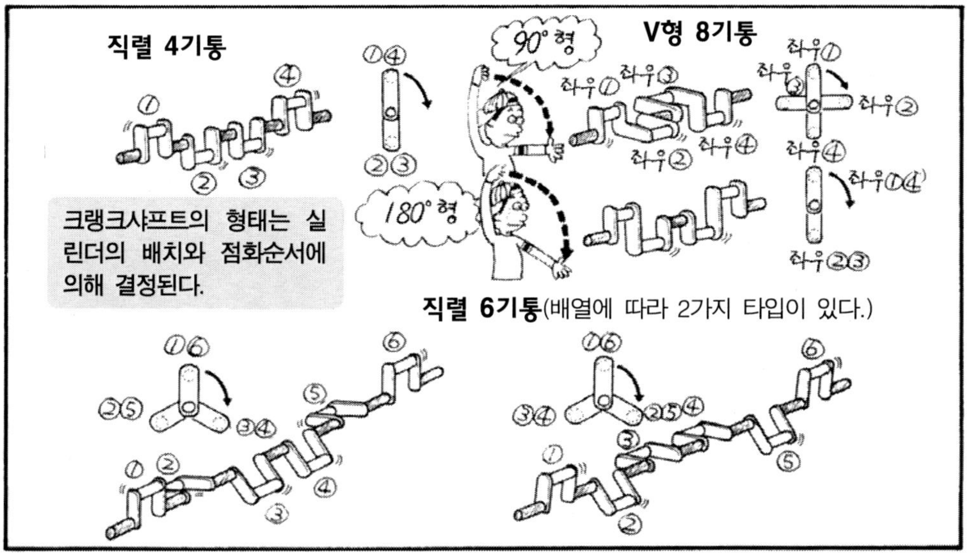

직렬 4기통

V형 8기통

90°형

180°형

크랭크샤프트의 형태는 실린더의 배치와 점화순서에 의해 결정된다.

직렬 6기통(배열에 따라 2가지 타입이 있다.)

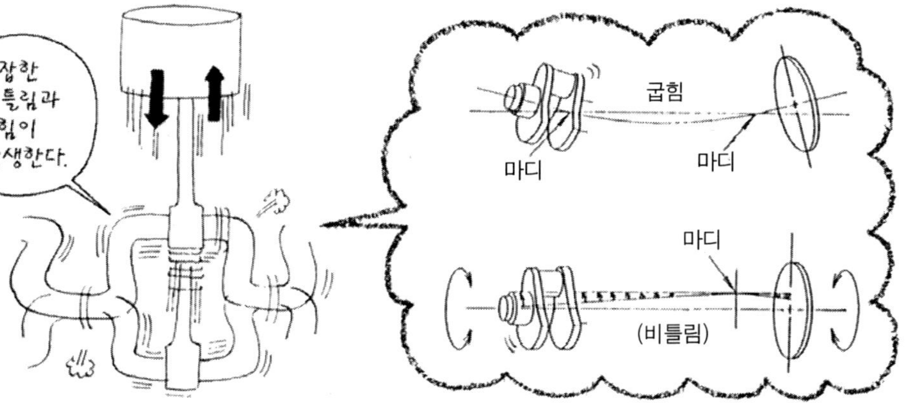

복잡한 비틀림과 굽힘이 발생한다.

굽힘

마디

마디

마디

(비틀림)

왕복엔진은 피스톤이 팽창행정을 할 때마다 커넥팅 로드를 경유하여 크랭크샤프트를 눌러 회전시키기 때문에 저널에 의해 확실히 보호 지지되지만 복잡한 굽힘과 비틀림이 작용한다. 이 때문에 크랭크샤프트는 특별한 강성이 필요하여 스틸의 단조와 주조에 의해 제작된다.

고성능 엔진의 크랭크샤프트는 보다 강하고 강성이 높은 단조품이나 스틸을 단조하는데 비용이 소요되기 때문에 보통의 엔진은 주조품이다. 주물(鑄物)로 만들어졌다고 하면 신뢰가 가지 않지만 카운터 웨이트의 미묘한 형상을 정확하게 만드는 것이 가능하기 때문에 조금이라도 필요 없는 부분은 자르고 가볍게 하여 일반적인 엔진에 사용하기에는 문제가 없다.

카운터 웨이트는 피스톤의 왕복운동과 크랭크샤프트의 회전운동 양쪽의 질량에 대하여 균형을 맞추고 있다. 균형을 맞춘다는 것은 단순한 계산으로는 피스톤이 설치된 쪽과 카운터 웨이트 측의 각각의 질량에 의해 발생하는 관성력이 1대 1의 관계가 되는 것이지만 가능한 한 카운터 웨이드를 작게 하여 크랭크샤프트를 가볍게 하기 위해 저널의 하중 부담 능력이 허용되는 범위 내에서 카운터 웨이트는 가볍게 만들어져 있다.

1. 크랭크케이스

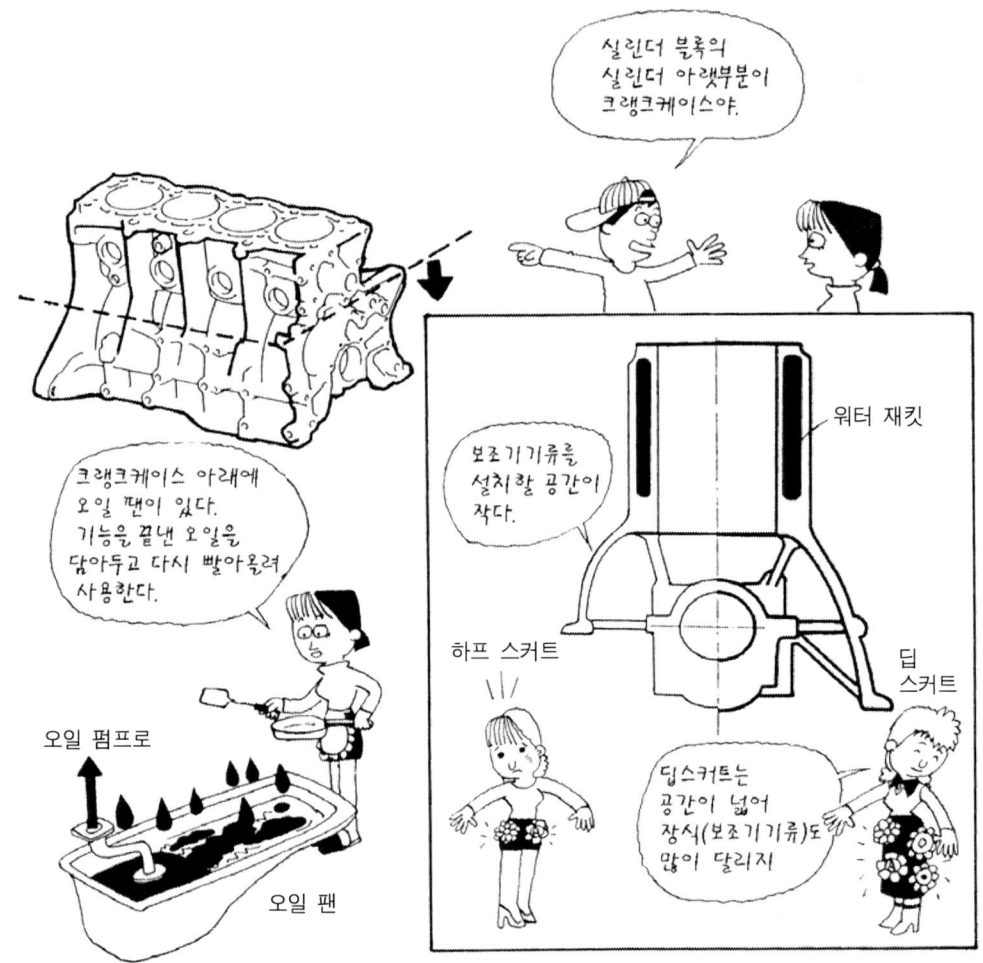

크랭크 케이스는 실린더 블록에서 실린더 아래쪽에 있는 크랭크샤프트를 덮는 부분을 말한다. 여기에는 자동차에 불가결한 전기를 발전하는 올터네이터(Alternator)와 실내 냉방에 필요한 에어컨의 컴프레서, 파워스티어링의 유압펌프 등 보조기기가 장착되어 있다. 또한 엔진을 바디에 장착하는 엔진 마운트의 브래킷(Bracket)도 이 크랭크 케이스에 장착되어 있다.

크랭크 케이스는 실린더 블록의 일부분이며, 피스톤의 왕복운동과 크랭크샤프트의 회전에 의해 발생한 진동이 항상 전달되고 있기 때문에 이들의 부품은 크랭크 케이스에서도 가능한 한 강성이 높고 진동이 적은 곳이 선택되어 장착되고 있다.

크랭크 케이스는 크랭크샤프트를 얼마나 커버하고 있는지에 따라서 하프 스커트 타입(Half Skirt Type)과 딥 스커트 타입(Deep Skirt Type)으로 구분한다. 크랭크 케이스 앞이 크랭크샤프트의 중심까지 덮는 짧은 타입이 하프 스커트, 크랭크 케이스가 베어링 캡 앞까지 덮은 타입이 딥 스커트이다.

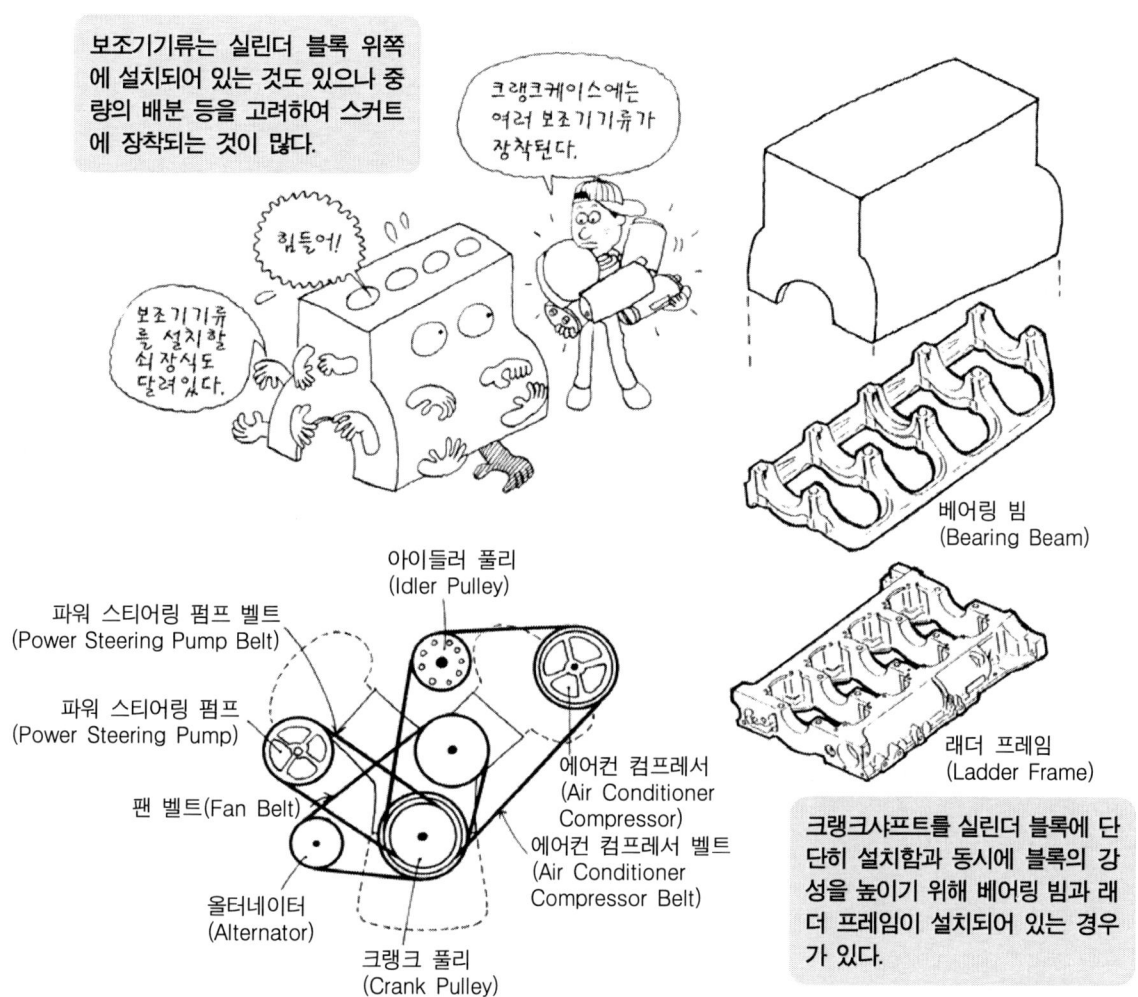

보조기기류는 실린더 블록 위쪽에 설치되어 있는 것도 있으나 중량의 배분 등을 고려하여 스커트에 장착되는 것이 많다.

크랭크케이스에는 여러 보조기기류가 장착된다.

힘들어!

보조기기류를 설치할 쇠 장식도 달려 있다.

베어링 빔
(Bearing Beam)

아이들러 풀리
(Idler Pulley)

파워 스티어링 펌프 벨트
(Power Steering Pump Belt)

파워 스티어링 펌프
(Power Steering Pump)

팬 벨트(Fan Belt)

올터네이터
(Alternator)

크랭크 풀리
(Crank Pulley)

에어컨 컴프레서
(Air Conditioner Compressor)

에어컨 컴프레서 벨트
(Air Conditioner Compressor Belt)

래더 프레임
(Ladder Frame)

크랭크샤프트를 실린더 블록에 단단히 설치함과 동시에 블록의 강성을 높이기 위해 베어링 빔과 래더 프레임이 설치되어 있는 경우가 있다.

하프 스커트 타입은 스커트의 길이가 짧기 때문에 실린더 블록을 가볍고 간단하게 제작하는 것이 가능하지만 엔진에 트랜스미션을 장착할 때 결합 면적이 작아서 딥 스커트에 비해 결합의 강성이 약해질 수밖에 없다. 진동을 발생하기 쉬운 경향이 있기 때문에 실제 엔진에서는 어떠한 형태로든 보강하고 있으며, 보조기기류를 장착할 공간이 작은 것은 말할 나위도 없다.

크랭크샤프트를 실린더 블록에 견고하게 장착하고 동시에 블록의 강성도 높이기 위해 크랭크 케이스 아랫면에 보강재를 크랭크샤프트의 베어링과 일체화시킨 것도 있다. 이것은 그 형태에 따라 **래더 프레임(Ladder Frame, 사다리형 프레임)** 또는 **베어링 빔(Bearing Beam, 빔에 의해 일체화된 베어링)**이라 불린다.

실린더 블록 아래에는 오일 팬(Oil Pan)이 장착되어 있다. 이것은 윤활(潤滑) 및 냉각(冷却)의 기능을 끝낸 오일을 한 곳으로 모으는 부품으로 강판을 프레스 성형(成形)하여 만들고 헤드 커버와 같이 고무 파킹을 끼워 장착하였다. 오일 팬(Oil Pan)의 팬은 프라이팬(Fry Pan)의 팬과 같은 '냄비'라는 뜻으로 소리가 나기 쉬운 경향이 있어 제진(制振) 강판으로 만들어진 경우도 있다. 제진 강판은 두장의 강판 사이에 플라스틱을 끼워 진동하기 어렵게 한 재료이다.

2. 저널 베어링

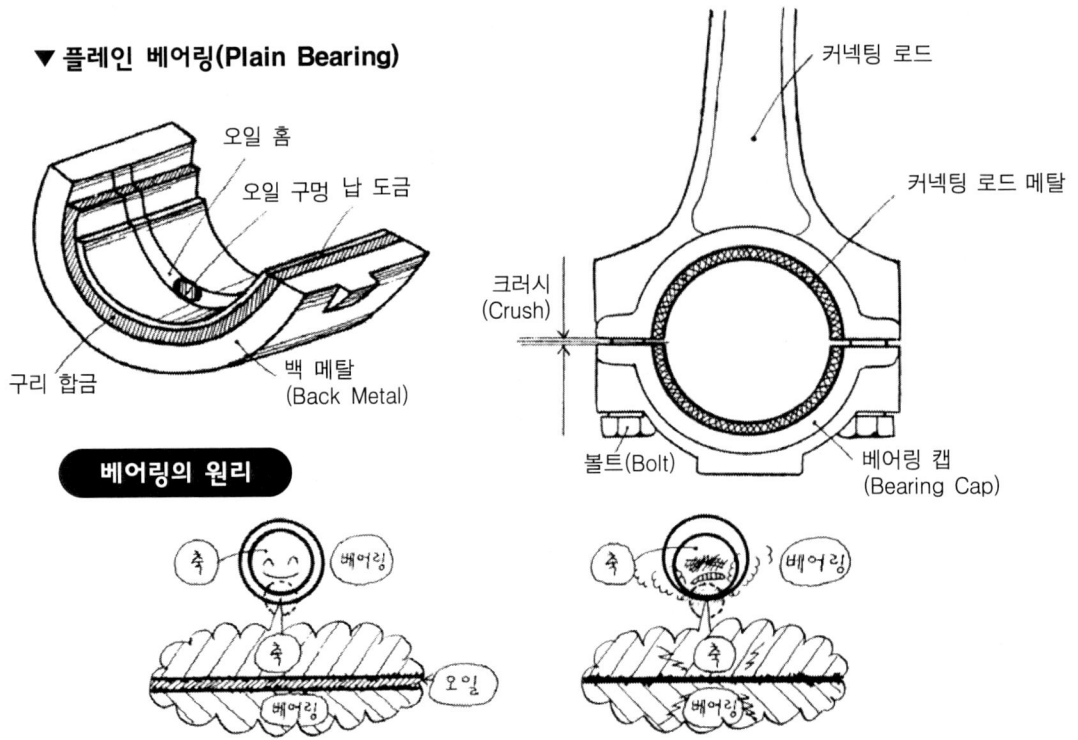

▼ 플레인 베어링(Plain Bearing)

오일 홈
오일 구멍 납 도금
구리 합금
백 메탈
(Back Metal)

커넥팅 로드
커넥팅 로드 메탈
크러시
(Crush)
볼트(Bolt)
베어링 캡
(Bearing Cap)

베어링의 원리

축   베어링
축
오일
베어링

축   베어링
축
베어링

고체의 표면은 아무리 문질러 매끄럽게 해도 현미경 등으로 보면 미세한 울퉁불퉁한 면이 있다. 따라서 고체끼리 직접 스치면 이 울퉁불퉁한 면이 맞물려 없어져 마멸(磨滅)되는 것이다. 윤활유는 이러한 울퉁불퉁한 면을 채워 고체끼리의 마찰을 유체마찰로 바꾸어 마찰력을 대폭 감소시킨다. 동시에 윤활유가 흐르는 것에 의해 이 부분을 냉각하는 기능도 한다.

　회전축을 지지하면서 부드럽게 회전시키는 부품을 **베어링(Bearing)**이라고 한다. 베어링에는 평평하고 넓은 면으로 축을 지지하는 **플레인 베어링(Plain Bearing)**과 축의 주변을 볼 및 롤러로 지지하는 **볼 베어링(Ball Bearing)** 및 **롤러 베어링(Roller Bearing)**이 있지만 엔진의 크랭크샤프트를 지지하는 것은 플레인 베어링을 사용한다.

　볼 베어링이나 롤러 베어링을 사용하지 않는 이유는 볼과 롤러의 접촉부분인 점(点) 또는 선(線)에 하중(荷重)이 집중되기 때문이다. 플레인 베어링은 윤활유를 사이에 두고 넓은 면에 하중을 분산하여 받기 때문에 비교가 되지 않을 정도의 큰 힘을 받을 수 있다.

　미끄럼 베어링이라 불리는 플레인 베어링은 샤프트와 베어링 사이에 윤활유를 두고 서로 미끄러지는 유체 마찰(流體摩擦)하고 있다. 고체의 표면은 아무리 문질러도 미세한 요철(凹凸)부분이 있기 때문에 고체끼리 직접 스치면 이 요철(凹凸)부분이 서로 맞물려 없어지게 된다. 이것을 마모현상(磨耗現象)이라 한다.

　이 요철부분의 홈을 오일로 메워 유막을 사이에 두고 미끄러지게 한 것이 플레인 베어링

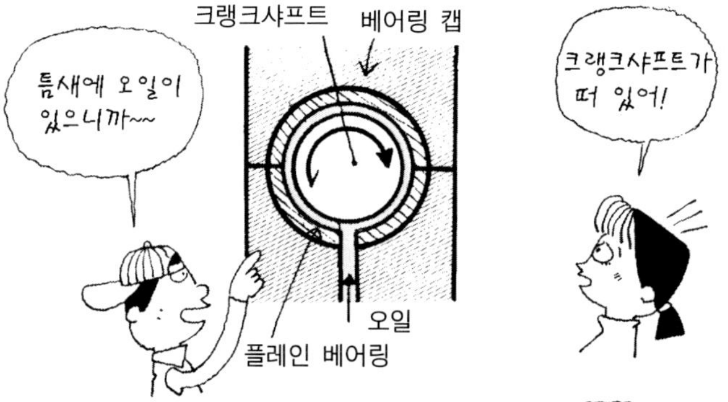

크랭크샤프트   베어링 캡

틈새에 오일이 있으니까~~

크랭크샤프트가 떠 있어!

오일

플레인 베어링

크랭크샤프트와 베어링 사이에는 오일펌프에 의해 압력을 높인 엔진오일이 보내져 베어링의 원리에 따른 윤활이 이루어진다. 윤활을 끝낸 오일은 아래로 떨어져 오일 팬에 머무르게 된다.

크랭크샤프트는 베어링을 사이에 두고 베어링 캡으로 실린더 블록 아랫면에 장착되어 있다. 강성을 높이기 위해서 베어링 캡이 없는 베어링 빔이 사용되는 경우도 있다.

직렬 4기통 엔진의 메인 베어링은 일반적으로 5개 장착되어 있어.

크랭크샤프트

베어링 캡

이며, 이 틈새가 좁아져도 샤프트와 베어링의 미세한 요철부분이 직접적으로 접촉되지 않도록 양쪽의 면은 매우 매끄럽게 되어 있다. 이 유막(Oil Film)의 두께 즉, 베어링의 틈새(간극 ; 間隙)는 열팽창과 하중 등에 의해 변화되기 때문에 너무 작으면 소착(燒着)의 우려가 있고, 너무 크면 진동이 발생하기 때문에 적당한 두께로 조정된다.

베어링은 백 메탈(Back Metal)이라 불리는 강판제 원통의 내면에 구리 합금과 알루미늄 합금 등 견고하고 내피로성(耐疲勞性)이 좋은 베어링 합금을 융착(融着)시켜 만들어져 있으며, 표면에 납 등을 베이스로 한 특수 금속으로 코팅(Coating)되어 있다. 베어링에는 오일 구멍(Oil Hole)과 오일 홈(Oil Groove)이 설계되어 있어 항상 윤활유가 공급되어 커넥팅 로드와 크랭크 핀, 크랭크샤프트와 크랭크 케이스의 결합부가 미끄러지듯이 작동되도록 하고 있다.

크랭크샤프트의 회전축인 **크랭크 저널**은 플레인 베어링을 사이에 두고 **베어링 캡**에 의해 실린더 블록 아래에 장착되어 있다. 직렬형 엔진의 경우 이 베어링은 각 실린더 앞뒤에 있기 때문에 4기통이면 5개소, 6기통이면 7개소가 있어 각각 **5베어링**, **7베어링**이라 부른다. 오래된 엔진에는 4기통 3베어링도 있으나 크랭크샤프트의 휨이 크고 진동이 발생하는 원인이 되어 지금은 사용되지 않는다.

3. 플라이 휠

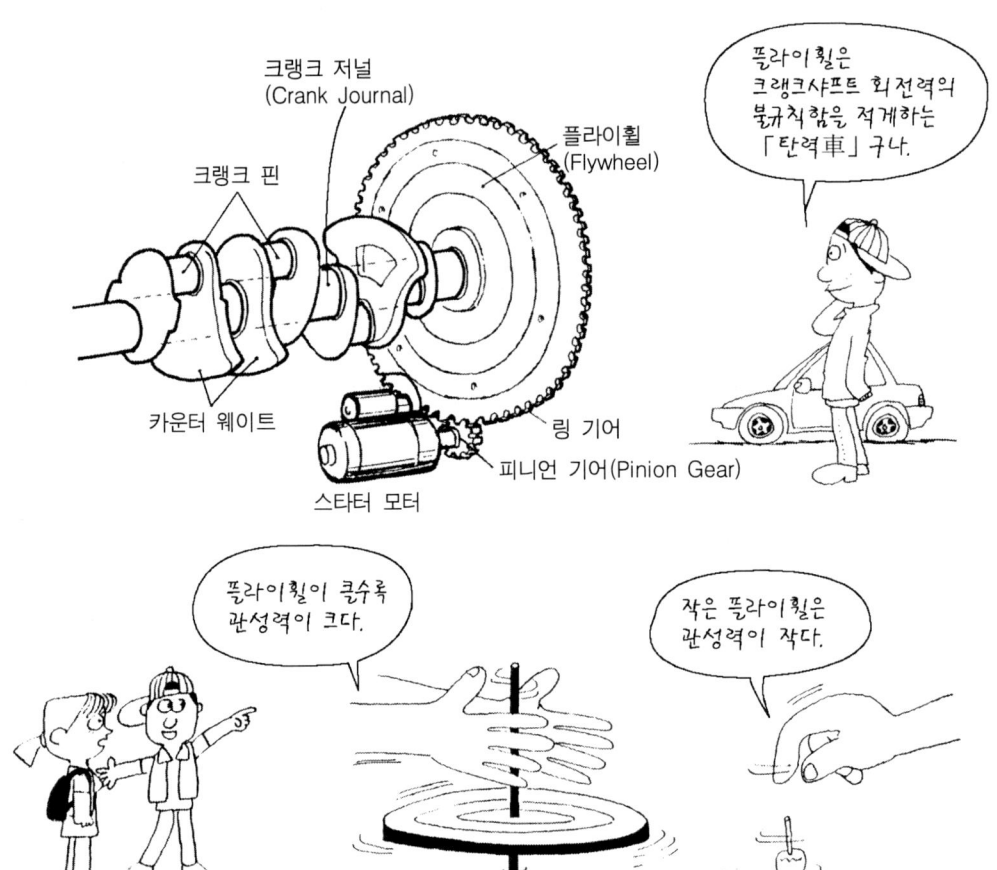

크랭크 저널
(Crank Journal)

크랭크 핀

플라이휠
(Flywheel)

카운터 웨이트

링 기어

피니언 기어(Pinion Gear)

스타터 모터

플라이휠은 크랭크샤프트 회전력의 불규칙함을 적게하는 「탄력車」구나.

플라이휠이 클수록 관성력이 크다.

작은 플라이휠은 관성력이 작다.

플라이휠(Flywheel)은 크랭크샤프트의 트랜스미션(Transmission) 측에 장착되어 있으며, 크랭크샤프트의 회전력을 유지하여 불균형을 작게 하기 위한 『탄력車』의 기능을 한다. 각 실린더에서는 크랭크샤프트의 2회전에 1회씩 팽창력이 발생하여 샤프트를 회전시키지만 그 외의 행정(압축과 흡·배기)에서는 역방향의 힘이 필요하기 때문에 플라이휠이 없으면 크랭크샤프트의 회전이 맥동적(脈動的)이고, 아이들링 상태와 같이 팽창행정의 간격이 길어지게 되면 엔진은 멈추게 된다.

플라이휠 외주(外周)에는 링 기어(Ring Gear)가 있어 엔진을 시동할 때는 스타터 모터(Starter Motor)의 피니언 기어가 링 기어와 맞물려 크랭크샤프트를 회전시킨다. 측면은 평평하며, 클러치 디스크가 스프링의 장력에 의해 압착되어 엔진의 동력이 트랜스미션으로 전달된다. 탄력車로서의 작용은 축을 회전시키는 회전력 즉, 관성에 따라 발생하는 토크가 클수록 커지며, 토크의 크기는 힘의 크기와 축의 중심으로부터 힘이 걸리는 지점까지의 거리를 곱한 것이다. 힘의 크기는 관성질량에 비례하기 때문에 플라이휠이 무겁고, 외경이 클수록, 게다가

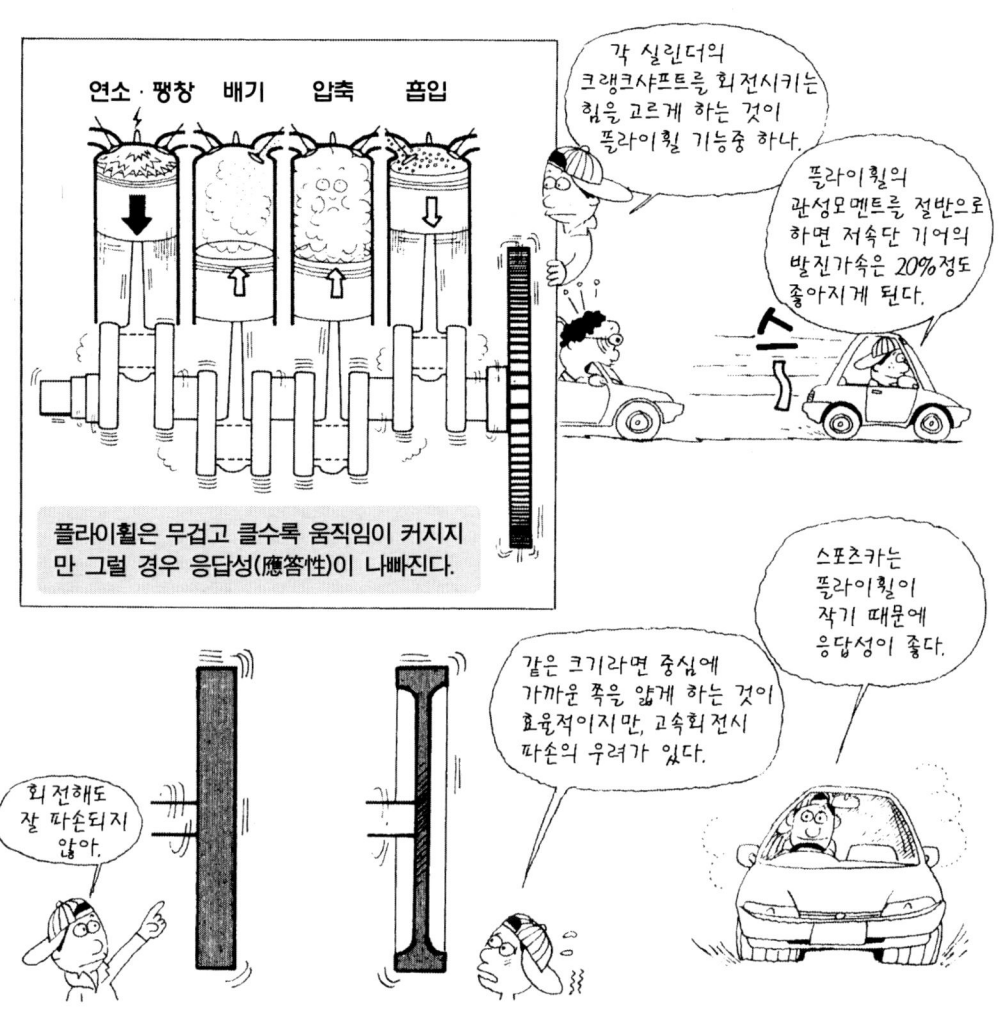

같은 크기라면 주변(周邊)이 무거울수록 플라이휠의 움직임도 커지게 된다.

  보통의 엔진은 전체 관성질량의 거의 절반이 플라이휠에 있기 때문에 회전이 낮을 때나 아이들링 상태에서 엔진을 원활하게 회전시키기 위해서는 플라이휠의 관성질량은 가능한 한 큰 것이 좋다. 그러나 그 경우 엔진의 회전속도를 변화시키기 어렵기 때문에 액셀러레이터 페달을 밟아도 엔진의 회전속도가 신속하게 높아지지 않으며, 반대로 페달을 놓았을 때는 엔진의 회전속도가 낮아지지 않는다. 즉, 엔진의 응답성(應答性)이 나빠지는 것이다. 이는 가속(加速)과 감속(減速)이 어렵다는 뜻으로 연비(燃費)가 나빠지는 원인이 될 수 있다.

  저속단(低速段) 기어에서 가속할 때는 엔진에서 발생하는 토크의 30% 정도가 엔진 자체의 회전을 높이기 위해 사용되는 경우도 있어 플라이휠의 크기와 무게는 결국 그 엔진에 장착되는 차량의 사용목적에 적합(適合)한 것으로 결정된다. 즉, 스포츠카에는 작은 플라이휠이, 패밀리카에는 큰 플라이휠이 적용되는 것이다. 재료로서는 주철이 사용되는 것이 일반적이나 경주용 차량의 엔진에는 강도가 높은 강재를 절삭하여 제조한 것이 많다.

4. 2차 관성력 Balancer

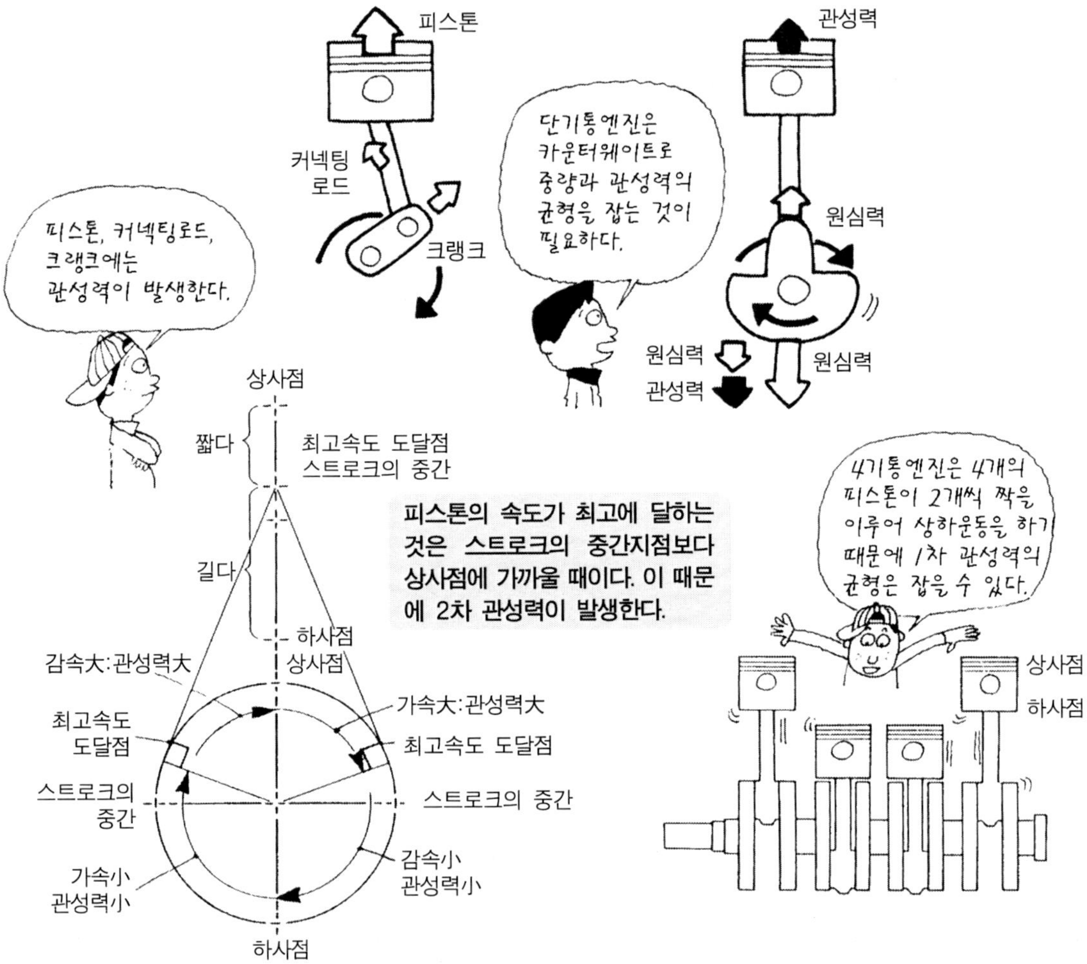

피스톤

커넥팅 로드

크랭크

관성력

원심력

원심력

원심력

관성력

피스톤, 커넥팅로드, 크랭크에는 관성력이 발생한다.

단기통 엔진은 카운터웨이트로 중량과 관성력의 균형을 잡는 것이 필요하다.

4기통엔진은 4개의 피스톤이 2개씩 짝을 이루어 상하운동을 하기 때문에 1차 관성력의 균형은 잡을 수 있다.

상사점

짧다

최고속도 도달점
스트로크의 중간

길다

하사점
상사점

피스톤의 속도가 최고에 달하는 것은 스트로크의 중간지점보다 상사점에 가까울 때이다. 이 때문에 2차 관성력이 발생한다.

감속大:관성력大

가속大:관성력大

최고속도
도달점

최고속도 도달점

스트로크의
중간

스트로크의 중간

가속小
관성력小

감속小
관성력小

하사점

상사점

하사점

피스톤, 커넥팅 로드, 크랭크에는 각각 왕복운동과 회전운동에 의한 관성력이 발생하기 때문에 실린더가 한 개인 단기통 엔진은 피스톤, 커넥팅 로드, 크랭크와 중량, 관성력에서 균형을 유지 위해 카운터 웨이트를 장착하지 않으면 힘의 불균형(不均衡)으로 엔진이 크게 진동한다.

직렬 4기통 엔진에서는 4개의 피스톤이 크랭크샤프트에 연결되어 있으며, 1번과 4번, 2번과 3번이 짝을 이루어 서로 반대쪽에 장착되어 있기 때문에 크랭크샤프트가 회전했을 때 서로 관성력을 상쇄(相殺)하여 단기통 엔진과 같은 카운터 웨이트는 필요가 없는 것이다.

그러나 4기통 엔진의 피스톤-크랭크 계의 움직임을 상세히 비교해 보면, 실제 관성력은 완전히는 상쇄되지 않는다. 이것은 왕복운동을 하는 피스톤과 회전운동을 하는 크랭크가 커넥팅 로드로 연결되어 있는 구조상의 이유에 의한 것으로 예를 들어 피스톤이 상사점에서 움직이기 시작하여 하사점에 도달하기까지 크랭크샤프트의 ½회전에서 보면, 피스톤이 움직이기 시작하고 가속되어 최고속도에 도달하는 지점은 스트로크의 중간점보다 상사점 측에 접근(接近)되어

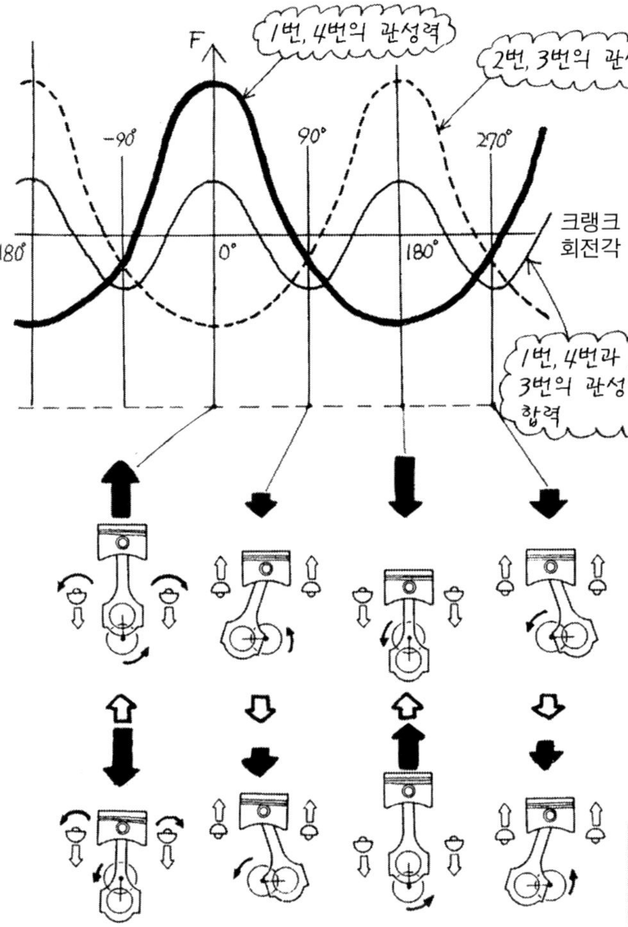

그림의 상단은 1번, 4번, 하단은 2번, 3번의 피스톤-크랭크계의 관성력(검은색 화살표)과 2차 관성력(흰색 화살표)의 균형을 나타낸다.

있기 때문이다. 그 결과 크랭크의 회전은 일정하기 때문에 각 실린더의 크랭크 관성력(1차 관성력)은 잘 상쇄되지만 피스톤의 관성력은, 예를 들어 1번과 4번이 상사점에서 하사점을 향해 움직이기 시작할 때 위로 향하는 관성력이, 2번과 3번이 하사점에서 상사점을 향해 움직이기 시작할 때의 아래로 향하는 관성력보다 커진다.

이 관계를 Y축이 관성력, X축이 크랭크샤프트의 회전각도인 그래프로 표시해보면, 1번과 4번의 윗방향 관성력이 최대일 때 2번과 3번의 아랫방향 관성력도 최대가 되고, 크랭크샤프트가 180°회전하면 둘의 관계는 정반대가 된다. 이 관계에서 크랭크샤프트의 1회전마다 2회의 비율로 관성력의 합력이 발생한다는 것을 알 수 있다. 이 관성력은 **2차 관성력**이라 불리며, 이에 의해 발생하는 진동은 특히 아이들링시에 쉽게 느낄 수 있다.

4기통 엔진은 소형차에 많이 장착되고 있는데 가볍기 때문에 탑승자에게 진동이 전달되기 쉽다. 따라서 이 불쾌한 진동을 없애기 위해 엔진의 양쪽에 밸런스 샤프트라는 타원형 모양의 단면을 가진 샤프트를 설치한다. 이 밸런스 샤프트는 크랭크샤프트의 회전 방향에 대해 역방향으로 2배속의 회전을 가하여 발생된 관성력으로 진동을 상쇄시키는 역할을 한다.

1. 요구되는 성능

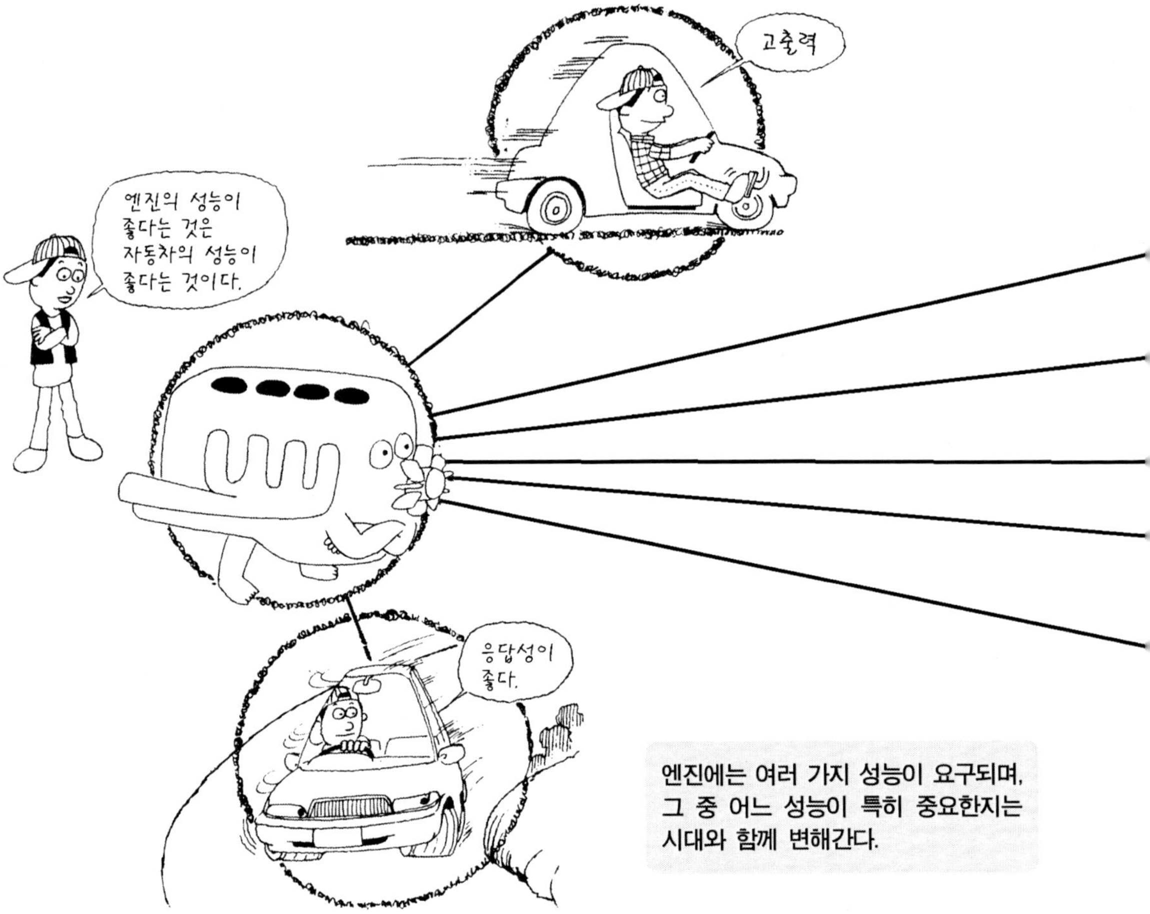

고출력

엔진의 성능이 좋다는 것은 자동차의 성능이 좋다는 것이다.

엔진의 성능이 좋다는 것은 자동차의 성능이 좋다는 것이다.

응답성이 좋다.

엔진에는 여러 가지 성능이 요구되며, 그 중 어느 성능이 특히 중요한지는 시대와 함께 변해간다.

엔진에는 여러 가지 성능(性能)이 요구된다. 각각의 성능은 복잡하게 얽혀있고 자동차의 성능과 깊은 관계가 있으며, 기술의 변화에 따라 그 중 어떤 성능이 특히 중요한지도 변해간다. 그러나 엔진이라는 동력원(動力源)이 있기 때문에 자동차가 만들어졌다는 것을 생각하면 그 성능이 얼마만큼의 동력을 끌어낼 수 있는가 하는 출력(Power)이 가장 중요시되고 있음에는 변함이 없을 것이다. 단, 〈가능한 한 연료를 많이 사용하지 않고〉 라는 조건이 붙는다. 예전에는 엔진에 많은 기능을 부여하기 위해 그만큼 많은 연료가 필요한 것이 당연했었다. 그러나 오늘날은 엔진의 효율을 높이는 것으로 연비와 출력이 양립할 수 있게 되었다.

엔진의 연소효율(燃燒效率)을 향상시키는 것은 동시에 배기정화로 연결된다. 배기 속의 3가지 주요 유해성분 중 CO(일산화탄소)와 HC(탄화수소)는 이론상 가솔린이 완전 연소되면 없앨 수 있지만 또 하나 NOx(질소산화물)의 처리는 메이커에게 중요한 연구과제가 되었다.

엔진이 자동차 중량의 10~15%를 차지하는 것을 생각했을 때 출력과 연비를 양립시키는 또 하나의 방법은 엔진을 콤팩트하고 가볍게 만드는 것이다. 같은 출력에 엔진이 가벼워지면 자동

차는 출력을 향상(Power-up)시킨 것과 같은 효과를 얻을 수 있기 때문이다. 엔진을 경량화(輕量化)·콤팩트화 하면 자동차의 운동성능도 변한다. 자동차가 우수한 조종성(操縱性)을 갖기 위해서는 차체가 가볍고, 앞뒤의 중량 배분(重量配分)이 50 : 50에 가까울 때 가장 이상적이며, 여기에 조금이라도 근접(近接)하는 것이 좋은 것이다.

엔진은 고출력과 동시에 그 출력을 운전자의 마음대로 사용할 수 있는 특성을 가지고 있다는 것도 중요하다. 예를 들어 액셀러레이터 페달(가속 페달)을 밟았을 때 운전자가 예상한 것 이상의 출력(Power)이 나오는 엔진은 안전상 좋지 않다. 액셀러레이터 페달을 밟는 정도에 따라 엔진이 어떻게 반응하는지 응답성(應答性)도 운전에 큰 영향을 끼친다.

엔진은 연소가스의 폭발적인 팽창력에 의해 동력을 얻기 때문에 소음과 진동의 발생을 없애는 것은 불가능하다. 그러나 소음과 진동을 얼마나 잘 처리하여 탑승자에게 전달되지 않도록 하는가도 중요하지만 엔진의 작동을 전혀 느낄 수 없게 하는 것은 오히려 좋지 않다. 또한, 엔진이 기계로서의 자동차 일부라는 것을 생각하면 그 유지·보수의 용이함도 중요한 성능 중 하나라고 할 수 있을 것이다.

2. 출력이란 무엇인가

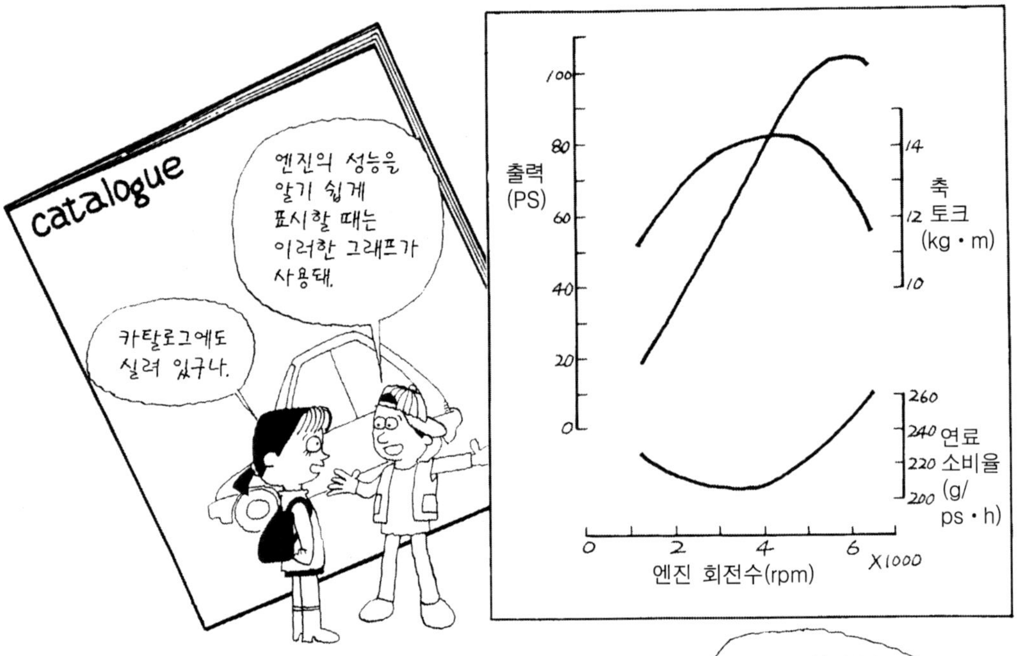

엔진은 공기에 가솔린을 혼합하고 연소시켜 발생한 열을 힘으로 변환시키는 장치이기 때문에 그 기본적인 성능(性能)은 어느 정도의 가솔린이 연소되었는가 하는 **연료의 소비량**과 이에 의해 얼마만큼의 힘이 생성되었는가 하는 **토크(Torque)**, 엔진이 단위 시간에 하는 일을 나타내는 **출력(Power)**의 3가지가 가장 중요시 된다.

이 중 연료소비량은 연료를 얼마나 사용 하였는가 라는 것이기 때문에 매우 알기 쉽지만 출력과 토크는 구체적으로 어떤 것일까. 가솔린 엔진의 작동원리는 가솔린이 연소되어 생기는 연소가스의 팽창력이 피스톤을 누르고 그 힘이 크랭크샤프트를 회전시키는 것이다.

우리는 비탈길 등에서 엔진에 큰 힘을 내고자 할 때 액셀러레이터 페달을 많이 밟고, 평탄한 길을 같은 속도로 주행(走行)할 때에는 조금만 밟는다. 이 액셀러레이터 페달은 엔진에 흡입되는 공기량을 조절하는 **스로틀 밸브(Throttle Valve)**에 연결되어 있고, 이 밸브는 액셀러레이터 페달을 밟는 양에 따라 열리는 정도가 변하게 되어 있다.

「출력」
엔진에서 발생되는 동력을 PS(마력)으로 나타낸다.

출력은 엔진의 파워라기보다는 스피드를 내는 능력이라 할 수 있다. 즉, 일반적으로는 이 수치가 클수록 최고속도가 커질 것이라고 생각할 수 있다. 물론, 자동차 전체의 중량과 자동차의 공기저항의 크기도 이것과 관계되지만 숫자로 나타내는 출력, 특히 최고출력이 카탈로그 등에 기재되기 때문에 주목받기 쉽다. 그러나 이것은 엔진 성능 중 하나의 기준이다.

엔진의 성능 곡선에서 토크의 커브가 어떻게 되어 있는지는 매우 중요하다. 최대토크 부근이 완만한 모양의 산처럼 되어 있는 엔진은 액셀러레이터 페달을 밟음과 동시에 꾸준하고 힘차게 가속된다. 이 산이 뾰족한 엔진은 그 부근의 엔진회전에서 파워를 발휘하나 그보다 낮은 회전에서는 그다지 파워가 높지 않아 가속도 부드럽지 않다. 이것은 무리하게 최고출력을 높이려고 한 엔진이라 볼 수 있다.

「토크」
토크 kgm/Lm 같은 힘이라도 봉이 길면 큰 토크가 걸린다.

「연료소비율」
엔진이 1시간에 1마력의 동력을 계속해서 낼 때에 소비되는 연료의 양을 1g으로 나타낸다.

엔진 성능 곡선의 그래프에 표시된 연료소비율은 어디까지나 엔진 자체의 연비이다. 따라서 엔진의 회전과 출력 및 토크 관계에서 어느 부근의 효율이 좋은지 기준이 된다. 왼쪽 그래프의 엔진은 실용적인 패밀리카 용의 예로 엔진의 회전을 높여 주행하면 토크가 작아질 뿐만 아니라 연비도 상당히 나빠진다는 것을 알 수 있다.

가솔린은 엔진에 흡입되는 공기의 양에 따라 완전히 연소될 수 있는 양만을 자동적으로 공급하게 되어 있기 때문에 액셀러레이터 페달을 조금 밟아 스로틀 밸브가 적게 열리면 공기와 가솔린도 적게, 스로틀 밸브가 완전히 열리면(全開) 많이 공급된다. 즉, 공기의 양은 액셀러레이터 페달에 의해 조절되기 때문에 실린더로 들어가는 혼합기 속의 공기와 가솔린의 비율은 거의 일정하다. 따라서 액셀러레이터 페달을 조금 밟으면 혼합기의 양이 적어 연소되었을 때의 팽창력도 작기 때문에 엔진에서 나오는 힘도 작고, 액셀러레이터 페달을 많이 밟으면 그 엔진이 낼 수 있는 최대의 힘을 내게 되는 것이다.

결국 엔진의 성능은 이 힘이 클수록 좋은 것이라고 생각할 수 있다. 힘은 kg으로 표시되지만 자동차에서는 최종적으로 타이어를 회전시키는 **회전력(Torque)**이라고 생각하는 것이 편리하기 때문에 힘의 크기에 회전의 중심에서 힘이 걸리는 지점까지의 길이를 곱하여 얻을 수 있는 값 즉, kg·m를 단위로 하는 토크로 나타내는 것이 보통이다. 토크의 크기가 엔진의 성능을 판단할 때의 기준 중 하나인 셈이다.

다음으로 엔진의 성능이라고 하면 큰 힘을 낼 수 있을 뿐만 아니라 그 힘에 따라 얼마만큼의 일을 할 수 있는지가 중요한 요소라고 생각된다. 이 일의 양을 **출력(Power)**이라고 하며, 〈단위 시간에 어느 정도의 일을 하는가〉 하는 기준으로 **마력(Pferdestärke)**이라는 단위를 사용한다.

3. 출력 표시 방법

엔진의 출력은 일의 비율을 나타내는 마력으로 표시된다.

이 엔진은 몇 마력?

마력은 시간의 단위로 행해지는 일의 양을 나타내는 단위

$1PS=735.4W$
$100PS=73.5kW$
$100kW=136PS$

1초동안

1m

75kg

이것을 기억해 두는 게 좋아.

일반적으로 엔진의 성능 가운데 가장 중요시되는 것은 **출력(Power)**이다. 신형차(新型車)에 새로운 엔진이 장착되었다고 하면 몇 마력(PS)인가? 라고 묻는 경우가 많다. 마력이라는 것은 일의 효율, 즉 단위 시간에 행해지는 일의 양을 표시하는 단위로 자동차용 엔진에서는 이 일의 효율을 동력(動力) 또는 출력(出力)이라고 부르는 것이 일반적이다.

최초로 이 개념을 생각한 것은 증기기관의 발명으로 유명한 영국의 **와트(Watt James)**로 몇 종류 증기기관의 동력성능을 비교하기 위한 단위로서 탄광의 배수작업에 사용되었던 말의 동력을 기준으로 하여 550ft·lbf/s를 1마력으로 하였다. 이것을 미터법으로 환산하면 75kgf·m/s가 되며, 구체적으로 75kgf의 무게를 1초에 1m의 비율로 끌어올리는데 필요한 동력인 것이다.

마력의 기호에는 영어의 Horsepower를 줄인 HP와, 독일어의 **Pferdestärke**에서 따온 PS가 있어 혼동하기 쉬우나 PS가 더 많이 사용된다. 계량법에서는 PS를 사용해도 상관없다고 되어 있지만 정식적으로는 SI단위의 W(와트)로 표시하도록 되어 있으며, 1PS는 735.4W이다.

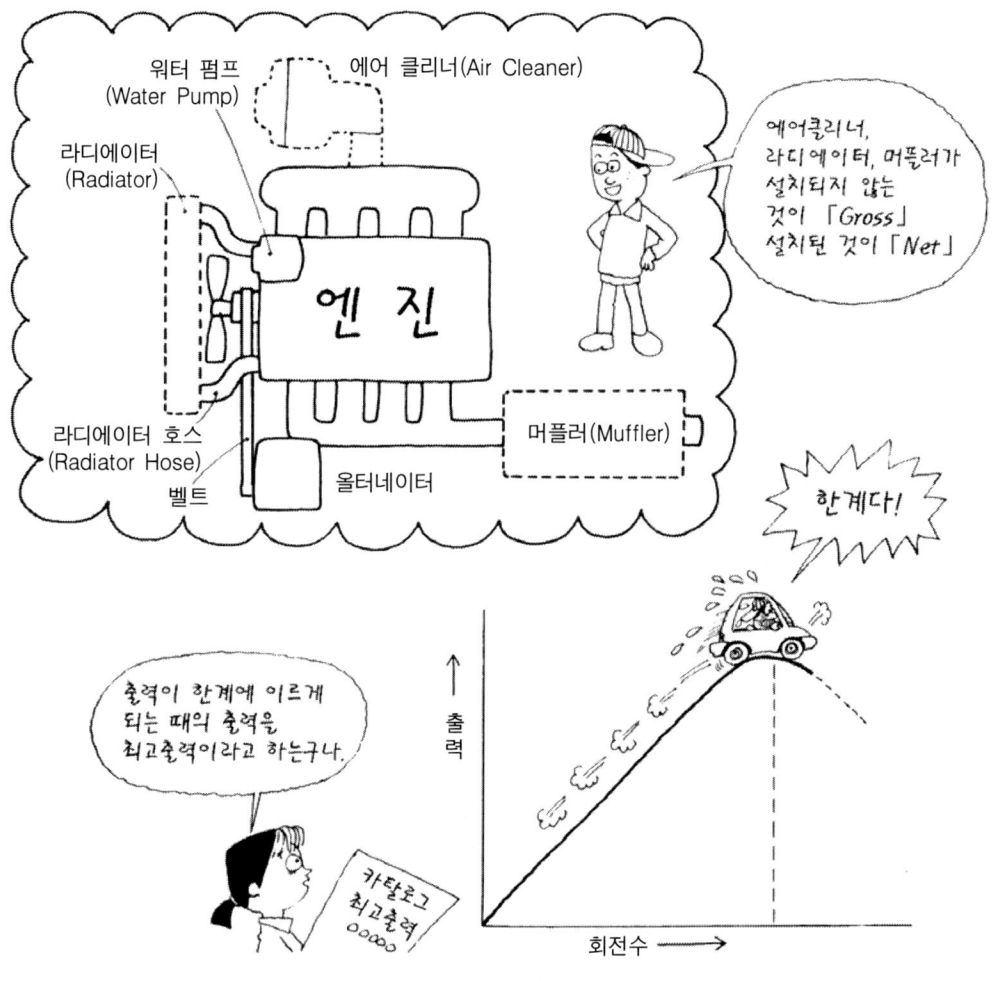

100PS가 73.5kW, 100kW가 136PS인 셈이다.

그런데 카탈로그를 잘 보면 출력을 나타내는 PS/rpm 앞에 (Net) 또는 (Gross)라고 기입되어 있는 경우가 있다. 엔진의 출력이라는 것은 계측용 장치에 엔진을 세팅하여 측정하는 것이기 때문에 측정조건(測定條件)에 따라 변하는 것은 물론 계측할 때마다 오차가 발생된다. 따라서 일부에서는 출력의 표시에 **Net값**과 **Gross값**이 사용되며, 엔진만으로 측정한 것을 Gross, 엔진을 차량에 장착한 것에 가까운 상태에서 측정한 것을 Net로 구별한다. 가솔린 엔진에서는 같은 엔진을 서로 다른 두 조건으로 테스트하면 Net가 Gross보다 약 15% 정도 작은 값을 나타내기 때문에 아무 단서가 없다면 수치가 큰 것은 Gross값이다.

엔진의 출력이라는 것은 단위 시간당 이루어지는 일의 양으로 엔진의 회전수에 거의 비례하여 커지게 된다. 그러나 엔진의 회전수를 점점 상승시키면 운동하는 부분이 그 이상 빠르게 운동하지 못하거나 그 이상 빠르게 공기를 흡입·배출할 수 없거나 엔진 자체를 회전시키기에 필요한 동력도 커지는 등 출력이 한계(限界)에 노달하게 된다. 이 때의 엔진 출력을 **최대출력 (最大出力)**이라고 하며, 카탈로그에는 그 때의 엔진회전수가 함께 표시되고 있다.

4. 토크란 무엇인가

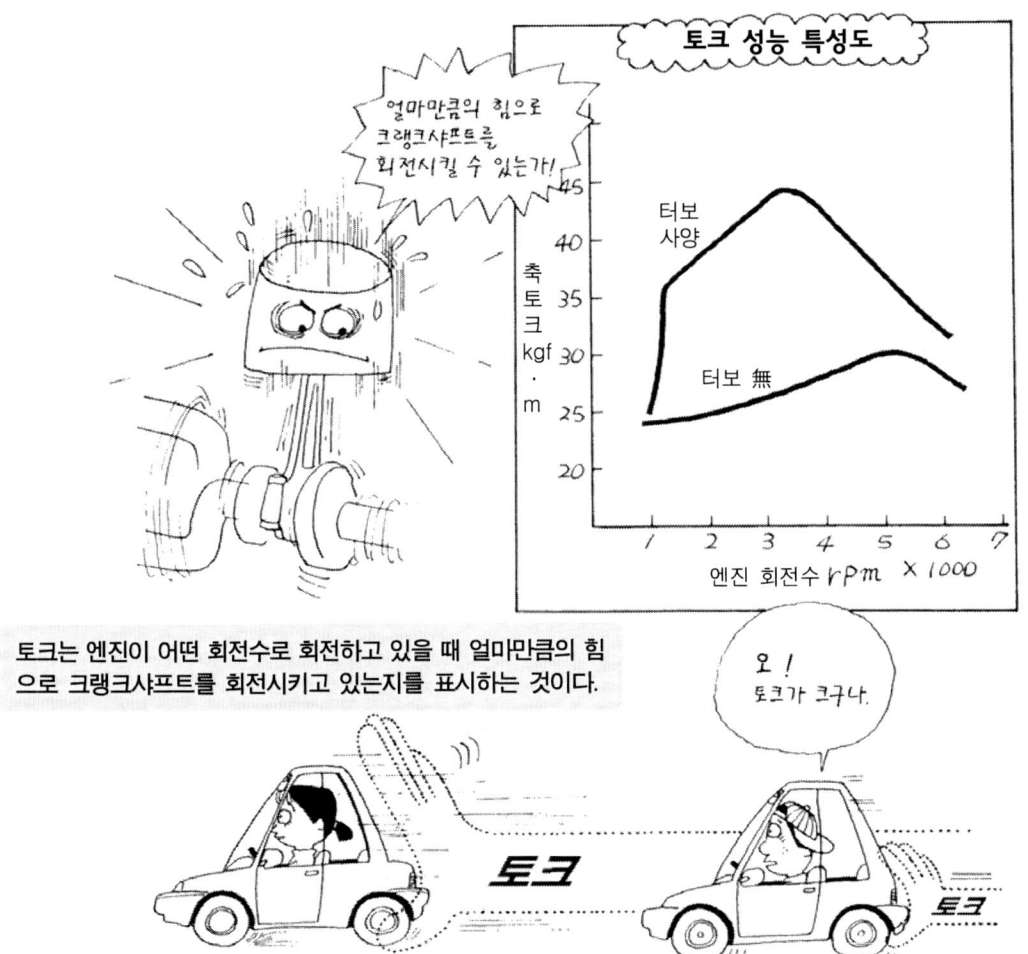

얼마만큼의 힘으로 크랭크샤프트를 회전시킬 수 있는가!

토크 성능 특성도

터보 사양

터보 無

축 토크 kgf · m

엔진 회전수 rpm × 1000

토크는 엔진이 어떤 회전수로 회전하고 있을 때 얼마만큼의 힘으로 크랭크샤프트를 회전시키고 있는지를 표시하는 것이다.

오! 토크가 크구나.

토크   토크

토크(Torque)는 바꾸어 말하면 축을 비트는 힘이라고 할 수 있다. 그 단위는 kgf·m로 힘의 단위 kgf에 그 힘이 걸린 지점을 얼마만큼 움직이게 하는가 하는 거리의 단위 m가 곱해진다.

엔진으로 말하자면 커넥팅 로드의 빅 엔드(Big End)가 크랭크샤프트를 눌렀을 때 피스톤이 커넥팅 로드를 누르는 힘에 크랭크 핀의 중심과 크랭크샤프트 중심까지의 거리를 곱한 것으로 구할 수 있다.

즉, 어떤 엔진에서 발생되는 토크의 크기는 피스톤이 커넥팅 로드를 누르는 힘, 즉 팽창력(膨脹力)에 의해 결정되는 것을 알 수 있다. 성능곡선(性能曲線)에서 나타내는 토크는 일정한 회전수로 엔진이 회전하고 있을 때 팽창행정에 있는 피스톤이 얼마만큼의 힘으로 크랭크샤프트를 회전시키고 있는가를 표시하는 것이다. 이 힘은 타이어에 전달되는데 토크가 작으면 자동차를 앞으로 나아가게 하는 구동력(驅動力)이 작고, 토크가 크면 구동력도 크다. 타이어를 회전시키는 토크가 크면 운전자는 가속력(加速力)이 크다고 느끼게 되는 것이다.

▼ 엔진회전수와 토크의 관계

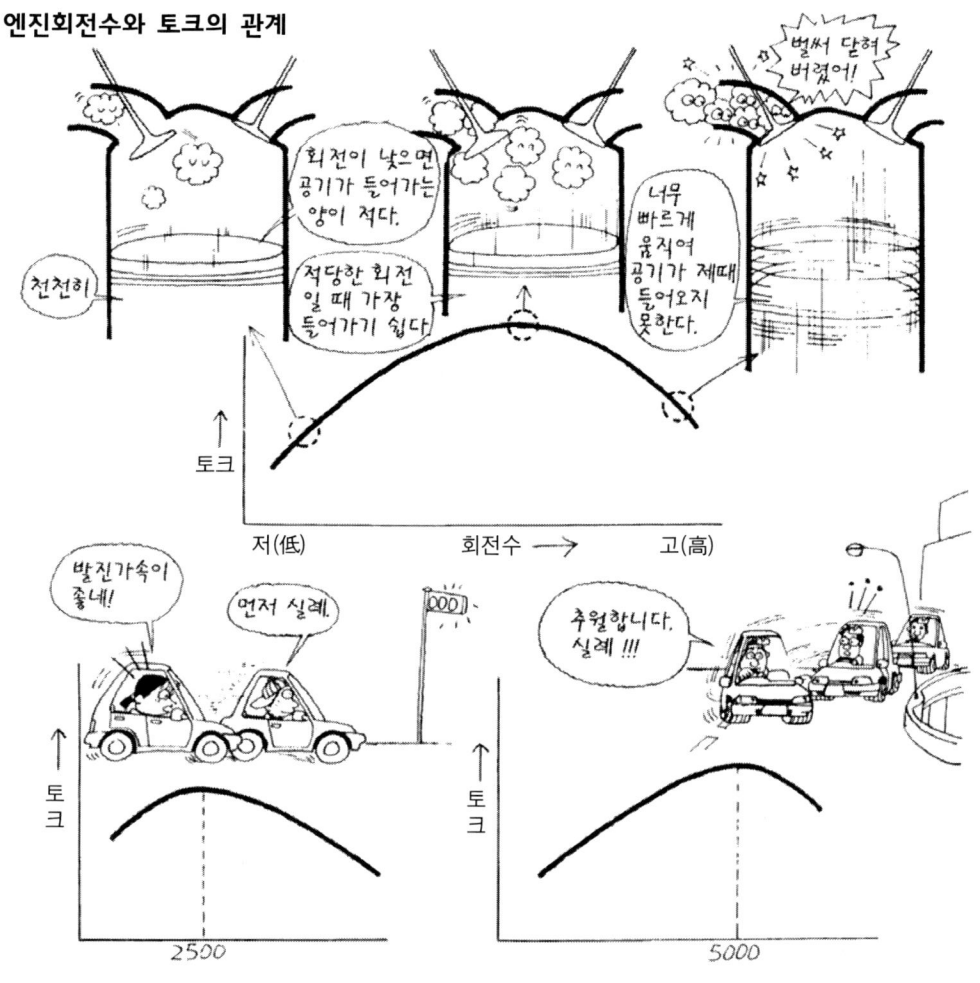

피스톤을 눌러 내리는 팽창력은 여러 가지 요인에 영향을 받지만 일반적으로 실린더에 흡입되는 공기의 양이 많을수록 크다. 즉 많은 공기로 가솔린을 연소시키면 발열량(發熱量)과 힘이 커진다는 의미이다. 따라서 엔진에 흡입되는 공기량과 엔진의 회전수 관계를 생각해보면 엔진의 회전속도가 낮은 곳에서는 피스톤의 움직임도 늦고, 흡입하는 힘이 약하기 때문에 공기량이 적은데 비해서, 엔진의 회전수가 높은 곳에서는 피스톤의 움직임이 너무 빨라 공기가 모두 흡입되기 전에 흡기 밸브가 닫혀 이 또한 실린더에 흡입되는 공기량이 적다. 즉, 토크의 곡선(曲線)은 기본적으로 엔진의 회전수에 대해서 산(山) 모양을 이룬다.

예를 들어 이 곡선의 피크점이 회전수가 낮은 2,500rpm인 엔진과 회전수가 높은 5,000rpm인 엔진이 장착된 차량으로 비교하면 회전수가 낮은 곳에 피크점이 있는 엔진은 시가지 등에서 엔진의 회전속도를 높이지 않고 주행하기 쉽지만, 고속도로에서 엔진의 회전속도를 높일 때에는 액셀러레이터 페달을 더 밟아도 가속성(加速性)이 나쁘다고 느끼게 된다. 반대로 피크가 높은 곳에 있는 엔진은 고속주행에서는 가속이 잘 이루어지지만, 일반도로의 저속주행에서는 주행감(走行感)이 좋지 않기 때문에 시원시원한 수행을 원한다면 낮은 기어를 사용하여 항상 엔진의 회전수를 높게 유지할 필요가 있다.

5. 출력을 높인다

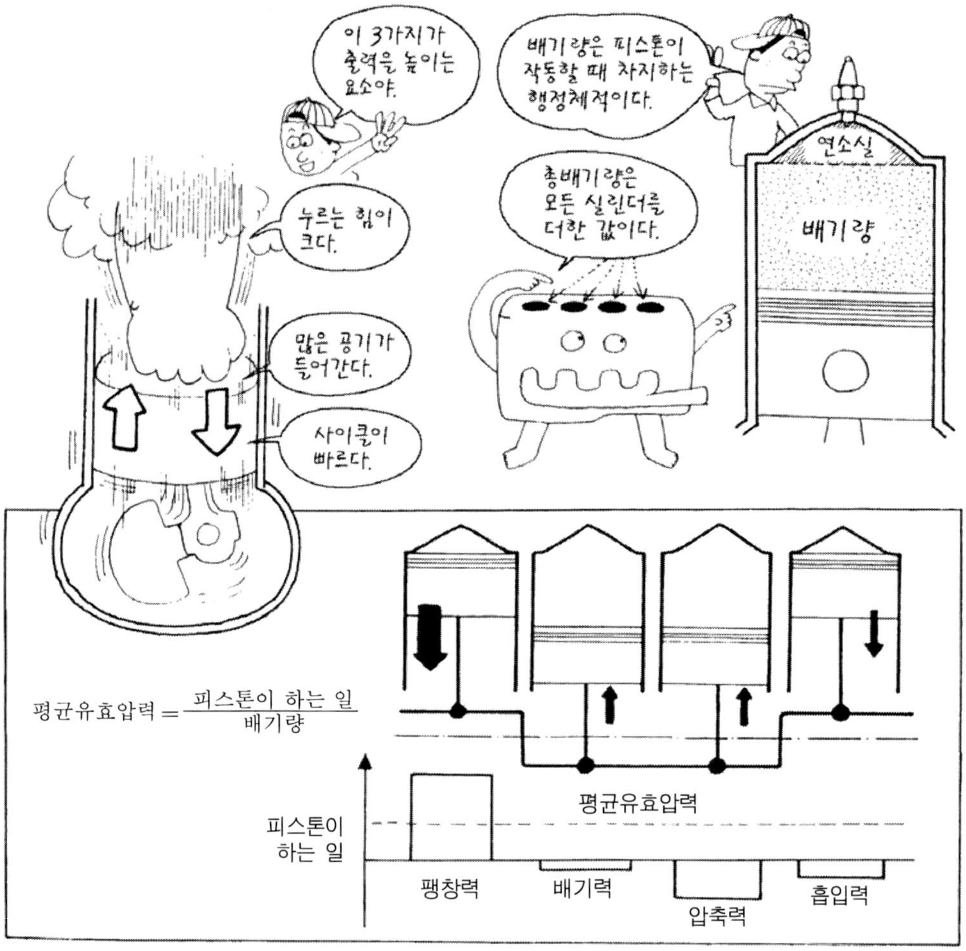

이 3가지가 출력을 높이는 요소야.

누르는 힘이 크다.

많은 공기가 들어간다.

사이클이 빠르다.

배기량은 피스톤이 작동할 때 차지하는 행정체적이다.

총배기량은 모든 실린더를 더한 값이다.

연소실

배기량

$$평균유효압력 = \frac{피스톤이\ 하는\ 일}{배기량}$$

피스톤이 하는 일

평균유효압력

팽창력   배기력   압축력   흡입력

엔진의 출력은 일률, 즉 단위시간에 이루어지는 일의 양이 많을수록 크기 때문에 실린더의 체적(體積)이 클수록, 피스톤을 누르는 힘이 클수록 또한 그 사이클이 가능한 한 빨리 회전될수록 큰 출력을 얻을 수 있다.

엔진의 크기는 배기량으로 나타내는 것이 일반적이다. 피스톤이 하사점에서 상사점에 도달하는 사이 배출하는 기체의 양을 실린더의 **배기량**이라 하며, 엔진 내 각 실린더의 배기량을 합한 것이 그 엔진의 **총배기량**이다. 배기량은 실린더의 직경으로 계산된 단면적에 상사점에서 하사점까지의 길이를 곱한 값을 cc로 나타내는 것이 보통이나 ℓ 로 표시되는 경우도 있다.

총배기량이 크면 그만큼 많은 가솔린과 공기를 흡입하여 연소하는 것이 가능하기 때문에 엔진의 출력이 커지는 것은 당연하다고 할 수 있다. 따라서 엔진의 성능 비교에는 배기량 1 ℓ 당 몇 마력이 나오는지, 즉 PS/ℓ 가 사용된다. 승용차용 엔진은 일반적으로 한 개의 실린더가 300~700cc 정도의 크기로 같은 배기량이라면 실린더 수가 많은 쪽이 PS/ℓ 가 크다고 할 수

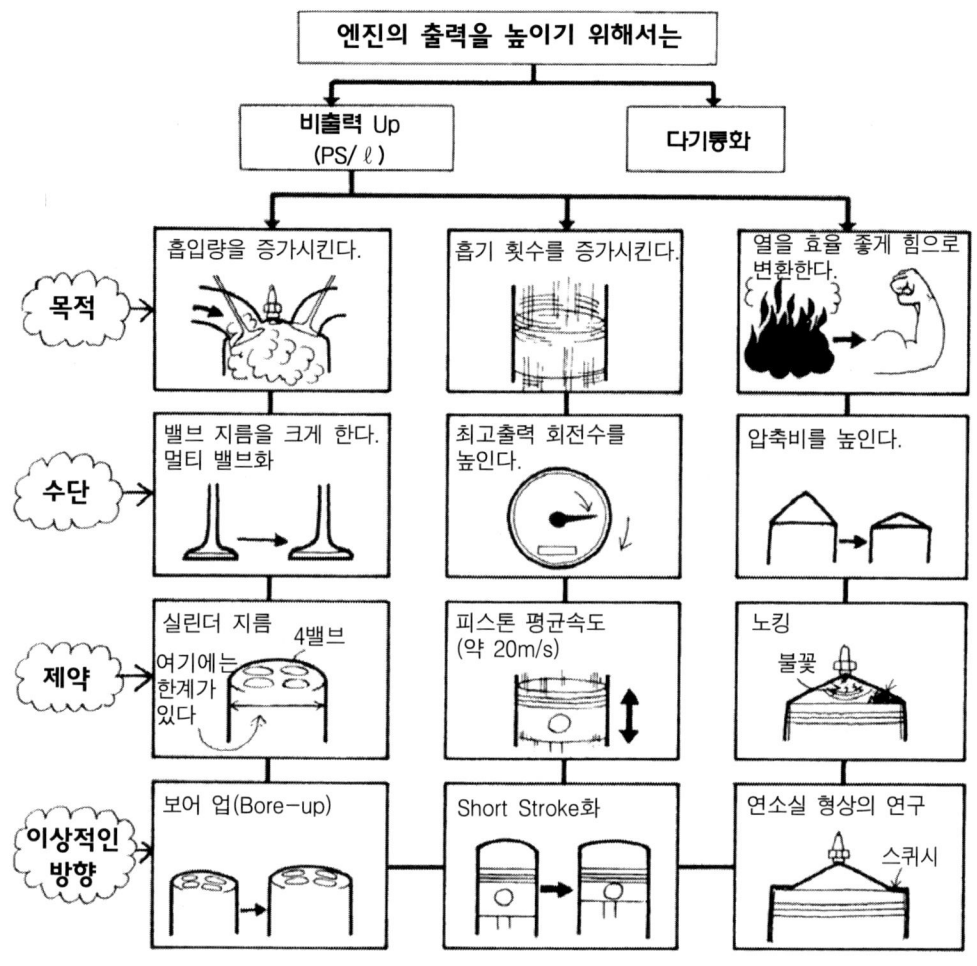

엔진의 출력을 높이기 위해서는			
	비출력 Up (PS/ℓ)		다기통화

목적
흡입량을 증가시킨다. / 흡기 횟수를 증가시킨다. / 열을 효율 좋게 힘으로 변환한다.

수단
밸브 지름을 크게 한다. 멀티 밸브화 / 최고출력 회전수를 높인다. / 압축비를 높인다.

제약
실린더 지름 4밸브 여기에는 한계가 있다 / 피스톤 평균속도 (약 20m/s) / 노킹 불꽃

이상적인 방향
보어 업(Bore-up) / Short Stroke화 / 연소실 형상의 연구 스퀴시

있다. 단, 실린더 수가 많아지면 그만큼 구조가 복잡해지기 때문에 비용이 더 소요된다. 경주용 차량은 참가하는 레이스에 따라 엔진의 총배기량이 결정되기 때문에 메이커 및 튜너는 규정된 배기량의 범위 내에서 어떻게 마력을 최대화시킬 것인가에 대하여 연구를 한다.

피스톤을 누르는 힘은 피스톤이 1사이클 사이에 이루어지는 일을 배기량으로 나누어 구한다. 엔진이 1사이클에 Wkg-m의 일을 한다고 가정하고 이것을 배기량 V로 나누면 Wkg-m/V = W/Vkg/m² 가 되어 피스톤을 누르는 힘이 1m² 당 몇 kg인지를 나타내는 압력의 단위로 표시된다. 이것은 1사이클 사이에 크게 변화하는 실린더 내의 압력 평균값에 해당하기 때문에 **평균 유효압력**(Mean Effective Pressure)이라 불리고 있다.

엔진의 출력을 크게 하기 위해서는 총배기량, 평균 유효압력, 회전속도라는 3가지 요소를 크게 하는 것이 좋으며, 엔진의 회전속도에 대해서는 새삼스럽게 설명할 필요는 없을 것이다. 단위시간에 이루어지는 일의 양은 엔진의 회전속도를 높일수록 커지는 것이 당연하다. 엔진의 총배기량이 정해지면 평균 유효압력을 높임과 동시에 엔진 회전수의 한계를 얼마나 높일 수 있는가가 엔진을 다루는 사람들의 실력이라 할 수 있다.

스트로크(Stroke)를 보어(Bore)로 나눈 것을 S/B비라고 하며, 이 값이 1보다 작은 것은 **쇼트 스트로크**(Short Stroke), 1인 경우를 **스퀘어**(Square), 1보다 큰 것을 **롱 스트로크**(Long Stroke)라고 한다.

예를 들어 4기통 2ℓ 엔진은 실린더 당 배기량이 500cc이지만, 실제로 엔진을 예로 들어보면...

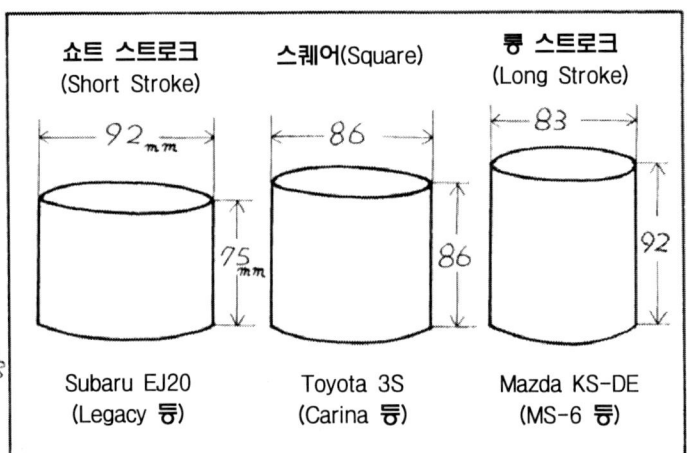

쇼트 스트로크 (Short Stroke)	스퀘어(Square)	롱 스트로크 (Long Stroke)
92mm / 75mm	86 / 86	83 / 92
Subaru EJ20 (Legacy 등)	Toyota 3S (Carina 등)	Mazda KS-DE (MS-6 등)

　각 실린더의 배기량은 실린더의 보어(內徑)로 구한 단면적에 스트로크(行程)를 곱하여 구해지기 때문에 기통수와 총배기량이 같아도 보어(Bore)와 스트로크(Stroke)가 다른 엔진이 있다. 즉, 같은 배기량이라도 실린더가 세로로 가늘고 긴 엔진과 실린더가 가로로 낮고 몸통이 두꺼운 엔진이 있다는 뜻으로 이 비율을 보기 위해 **S/B비**를 사용한다.

　S/B비는 보어를 스트로크로 나눈 값으로 승용차용 엔진은 보통 0.7~1.3 정도이다. 따라서 S/B비가 1보다 작아 보어가 스트로크보다 큰 경우를 **쇼트 스트로크**, 반대로 스트로크가 긴 경우를 **롱 스트로크**, 보어와 스트로크가 같은 경우를 **스퀘어**라고 한다.

　일반적으로 같은 배기량 엔진의 경우 쇼트 스트로크 쪽이 보다 큰 출력을 얻을 수 있다는 잠재성을 가지고 있다. 이것은 쇼트 스트로크일 때 보어가 크기 때문에 밸브 지름을 크게 할 수 있다는 것과 피스톤의 평균속도를 높이지 않고도 엔진을 고속으로 회전시킬 수 있다는 2가지 이유에 의한 것이다.

　우선 보어에 대하여 설명하자면 실린더에 출입하는 가스량은 밸브의 지름과 밸브 리프트가

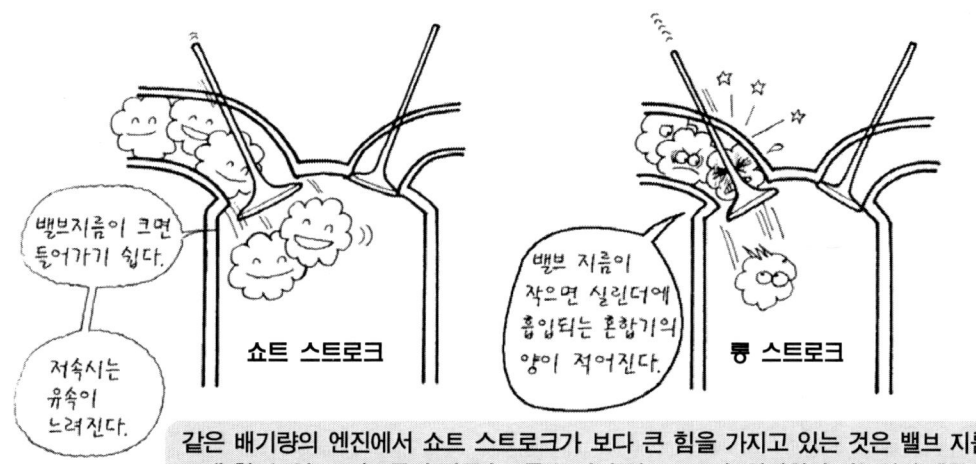

밸브지름이 크면 들어가기 쉽다.

저속시는 유속이 느려진다.

쇼트 스트로크

밸브 지름이 작으면 실린더에 흡입되는 혼합기의 양이 적어진다.

롱 스트로크

같은 배기량의 엔진에서 쇼트 스트로크가 보다 큰 힘을 가지고 있는 것은 밸브 지름을 크게 할 수 있고, 피스톤의 평균속도를 높이지 않고도 고속 회전화가 가능하기 때문이다.

● S는 스트로크, N은 회전수

피스톤 평균 속도는 $25 \times 10^{-3} \times N/60$ 이다. 스트로크 90mm의 엔진에서 8000rpm이면 24m

탄다!

쇼트 스트로크는 고회전 고출력형

스포츠 타입

롱 스트로크는 토크를 중요시 한다.

실용 타입

클수록 많다. 흡입하는 가스가 많다는 것은 그만큼 가솔린을 많이 연소시키는 것이 가능하기 때문에 출력도 커지게 된다. 또한 밸브 지름이 크면 그만큼 리프트의 양을 작게 할 수 있어, 고속 회전시의 밸브 운동량이 작아도 상관없다. 단, 저속회전시 흡기 포트가 크면 흡입되는 혼합기의 유속(流速)이 늦어 가스가 빠르게 움직일수록 연소가 잘 된다는 연소의 관점에서 보면 이상적이라 할 수 없다.

피스톤 속도에 대해서 살펴보면, 엔진의 회전수가 같을 경우 스트로크가 길어질수록 피스톤도 그만큼 상하로 빠르게 움직여야 하지만 그 속도에는 한계가 있다. 피스톤과 실린더 사이는 오일에 의해 윤활(潤滑)이 되고 있지만 피스톤의 속도가 빨라지면 오일의 윤활이 그 속도를 따라가지 못하거나, 피스톤의 관성력(慣性力)이 증가되어 무리가 따르게 된다. 쇼트 스트로크의 경우 같은 피스톤의 속도라도 회전을 더 증가시키는 것이 가능하다. 현재 사용되고 있는 승용차용 엔진의 피스톤 평균속도는 1초에 15~22m 정도이다.

그렇기 때문에 일반적으로 고속회전·고출력(高出力)을 지향하는 스포츠 타입은 쇼트 스트로크나 스퀘어 엔진을, 실용성을 중요시하는 타입은 롱 스트로크 엔진인 경우가 많다.

7. 압축비와 출력

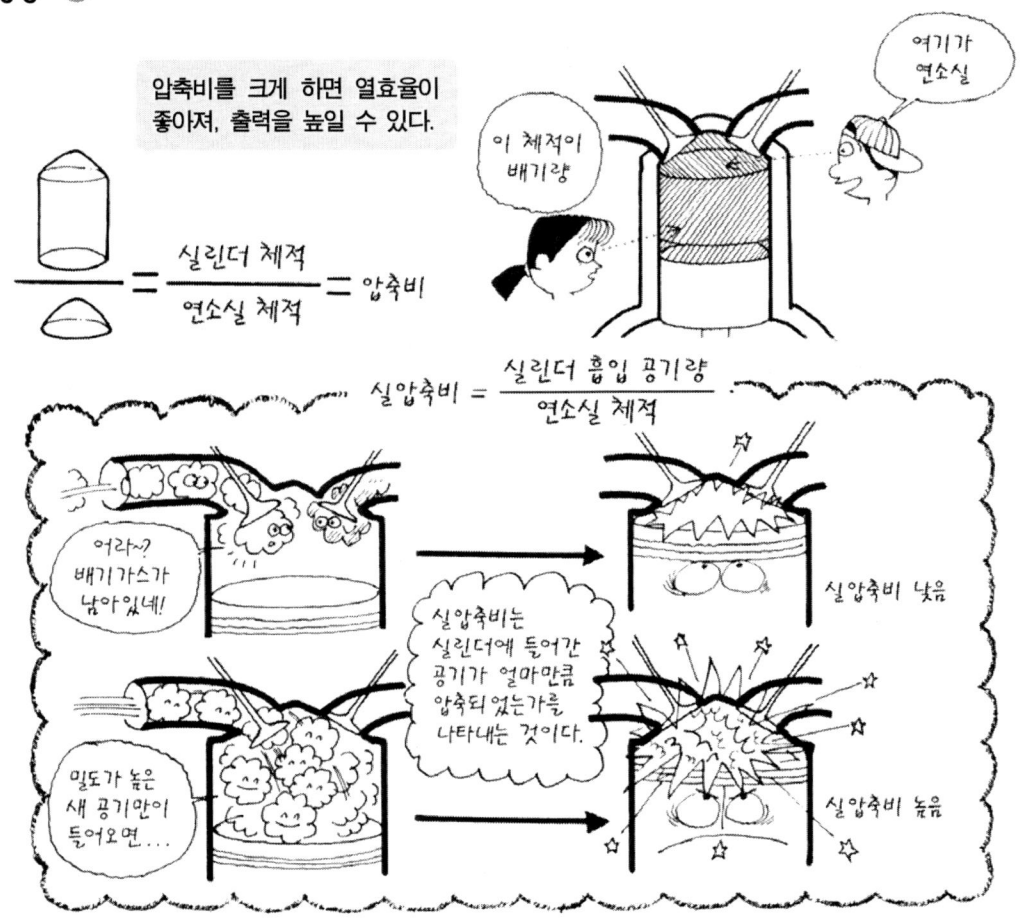

엔진의 출력을 높이는 수단으로는 실린더에 흡입되는 공기량을 증가시키는 것과 엔진의 회전수를 높이는 것 외에 흡입된 혼합기를 최대한 압축시켜 열효율을 좋게 하는 방법 등이 있다.

피스톤이 상사점에 있을 때 피스톤 헤드와 그 위에 있는 흡배기 밸브 등에 둘러싸인 작은 공간이 **연소실**(燃燒室)로 이 연소실 체적에 배기량을 더한 것이 **실린더 체적**이다. 실린더에 흡입된 혼합기는 압축행정에서 연소실 체적까지 압축되며, 연소실 체적으로 실린더 체적을 나눈 것이 **압축비**(Compression Ratio)이다.

압축비는 흡입된 혼합기가 얼마만큼 압축되었는지를 나타내는 값으로 예를 들어 위 식의 계산 결과가 10이라면 카탈로그에는 압축비 10으로 기재된다. 이 값이 크면 그 엔진의 압축비가 높고, 작으면 낮다고 한다. 일반적으로 시중에 판매되는 엔진의 압축비는 9~10 정도, F1 엔진은 12~13 정도의 값이다.

압축비가 높으면 그만큼 혼합기가 강하게 압축되므로 혼합기의 온도가 높아지며, 연소실도 간단하기 때문에 혼합기가 짧은 시간에 연소되고, 연소 압력이 높아지면서 토크와 출력이 커지

게 된다. 또 압축되는 만큼 연소행정에서 연소가스가 팽창하는 체적(體積)이 커지므로 배기온도가 지나치게 높아지지 않아 연비(燃費)도 좋아진다.

그러나 지나치게 압축비를 높이면 **노킹(Knocking)** 등의 이상연소(異狀燃燒)가 일어나므로 한계가 있다. 노킹은 압축비뿐만 아니라 혼합기의 온도 및 흐름 방향, 연소실 벽의 온도 등이 관계됨으로 연소실 벽의 온도가 낮으면 발생하기 어렵기 때문에 압축비를 높이기 위해서는 실린더 헤드의 냉각이 매우 중요하다. 물론, 압축비를 높이려면 그만큼 엔진도 강해질 필요가 있기 때문에 압축비가 높은 고성능 엔진은 전체적으로 세심한 배려에 의해 제작되어 있다.

압축비는 이렇게 연소실과 실린더 체적으로부터 계산된 카탈로그 상의 압축비 외에 **실압축비(實壓縮比)**가 있다. 이것은 실제적으로 실린더에 흡입된 공기가 얼마만큼 압축되는지를 나타내는 것으로, 예를 들어 흡입행정에서 혼합기가 충분히 흡입되지 않으면 실압축비는 외관상의 압축비보다 작고, 반대로 터보 엔진에서 1기압의 과급(過給)이 이루어진다면 실압축비는 2배가 되는 것으로 실제 엔진에서는 실압축비가 얼마인지가 문제시된다. 위에 설명한 노킹에 영향을 주는 압축비라는 것은 바로 실압축비이다.

8. 고속 회전화에 의한 출력향상

고출력화 한다는 것은 그만큼 많은 일을 시킨다는 뜻이다.
그러기 위해서는 짧은 시간 안에 많은 흡입공기가 연소실에 잘 흡입되고 그것이 짧은 시간 안에 유연하게 연소되어야만 한다.

엔진을 고출력화(高出力化) 한다는 것은 단위 시간당 연소되는 연료를 가능한 한 많게 한다는 것이다. 그러나 이것을 연소시킬 공기가 없으면 연소가 이루어지지 않는다. 즉 엔진을 고출력화 하려면 가능한 한 실린더 내에 공기가 많이 흡입되도록 하여야 한다.

단위 시간당 실린더 내에 흡입될 수 있는 공기량, 즉 유량을 밸브가 열린 구멍의 면적으로 나누면 이 부분을 통과하는 공기속도가 되지만 그 속도는 엔진 회전수의 상승과 함께 커진다. 말하자면 엔진의 출력은 회전수에 거의 비례하여 커진다는 의미이다.

그러나 흡기계통을 통과하는 공기의 흐름 저항은 속도가 빨라질수록 커지게 된다. 덕트를 크게 하거나 에어클리너의 용량을 크게 하면 흐름의 저항은 작아지지만 밸브 주변의 공기 저항은 변함이 없기 때문에 일정 한계 이상으로 회전수가 높아지면 출력은 저하된다. 따라서 엔진의 고속회전에 의해 고출력을 얻기 위해서는 흡기속도를 가능한 한 늦출 필요가 있으며, 다음과 같은 방법을 취할 수 있다.

① **실린더 수를 많게 한다** : 동일한 총배기량의 엔진도 실린더 수를 증가시키면 실린더의 지름

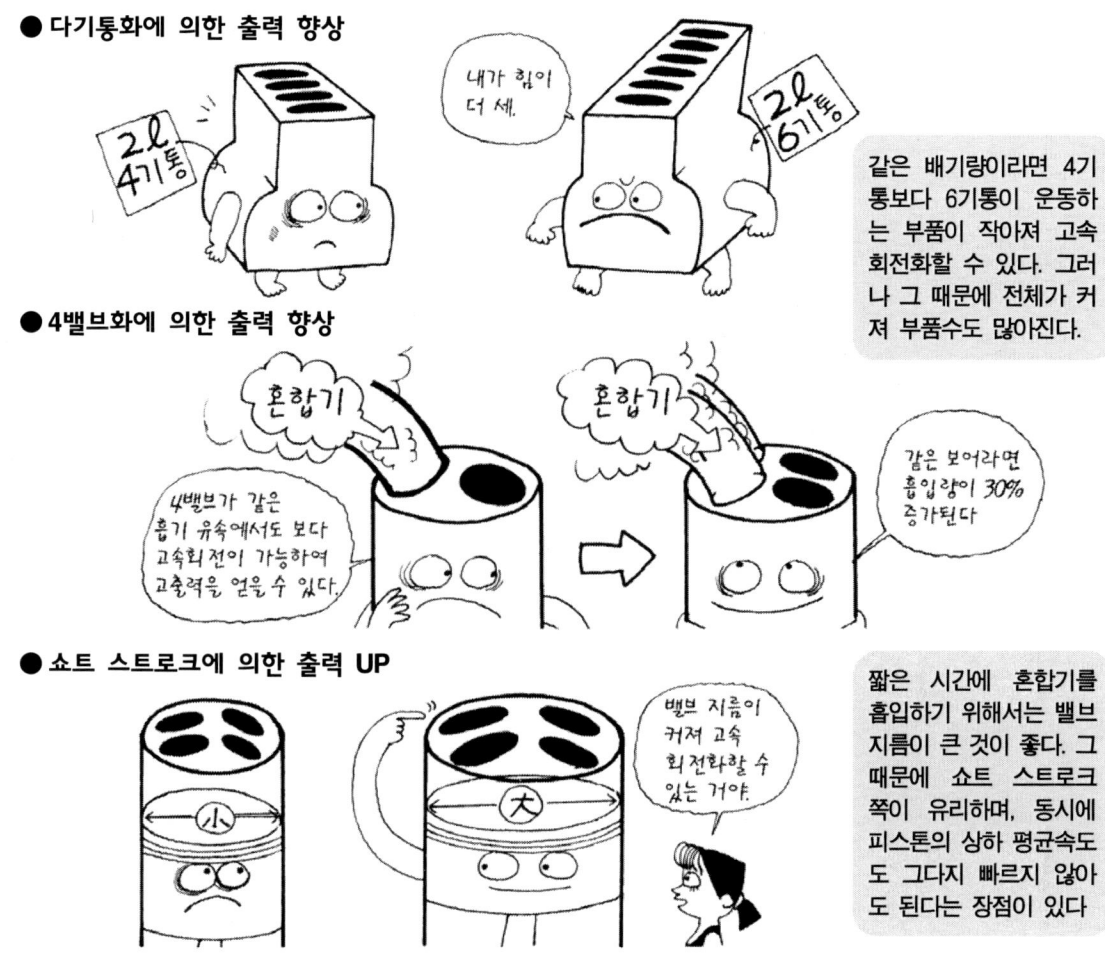

● 다기통화에 의한 출력 향상

내가 힘이 더 세.

2ℓ 4기통

2ℓ 6기통

같은 배기량이라면 4기통보다 6기통이 운동하는 부품이 작아져 고속회전화할 수 있다. 그러나 그 때문에 전체가 커져 부품수도 많아진다.

● 4밸브화에 의한 출력 향상

혼합기

혼합기

4밸브가 같은 흡기 유속에서도 보다 고속회전이 가능하여 고출력을 얻을 수 있다.

같은 보어라면 흡입량이 30% 증가된다

● 쇼트 스트로크에 의한 출력 UP

밸브 지름이 커져 고속 회전화할 수 있는 거야.

小

大

짧은 시간에 혼합기를 흡입하기 위해서는 밸브 지름이 큰 것이 좋다. 그 때문에 쇼트 스트로크 쪽이 유리하며, 동시에 피스톤의 상하 평균속도도 그다지 빠르지 않아도 된다는 장점이 있다

및 밸브 지름이 작아지게 되어 흡기의 유속(流速)이 느려지게 된다. 계산에 의하면 흡기 유속은 실린더 수의 3제곱근에 반비례하기 때문에 실린더 수를 많게 하는 만큼 같은 회전수에서의 유속은 느려지게 된다.

② **흡기 밸브를 많게 한다** : 밸브 지름이 작아져서 ①과 같은 이유로 유속이 느려지게 된다.

③ **흡기 밸브가 열리는 양(리프트)과 열려 있는 시간을 길게 한다** : 흡기 밸브가 열려 있는 시간은 크랭크샤프트의 회전각도를 기준으로 240° 전후(前後)지만 경주용 자동차의 엔진은 280~320°까지 크게 되어 있다.

④ **쇼트 스트로크로 한다** : 같은 배기량이라면 쇼트 스트로크로 함에 따라 밸브 헤드의 지름을 크게 할 수 있어 열림 구멍의 면적이 커지기 때문에 흡기의 유속이 느려지게 된다.

이렇게 흡기의 속도를 느리게 할 수 있는 조건이 갖추어지면 이로 인해서 가능해진 고속회전화에 견딜 수 있는 엔진이 요구된다. 예컨대 많은 공기를 흡입함에 따라 고속회전이 가능하게 된 것이기 때문에 그 회전수로 계속 회전할 수 있도록 하여야 한다. 엔진을 가능한 한 경량화(輕量化)하여 관성력을 작게 하고 엔진의 본체와 부품의 강도(强度)를 높인다는 것인데 이것은 상당히 어려운 일이다.

9. 과도특성과 응답성

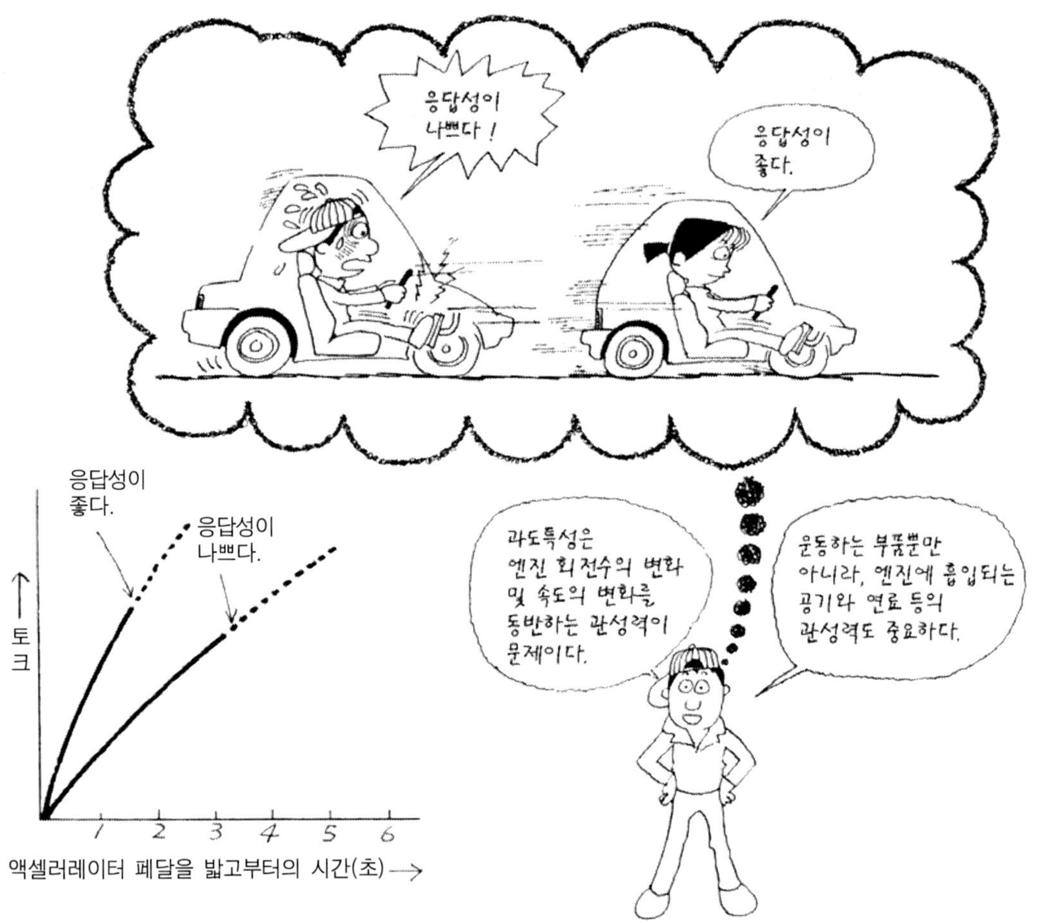

아무리 토크가 크고 파워(Power)가 있는 엔진이라도 액셀러레이터 페달을 밟을 때 가속(加速)되지 않거나 커브 길에서 차량의 자세와 속도를 컨트롤하고자 액셀러레이터 페달을 미세하게 조정하여도 엔진의 반응이 둔하면 고성능 엔진이라 할 수 없다. 자동차의 가속성능이나 엔진의 응답성은 차량의 특성, 특히 차량의 중량이나 감속 기어비의 영향을 크게 받지만 엔진 그 자체에 액셀러레이터 페달에 민감하게 반응하는 포텐셜(Potential)이 없으면 소용이 없다.

이러한 방법으로 엔진의 운전 조건을 변화시킬 때 엔진이 운전 조건을 변화시키기 전의 상태에서 변경후의 상태가 되기까지를 **과도상태(過度狀態)** 또는 **파셜(Partial)**이라고 하고 이 때의 특성을 엔진 **과도특성(過度特性)**이라 부른다. 과도특성은 기본적으로 엔진의 회전수 변화, 즉 속도 변화를 동반하기 때문에 관성력과 관계가 있으며, 엔진 운동부분의 무게와 엔진에 흡입되는 공기 및 연료가 액셀러레이터 페달의 움직임에 바로 반응하여 줄어들지가 문제이다.

엔진 운동부분의 관성력을 작게 하기 위해서는 예를 들어 피스톤 등 왕복운동의 부품을 가능한 한 가볍게, 플라이휠 등의 회전부품은 가볍게 함과 동시에 같은 무게라면 회전 중심은 무겁

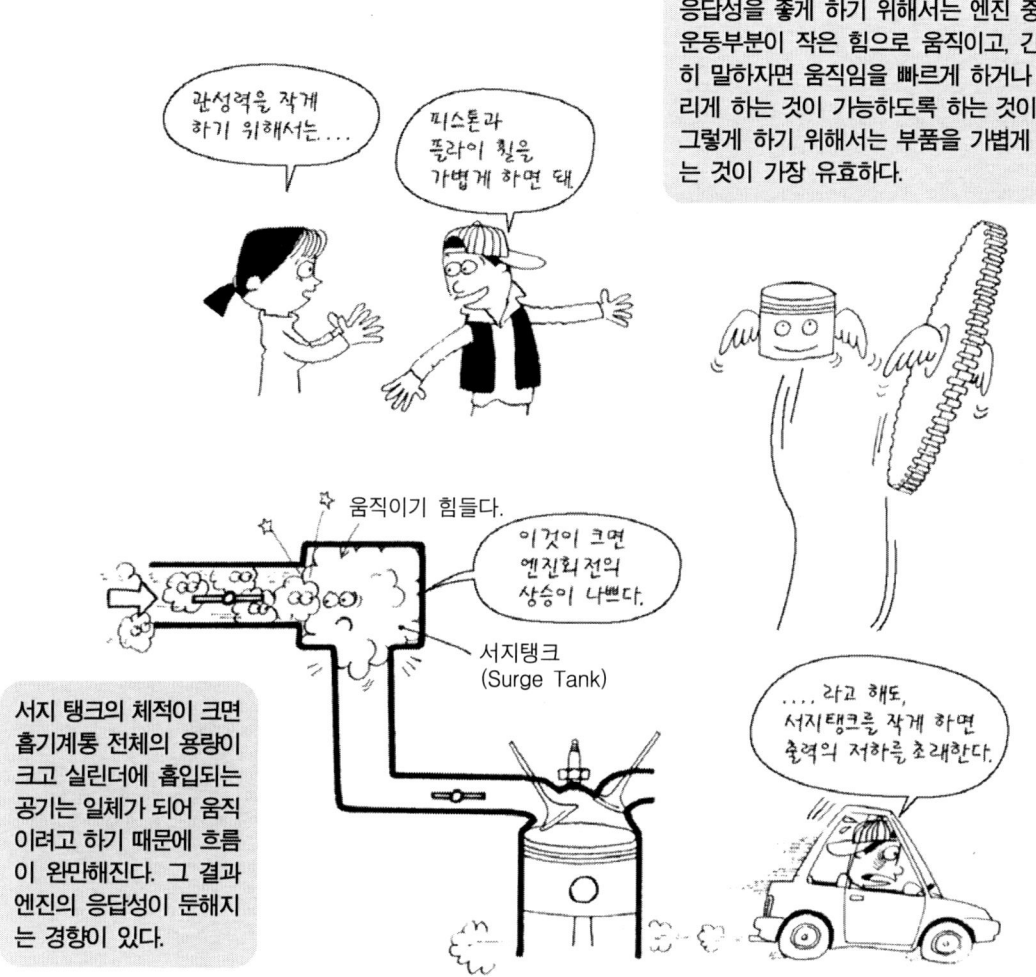

응답성을 좋게 하기 위해서는 엔진 중의 운동부분이 작은 힘으로 움직이고, 간단히 말하자면 움직임을 빠르게 하거나 느리게 하는 것이 가능하도록 하는 것이다. 그렇게 하기 위해서는 부품을 가볍게 하는 것이 가장 유효하다.

관성력을 작게 하기 위해서는....

피스톤과 플라이 휠을 가볍게 하면 돼.

움직이기 힘들다.

이것이 크면 엔진회전의 상승이 나쁘다.

서지탱크 (Surge Tank)

서지 탱크의 체적이 크면 흡기계통 전체의 용량이 크고 실린더에 흡입되는 공기는 일체가 되어 움직이려고 하기 때문에 흐름이 완만해진다. 그 결과 엔진의 응답성이 둔해지는 경향이 있다.

.... 라고 해도, 서지탱크를 작게 하면 출력의 저하를 초래한다.

고 바깥쪽은 가볍게 하면 좋다. 경주용 자동차의 엔진 플라이휠은 경량화한 것이 장착되어 있다. 운동하는 부분이 가벼우면 피스톤으로부터의 토크에 신속(迅速)하게 반응하여 움직이는 것이 가능하다는 의미이다.

전자제어 연료분사식 엔진은 스로틀 밸브와 흡기 매니폴드 사이에 총배기량과 거의 같은 체적의 **서지 탱크**라는 공기를 저장하는 부품이 있어 액셀러레이터 페달을 밟아 스로틀 밸브를 열어도 관성 때문에 흡기 매니폴드에 즉시 공기가 들어갈 수 없어 엔진의 첫 토크의 동작이 지연(遲延)된다. 이에 대한 대책으로 서지 탱크의 체적을 작게 하면 엔진의 출력이 저하되는 결과를 초래하기 때문에 이것을 어떻게 조정을 하는가가 엔진의 성능을 좌우하게 된다.

연료계통은 인젝터에서 분사된 가솔린이 흡기 포트와 흡기 밸브에 부착되어 유연하게 흐르지 않는 경우가 있어 스로틀 밸브를 빠르게 열었을 때 혼합기가 희박(稀薄)하여 토크의 첫 동작이 지연된다. 이 현상을 방지하기 위해서 스로틀 밸브를 빠르게 여는 순간에만 연료의 분사량을 증가시켜 연소에 적당한 농도(濃度)가 되도록 보정(補正)하고 있다.

10. 기통의 배열과 성능

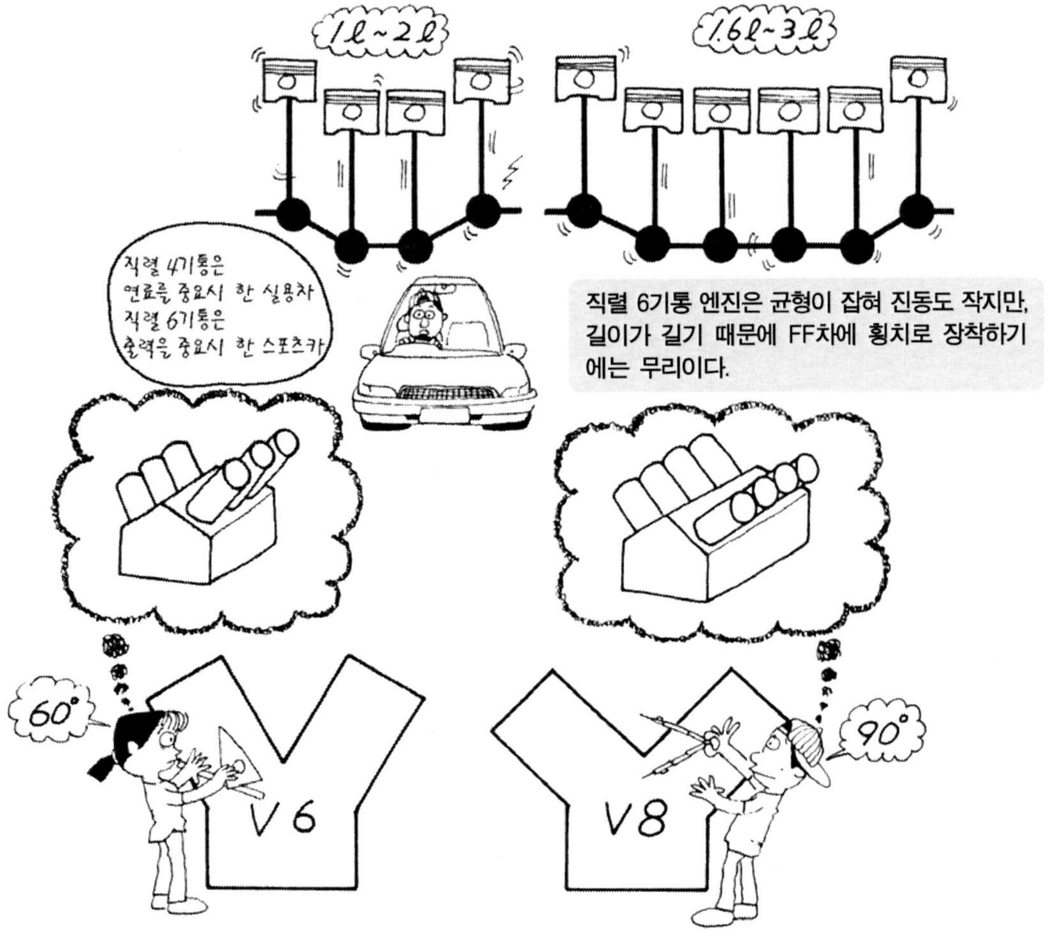

$1\ell \sim 2\ell$

$1.6\ell \sim 3\ell$

직렬 4기통은
연료를 중요시 한 실용차
직렬 6기통은
출력을 중요시 한 스포츠카

직렬 6기통 엔진은 균형이 잡혀 진동도 작지만, 길이가 길기 때문에 FF차에 횡치로 장착하기에는 무리이다.

60°

V6

V8

90°

실린더를 배치하는 방법에는 직렬 배치, V형 배치, 수평 대향의 3가지가 있는데 이 배치와 엔진 성능의 관계는 어떻게 되어 있는 것일까?

직렬 배치는 실린더를 일렬로 배치하는 방법으로 보통 2기통에서 6기통까지가 있다. 이 배치는 실린더 블록의 구조가 단순하여 실린더 헤드가 하나로 경량·소형(Compact)이라는 엔진에 필요한 기본적인 요구에 대응하고 있기 때문에 실용차(實用車)에서부터 스포츠카에 이르기까지 여러 가지 형태의 차량에 널리 사용되고 있다.

직렬 배치 엔진의 배기량은 2ℓ 까지가 4기통, 그 이상 3.5ℓ 까지가 6기통인 것이 일반적이며, 4기통 엔진은 1ℓ 에서 1.5ℓ 가 연비 등의 실용성을 우선한 엔진, 그 이상은 출력 등 성능을 중요시한 엔진으로 만들어져 있다. 2ℓ 에는 4기통과 6기통이 있는데 6기통은 연소실이 작고 쇼트 스트로크로 하는 것도 쉬워져 혼합기의 연소 효율이 좋기 때문에 최고 출력을 크게 하는 것이 가능하다.

직렬 6기통 엔진은 전장(全長)이 길어져 비용이 높아지지만 얻을 수 있는 성능에 비해서는

V형 엔진은 예전에는 8기통 이상이 보통이었으나 현재는 직렬 4기통의 정도의 길이로 종치(縱置), 횡치(橫置) 모두에 사용되는 6기통이 주류를 이루고 있다. 직렬 6기통보다 구성부품이 많고 터보화가 어렵지만 보어와 스트로크를 보다 자유롭게 설정하는 것에 의해 고성능화하기 쉬운 엔진이 되었다. V8엔진은 전장은 직렬 6기통 엔진보다 짧지만 폭이 넓고 중량이 무겁기 때문에 주로 FR 대형차에 장착되어 있다. 오른쪽은 NSX용 Honda V6엔진.

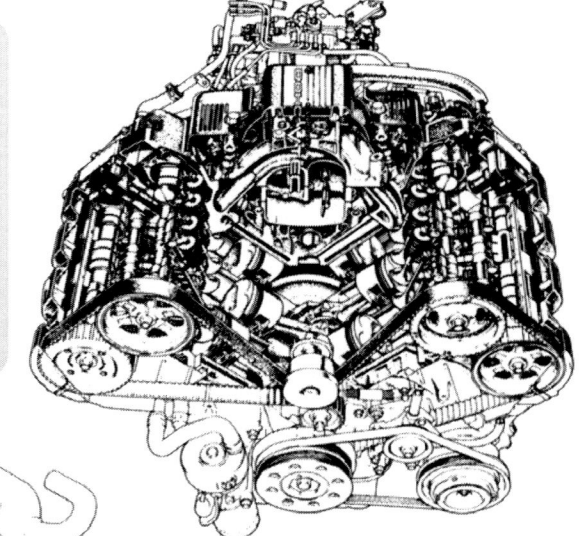

수평대향 엔진은 폭은 넓지만 전장과 높이가 짧고 중심이 낮은 엔진으로 스포츠카에 가장 적당한 특성을 가지고 있다. 이 4기통 엔진은 Impreza용으로 이 밖에 6기통이 Porsche Carrera 시리즈와 Subaru Alcyone에 장착되고 있으며, 12기통은 Ferrari의 엔진이 잘 알려져 있다. 엔진의 위쪽에 있는 흡기계통은 공간이 넓기 때문에 최적의 레이아웃이 가능하지만 아래쪽의 배기계통의 공간이 좁아 실린더 헤드가 양쪽으로 분할되어 있어, 원가가 높아지는 등의 단점이 있다.

소형이고 과급기를 설치하기도 쉽기 때문에 고성능 엔진으로서 우수한 특성을 가지고 있다. 또한 왕복운동을 하는 피스톤-크랭크계통 관성력의 평형이 잘 이루어져 있어 진동 특성도 우수하다. 그러나 FF차의 엔진룸에 가로로 배치(橫置)하기에는 길이가 너무 길어 FR차에 세로로 배치(縱置)하여 사용되는 것이 일반적이다. 직렬에서도 3기통 및 5기통은 소수에 불과하다.

6기통을 3기통씩 병렬로 나열하여 엔진의 길이를 직렬 6기통 엔진의 절반 정도로 짧게 한 것이 **V형 6기통** 엔진이다. 보어의 지름을 크게 할 수 있고 흡배기 효율을 높일 수 있기 때문에 고출력을 얻기 쉬운 엔진이다. V의 각도를 60°로 하면 직렬 6기통에 가까워져 부드러운 운전이 가능하다. 직렬 4기통 엔진으로 교체하여 FF차에 횡치로 장착할 수 있으며, FF차를 고성능화할 수 있다는 것이 가장 큰 특징이다.

V형 엔진에는 6기통이 많지만 직렬 4기통을 나열한 V8, 직렬 6기통을 나열한 V12가 있으며, 모두 큰 배기량의 고출력 엔진으로 대형차 및 스포츠카에 장착되고 있다. V8 엔진이 되면 당연히 폭은 커지고 중량이 대폭 증가하기 때문에 자유자재로 사용하는 것이 어렵다.

수평 대향 엔진은 V의 각도를 180°로 한 것이라 생각할 수 있는데 엔진 중심이 낮은 것이 가장 큰 특징이다.

1. 연료 소비율

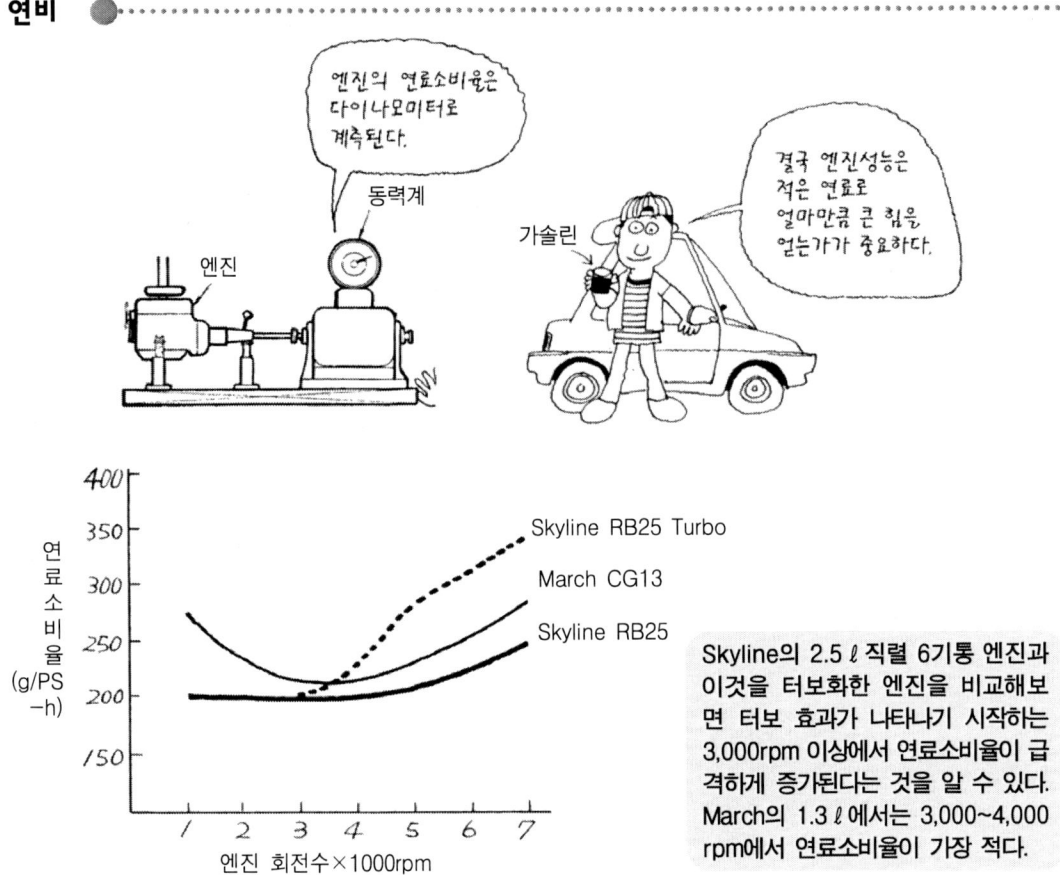

엔진의 연료소비율은 다이나모미터로 계측된다.

동력계

엔진

가솔린

결국 엔진성능은 적은 연료로 얼마만큼 큰 힘을 얻는가가 중요하다.

Skyline의 2.5 ℓ 직렬 6기통 엔진과 이것을 터보화한 엔진을 비교해보면 터보 효과가 나타나기 시작하는 3,000rpm 이상에서 연료소비율이 급격하게 증가된다는 것을 알 수 있다. March의 1.3 ℓ 에서는 3,000~4,000 rpm에서 연료소비율이 가장 적다.

연료의 소비량을 출력으로 나눈 것이므로 총배기량이 큰 고출력 엔진의 연료 소비율이 작은 경우도 있다.

엔진의 연비성능은 연료소비율(燃料消費率)로 표시된다. 단, 엔진을 운전하는데 필요한 연료량은 당연히 그 운전 상태에 따라 크게 변화된다. 따라서 다른 엔진과 비교할 수 있도록 엔진을 다이나모미터(Dynamo Meter)에 설치하여 동력성능(動力性能)을 측정할 때 동시에 필요한 연료량을 예측하여 연비성능의 기준으로 한다.

엔진의 연료소비율은 단위 출력당 연료소비량으로 표시되고 단위는 g/PS·h이다. 다이나모미터 상에서 엔진 회전수를 3,000rpm으로 유지할 때 55PS의 출력을 내는 상태에서 1시간을 계속 운전할 때 11kg의 가솔린이 필요하다고 하면 이때의 연료소비율은 220g/PS·h이다.

따라서 엔진의 성능곡선에서 연료소비율의 그래프를 볼 때는 그 양보다 엔진의 회전이 몇 rpm일 때 연료소비율이 가장 낮은가 하는 것을 참고로 하며, 실제 자동차 연비의 경우에는 실제 자동차에서 측정한 값으로 판단해야 한다. 즉, 일반적으로 연비라고 하는 경우 카탈로그 등에서는 **10-15모드 연비 및 60km/h 정지(定地) 연비**(Fuel Economy at Constant Speed)가 사용된다. 여기에서 말하는 연료소비율은 어디까지나 엔진 자체의 연비인 것이다.

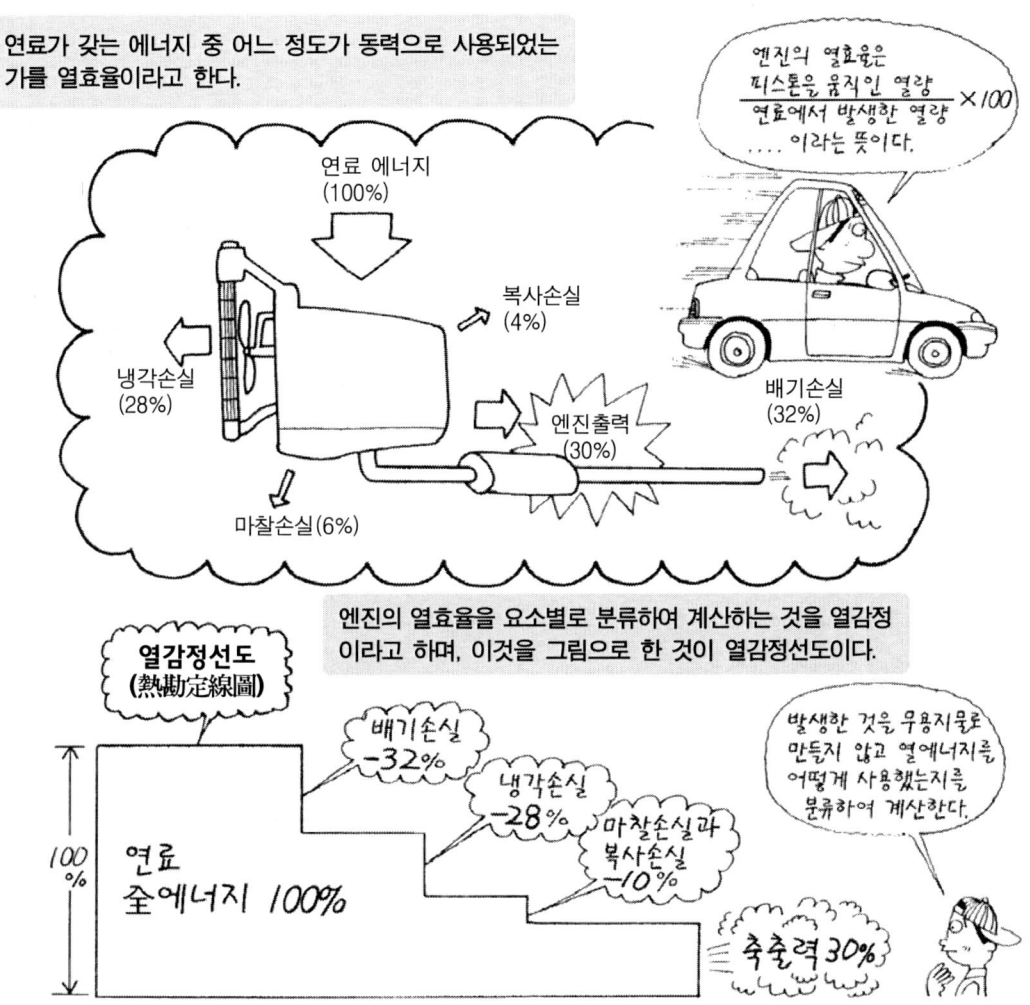

연료가 갖는 에너지 중 어느 정도가 동력으로 사용되었는가를 열효율이라고 한다.

엔진의 열효율은 피스톤을 움직인 열량 / 연료에서 발생한 열량 × 100 …… 이라는 뜻이다.

연료 에너지 (100%)

복사손실 (4%)

냉각손실 (28%)

배기손실 (32%)

엔진출력 (30%)

마찰손실(6%)

엔진의 열효율을 요소별로 분류하여 계산하는 것을 열감정 이라고 하며, 이것을 그림으로 한 것이 열감정선도이다.

열감정선도 (熱勘定線圖)

배기손실 -32%

냉각손실 -28%

마찰손실과 복사손실 -10%

연료 全에너지 100%

100%

발생한 것을 무용지물로 만들지 않고 열에너지를 어떻게 사용했는지를 분류하여 계산한다.

축출력 30%

　　연료소비율을 적게 하기 위해서는 적은 연료를 효율적으로 연소시켜 많은 열을 발생시키고 발생된 열을 최대한 활용하여 엔진을 작동시킴으로써 전체적인 효율을 높인다. 즉 혼합기를 가능한 한 높은 온도, 높은 압력에서 신속(迅速)하게 완전 연소시켜 연소실 벽에 전달되는 열과 연소가스와 함께 배출되는 열을 가능한 한 적게 하고 엔진 내부의 기계적인 마찰손실 등도 최소화한다는 것이다.

　　엔진의 열효율, 즉 엔진이 가솔린으로부터 받은 열에너지를 어떤 방법으로 사용되는가를 요소별로 분류하여 계산하는 것을 **열감정(熱勘定)**이라 하며, 이것을 그림으로 표시한 것이 **열감정선도**이다. 보통의 가솔린 엔진의 열감정을 대략적으로 나타내면 출력으로 활용되는 열, 연소가스와 함께 배출되는 열, 실린더 벽으로 손실되는 열 등이 약 30%씩이며, 그 밖이 10% 정도이다. 즉, 가솔린이 가지고 있는 에너지 중 엔진의 출력으로 활용되는 에너지는 약 1/3, 또 다른 1/3은 엔진의 작동에 사용되고, 나머지 1/3은 배출가스와 함께 배출된다. 현재 일반적인 가솔린 엔진의 열효율이 가장 좋은 경우 약 35%, 연료소비율로 환산하면 약 170g/PS · h이다.

2. 출력과 연비성능

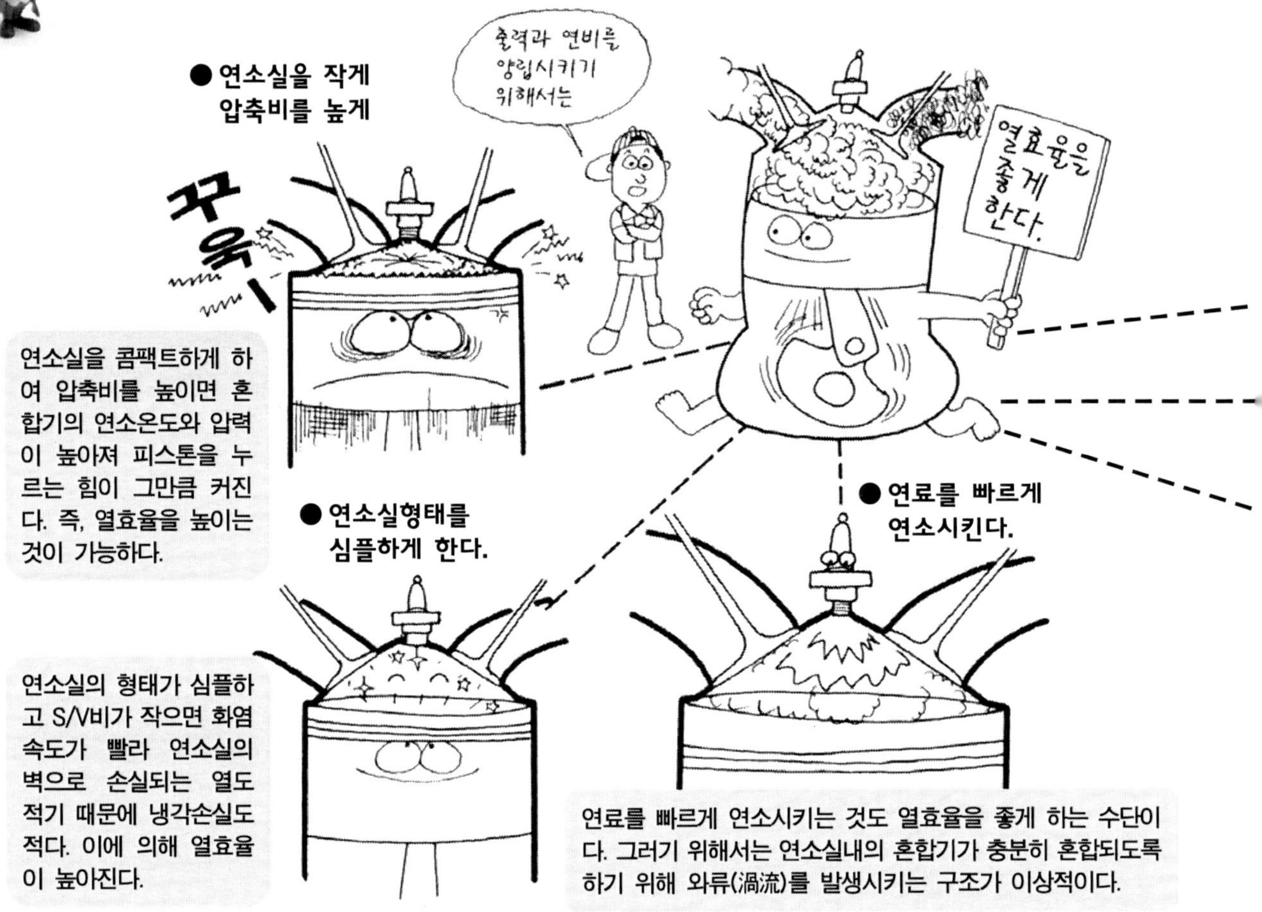

출력과 연비를 양립시키기 위해서는

●연소실을 작게 압축비를 높게

꾸욱

열효율을 좋게 한다.

연소실을 콤팩트하게 하여 압축비를 높이면 혼합기의 연소온도와 압력이 높아져 피스톤을 누르는 힘이 그만큼 커진다. 즉, 열효율을 높이는 것이 가능하다.

●연소실형태를 심플하게 한다.

●연료를 빠르게 연소시킨다.

연소실의 형태가 심플하고 S/V비가 작으면 화염속도가 빨라 연소실의 벽으로 손실되는 열도 적기 때문에 냉각손실도 적다. 이에 의해 열효율이 높아진다.

연료를 빠르게 연소시키는 것도 열효율을 좋게 하는 수단이다. 그러기 위해서는 연소실내의 혼합기가 충분히 혼합되도록 하기 위해 와류(渦流)를 발생시키는 구조가 이상적이다.

엔진의 출력을 크게 하기 위해서는 그만큼 많은 공기가 엔진에 흡입되도록 하고 그 공기량에 알맞은 연료를 내보내야 하기 때문에 출력이 커지는 만큼 연비는 나빠진다. 그러나 엔진에 흡입된 혼합기를 완전 연소시켜 열효율을 높이고, 같은 연료량으로 보다 큰 출력을 얻는 것이 가능하다면 엔진의 출력을 크게 함과 동시에 연비를 어느 정도 향상시킬 수 있다. 또한 연료가 완전 연소되면 배기가스도 깨끗해지는 효과를 얻을 수 있다.

엔진의 열효율은 연료가 가지고 있는 에너지 중 얼마만큼이 출력으로 이용되었는지, 즉, 연료에서 발생한 열량과 피스톤을 움직이게 한 열량과의 비율을 말한다. 그렇다면 열효율을 높이기 위해서는 피스톤을 움직이는 연소가스의 팽창력을 되도록 크게 함과 동시에 피스톤을 움직이는데 이용되지 않고 열손실이 되는 에너지를 최소화 하는 것이 좋다.

엔진에서 손실되는 에너지에는 연소·팽창 행정에서 연소가스가 연소실 벽 주위를 순환하는 냉각수로 전달되어 라디에이터로부터 방출되는 **냉각 손실**, 배기가스와 함께 배출되는 **배기 손실**, 혼합기의 흡입과 연소가스의 배출에 사용되는 **흡배기 손실(펌프 손실)** 등이 있다.

흡기행정과 배기행정에서 피스톤이 상하로 움직일 때 흡기와 배기의 흐름저항에 의해 손실된 에너지가 흡배기 손실이다. 유연한 흡배기는 열효율을 좋게 하기 위해 꼭 필요하다.

● 흡기 · 배기가 유연해야 한다.

● 엔진 본체의 기계손실을 적게 한다.

● 보조기기의 구동손실이 적어야 한다.

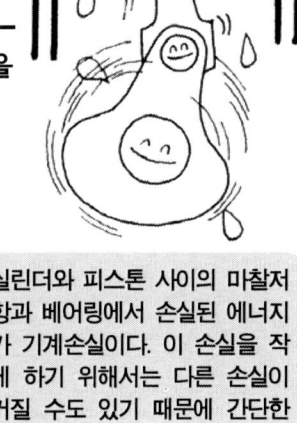

엔진에서 발생한 동력의 일부를 사용하여 올터네이터와 냉각수를 보내기 위한 워터펌프 등의 보조기기를 회전시킨다. 이들의 회전저항은 가능한 한 적은 것이 좋다.

실린더와 피스톤 사이의 마찰저항과 베어링에서 손실된 에너지가 기계손실이다. 이 손실을 작게 하기 위해서는 다른 손실이 커질 수도 있기 때문에 간단한 일이 아니다.

연소가스의 팽창력을 크게 하여 열효율을 높인다는 것은 엔진의 출력을 높이는 것, 즉 혼합기의 흡입량을 증가시키고 압축비를 높이는 것 등이 연계(連繫)되어 있다.

냉각 손실을 감소(減少)시키기 위해서는 연소실의 온도를 높이는 것이 이상적이다. 따라서 연소실의 형태를 좋게 하고, 압축비를 높여 온도가 상승해도 노킹 등의 이상연소가 일어나지 않도록 하거나, 냉각수의 온도를 어느 정도 높게 하는 등의 방법을 이용한다.

흡 · 배기의 손실을 작게 한다는 것은 실린더를 주사기라고 생각했을 때 그 피스톤을 어떠한 방법으로 가볍게 움직일 수 있는가 하는 것으로 흡 · 배기의 통로를 넓고, 짧게 하여 곡선 부분을 줄이는 것 등의 방법을 이용한다.

단, 밸브 부분의 흐름을 원활하게 하기 위해 밸브 지름을 크게 하거나, 밸브의 수를 증가시키는 것이 좋지만 이것에 의해서 혼합기의 흐름이 늦어지거나, 연소실의 형태가 복잡하게 되어 연소가 나빠져 오히려 열효율이 저하되는 경우도 있기 때문에 신중한 검토가 필요하다.

그리고 또 하니 열효율을 높이는 방법으로 피스톤이 상하로 움직일 때 마찰 등에 의한 손실과 보조기기를 구동하기 위한 **기계 손실**을 적게 하는 것도 빠뜨려서는 안 된다.

3. 차량의 연비

연료소비율은 엔진의 연비성능(燃費性能)을 표시하는 중요한 수치(數値)지만 이것이 그대로 자동차의 연비를 나타낸다는 뜻은 아니다. 같은 엔진이라도 크고 무거운 차량에 장착한 경우와 가볍고 소형인 차량에 장착한 경우에 연비가 상당히 차이가 나는 것은 당연하다.

또한, 어떤 차량에 연비성능이 좋고 배기량이 작은 엔진을 장착한 경우와 수치상(數値上)의 연비는 나쁘지만 출력과 배기량이 큰 엔진을 장착한 경우를 비교하여도 그 연비는 차량의 운전방식에 따라 크게 변한다. 예를 들어 엔진의 회전을 많이 증속(增速)시키지 않고 사용하는 경우가 많으면 배기량이 작은 쪽이 연비는 좋지만, 엔진의 회전을 증가시켜 고속으로 주행하는 경우가 많다면 경우에 따라서 엔진의 출력에 여유가 있는 배기량이 큰 쪽이 좋은 경우도 있다.

이러한 예를 보지 않더라도 자동차의 연비는 운전조건에 의해 크게 좌우되기 때문에 차량간에 연비를 비교할 때는 일정한 시험방법으로 주행한 결과를 비교할 필요가 있다. 최근의 카탈로그에는 10-15모드 주행연비와 60km/h 정지 주행연비의 2가지 방법으로 시험한 데이터가

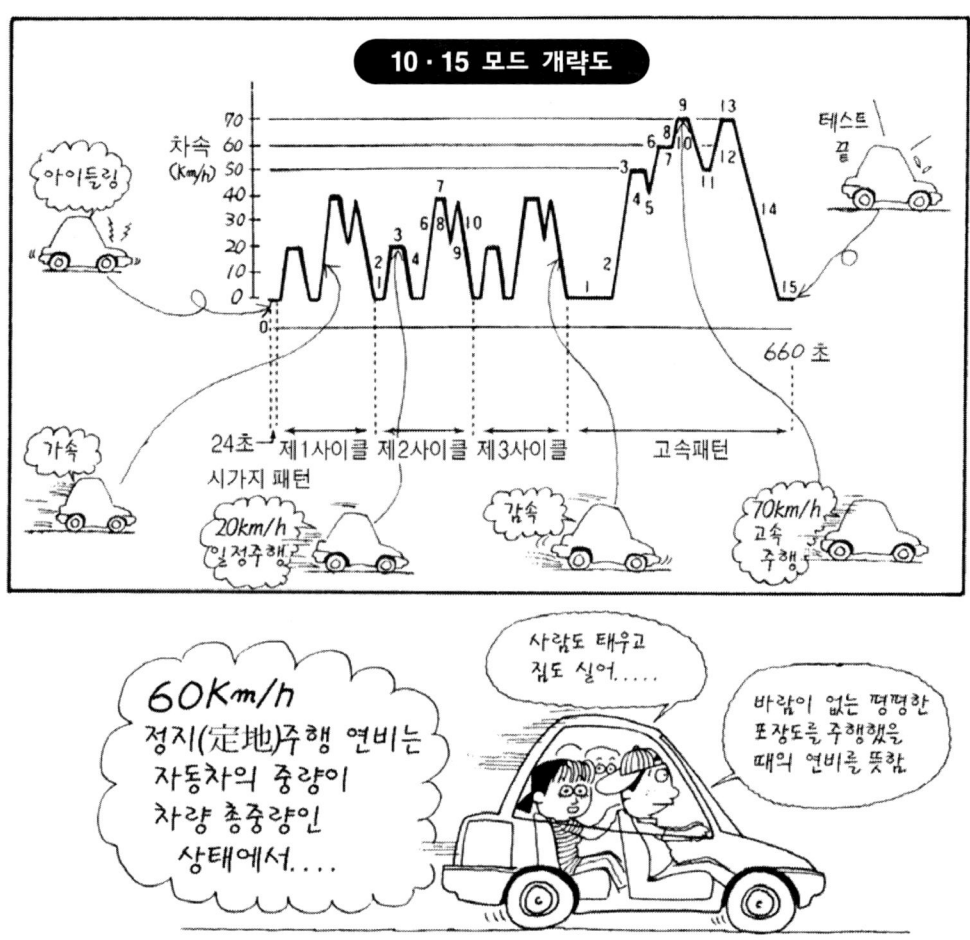

기재되고 있다. 또한, 자동차의 연비에는 엔진의 경우와 같이 연료소비율이라는 단어가 사용되지만 단위는 km/ℓ로 엔진의 g/PS·h와 다르며, 자동차가 1ℓ의 연료로 몇 km의 주행이 가능한가를 나타낸다.

　10-15모드 주행연비라는 것은 차량의 구동 바퀴를 다이나모 미터라는 계측장치에 설치하여 〈아이들링 → 발진가속(發進加速) → 정속주행(定速走行) → 감속(減速)〉의 사이클로 정해진 주행 패턴을 반복하여 주행거리를 연료소비량으로 나누어 구하는 것이다. 10-15모드의 10이라는 것은 1991년 10월까지 시행되던 10모드 주행을 나타낸다. 이 주행의 패턴은 최고속도가 40km/h로 낮아 현재의 교통사정(交通事情)에 맞지 않기 때문에 현재는 자동차의 최고속도를 70km/h까지 높인 15모드가 추가되어 10-15모드가 되었다.

　60km/h **정지 주행연비**라는 것은 차량에 정원이 승차하고 화물도 적재된 상태, 즉 자동차의 중량을 차량총중량(車輛總重量)인 상태에서 바람이 불지 않을 때 평탄한 포장도로를 60km/h로 일정하게 유지하여 주행했을 때의 연비이다. 이 연비는 자동차 제작사가 사내에서 측정하여 국토해상부에 제출하는 수지이다. 말하자면 이상적인 조건에서 주행한 경우의 연비로 실제 시가지를 주행한 경우의 연비에 비해 상당히 낮은 수치가 일반적이다.

1. 엔진의 진동

　엔진에서 발생하는 진동(振動)은 몇 가지가 있는데 연소실에서 혼합기가 폭발적으로 연소할 때 엔진의 본체에 발생하는 진동과 피스톤-커넥팅 로드-크랭크샤프트의 왕복과 회전운동할 때 관성력에 의해서 발생하는 진동, 밸브장치의 작동에 의한 진동 등 3가지가 주된 것이다.

　혼합기의 연소에 따라 발생하는 진동은 연소압력이 높을수록 크기 때문에 압축비가 높고 공기를 많이 흡입하는 고성능 엔진일수록 진동면에서는 불리하다. 엔진에 공기를 강제적으로 밀어 넣는 터보 엔진은 자연 흡기인 NA엔진(Naturally Aspirated Engine)에 비해 20~50% 정도의 큰 진동을 발생시킨다. 이러한 엔진은 진동의 발생이 어려운 형상으로 제작함으로써 진동이 큰 장소에 보조기구의 설치가 필요 없도록 하는 등의 조치로 진동을 억제하고 있다.

　또한, 만약 진동이 크다 해도 엔진 마운팅의 설치 위치를 연구하여 액체를 봉입한 복합 마운팅을 적용하는 등 바디에 진동이 전달되는 것을 억제하고 있다.

　관성력도 진동의 큰 원인이다. 피스톤은 상사점의 정지상태부터 가속하고, 감속하여 하사점에 도달하는 가·감속에 의해, 크랭크샤프트는 크랭크 핀과 웨브(Web)의 회전으로 인한 원

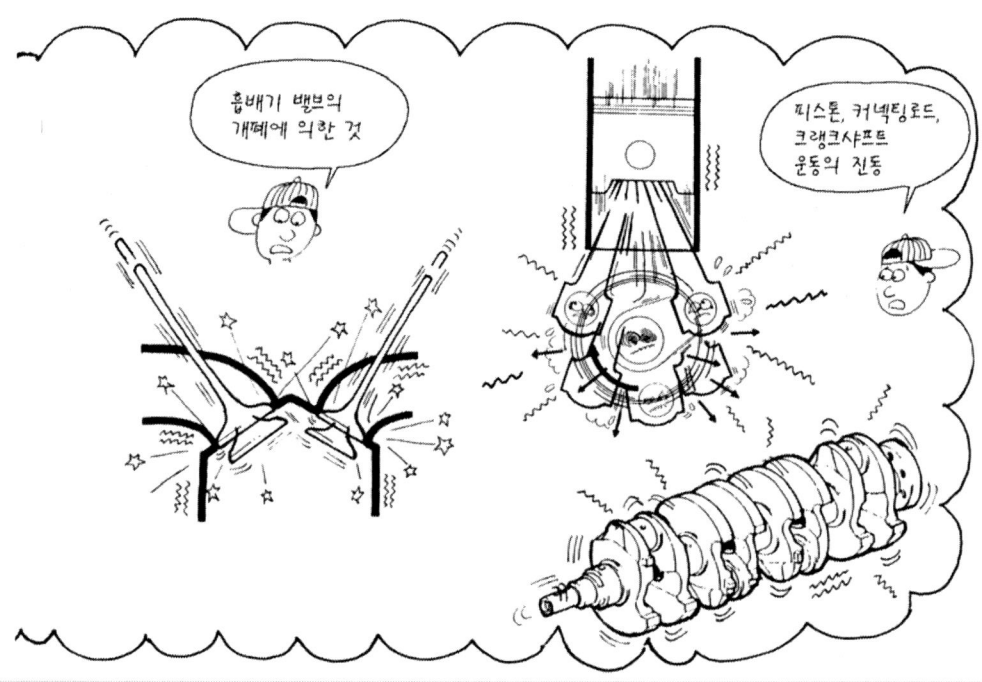

흡배기 밸브의 개폐에 의한 것

피스톤, 커넥팅로드, 크랭크샤프트 운동의 진동

> 엔진의 운동부품에서 발생하는 진동을 작게 하기 위해서는 관성력을 작게 하는 것, 즉 경량화가 유효하지만 단순히 가볍게 하는 것은 강성이 약해지기 때문에 오히려 진동이 커질 우려가 있다. 강도를 어떻게 유지하면서 가볍게 하는가가 중요하다.
> 연소에 의한 가진력(加振力)은 엔진이 가장 큰 힘을 내는 최대 토크 회전수 부근에서 최대가 된다. 한편 관성에 의한 가진력은 엔진 회전수의 제곱에 비례하여 커지기 때문에 일반적으로 엔진의 회전수가 적은 곳에서는 연소에 의한 가진력이, 고속 회전시에는 관성에 의한 가진력이 문제가 될 경우가 많다.

심력에 의해, 커넥팅 로드는 왕복운동과 회전운동이 조합된 복잡한 가·감속에 의해 관성력이 생긴다. 다기통 엔진은 피스톤이 크랭크샤프트에 연결되어 있어 각 기통의 관성력이 상쇄되는 경우도 많지만 기통 수 및 배치와 팽창행정의 타이밍에 따라서는 덧셈으로 끝나지 않는 경우도 있기 때문에 카운터 웨이트(Counter Weight)에 의해 전체 중량과 관성력의 균형을 유지하는 것인데 완전하게 균형을 유지시키는 것은 어렵다.

관성력은 피스톤 및 커넥팅 로드 등 운동부품의 중량이 가벼울수록 작으며, 같은 배기량이라면 기통수가 많은 엔진이 부품도 작고 가볍기 때문에 관성력이 작은 것이다. 관성력이 작으면 진동의 발생이 적을 뿐만 아니라 강도(强度)가 동일할 때 엔진의 회전수를 더 높일 수 있다. 다기통 엔진이 고속회전용으로 사용되지만 진동이 크지 않은 것은 이 때문이다.

또한, 운동부품의 중량을 가볍게 하면 각각의 부품에 가해지는 관성력이 그만큼 작아지기 때문에 같은 회전수로 엔진을 사용하는 것이라면 그 강도를 낮출 수 있다. 일반적으로 강두를 낮추어도 상관이 없다면 그만큼 경량화할 수 있기 때문에 부품을 더욱 가볍게 할 수 있는 것이다. 경량화는 진동을 억제할 뿐만 아니라 엔진의 성능향상 면에서도 중요하다.

엔진에서 발생하는 소음은 진동처럼 혼합기의 연소에 동반하여 발생하는 연소음과 엔진 부품이 부딪치거나 마찰에 의해 생기는 기계음이 있는데 엔진의 회전속도가 높으면 음질이 변하며, 소리도 커지는 것이 보통이다. 우리는 최대한으로 주행할 때를 제외하고 시프트 업 및 시프트 다운할 때 회전속도계(Tachometer)를 거의 보지 않을뿐더러 A/T에서 어느 포지션을 선택할지도 엔진의 소리에 의지하여 결정하는 것이 보통이기 때문에 운전자에게 엔진의 소리를 약간 들을 수 있도록 하는 것이 좋다. 단, 그 소리는 귀에 거슬리는 소음이 아닌 사운드가 이상적이다.

연소 음(燃燒音)은 혼합기의 연소에 의한 팽창력으로 실린더 블록 및 실린더 헤드가 진동하여 발생하는 것이기 때문에 연소실에 혼합기가 많이 공급되어 연소 압력이 높아질수록 커지게 된다. 터보엔진은 NA엔진에 비하여 소리가 작게 느껴지는데 이것은 배기 에너지를 터빈이 흡수하기 때문이라는 이유와 연소 압력이 높아도 엔진의 회전속도가 상승될 때 변화가 적다는 2가지 이유에 따른 것이다.

엔진의 소음을 감소시키는 방법으로는 엔진 자체에서 발생하는 음을 작게 하는 방법과 그것을 주위에 전달되지 않게 하는 방법이 있다. 소음을 근원부터 없애기 위해서는 엔진 전체를 튼튼하게 만들 필요가 있으나 무겁고 커지면 제작비용이 비싸질 뿐만 아니라 엔진을 장착하는 부분이 무거워져 전체의 균형이 깨져 버린다. 그래서 최대한 가볍게 하여 실내에 소음이 새어 들어오지 않도록 흡음재(吸音材)를 설치하여 대응 한다.

 기계음(機械音)은 캠 샤프트를 구동하는 기어, 체인 및 흡·배기 밸브를 개폐(開閉)시키는 밸브장치의 부품이 기계적으로 부딪쳐 발생되는 소리이다. 예를 들면 캠이 밸브 리프터(Valve Lifter) 및 로커 암(Locker Arm)을 두드릴 때 그 반동으로 캠 샤프트가 저널 베어링에 충격을 주거나, 밸브가 밸브 시트에 부딪치는 등에 의해 충격음(衝擊音)이 발생하는 것이다.

 단, 음(音)이라고 하는 것은 사물이 부딪쳐 직접 발생하는 소리보다 그 진동이 전달되어 다른 부분이 공진(共振)할 때 발생하는 소리가 더 크다는 성질이 있기 때문에 엔진으로부터 이음(異音)이 발생된다고 해도 그 원인을 밝혀내기는 상당히 어렵다. 어차피 기계음이 발생한다는 것은 부품이 서로 부딪치고 있다는 뜻으로 엔진의 내구성(耐久性) 면에서 보면 좋은 경우는 아니다. 이음(異音)이 감지되면 그 원인을 찾아 대처하는 것이 필요하다.

 연소음(燃燒音)과 기계음(機械音)을 비교하면 엔진 회전수(rpm)가 낮은 범위에서는 진동처럼 연소음이 크지만 3,000rpm을 초과하여 관성력이 커지면 기계음 쪽이 지배적이다.

 엔진룸에서 발생하는 음은 후드(Hood)의 안쪽 및 엔진룸과 캐빈(Cabin)의 경계 부분인 대시 보드(Dash Board)의 전방에 흡음재(Suction Noise Material)를 설치하여 외부로 새어 나가지 않도록 하고 있다. 흡음재는 유리섬유나 펠트(Felt)가 사용되는 것이 일반적이다.

1. 연소 프로세스

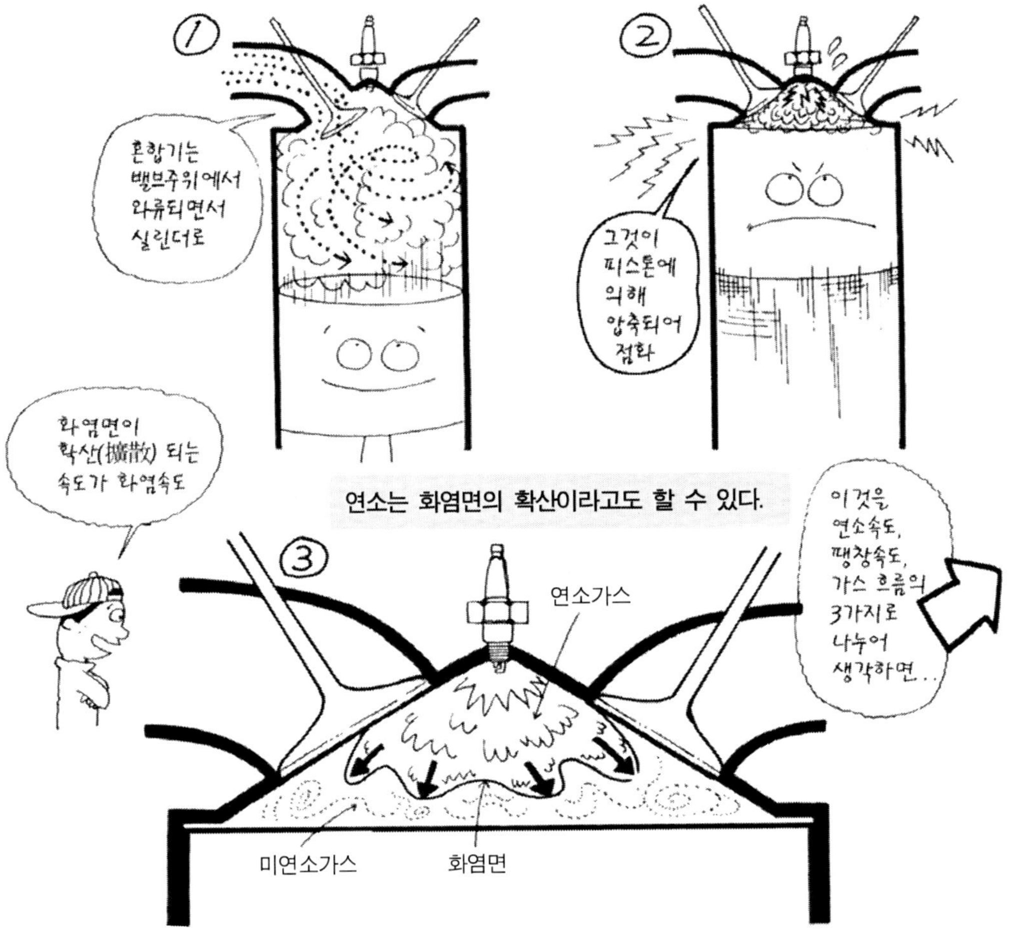

① 혼합기는 밸브주위에서 와류되면서 실린더로

② 그것이 피스톤에 의해 압축되어 점화

화염면이 확산(擴散)되는 속도가 화염속도

연소는 화염면의 확산이라고도 할 수 있다.

③ 연소가스

이것을 연소속도, 팽창속도, 가스 흐름의 3가지로 나누어 생각하면...

미연소가스   화염면

엔진의 출력을 크게 하여 연비(燃費)를 향상시키기 위해서는 공기와 가솔린이 혼합된 혼합기(混合氣)를 가능한 한 신속(迅速)하게 완전 연소시키는 것이 필요하다. 결국 엔진의 성능을 향상시킨다는 것은 연소가 어떤 것인지 밝혀내고 연료를 효율적으로 연소시키기 위해서는 어떻게 하면 좋은가에 대하여 연구하는 것이라고 바꾸어 말할 수 있다.

우선 연소(燃燒)는 어떤 것이며, 혼합기는 어떤 방법으로 연소되는지 살펴보자. 카뷰레터(Carburetor) 또는 인젝터(Injector)에 의해 가솔린이 혼합된 공기는 흡기 밸브 주위로부터 와류(渦流)를 일으키는 안개와 같이 되어 실린더에 흡입된 후 하사점에서 상승행정으로 변환된 피스톤에 의해 와류가 잔류(殘留)하는 상태로 압축된다. 이때 고온 상태인 연소실 벽과 공기의 압축에 의해 발생되는 열 및 공기의 강한 흐름에 의해서 액체인 가솔린이 증발하여 기체가 되고 일부의 성분은 분해(分解)되어 연소되기 쉬운 연료가스가 된다.

이 고온의 가스 속에서 스파크 플러그로 불꽃을 발생시키면 플러그의 전극 사이에 작은 불씨인 화염핵(火焰核)이 생긴다. 이 화염핵은 연료가스와 공기 속의 산소가 화학반응을 일으켜

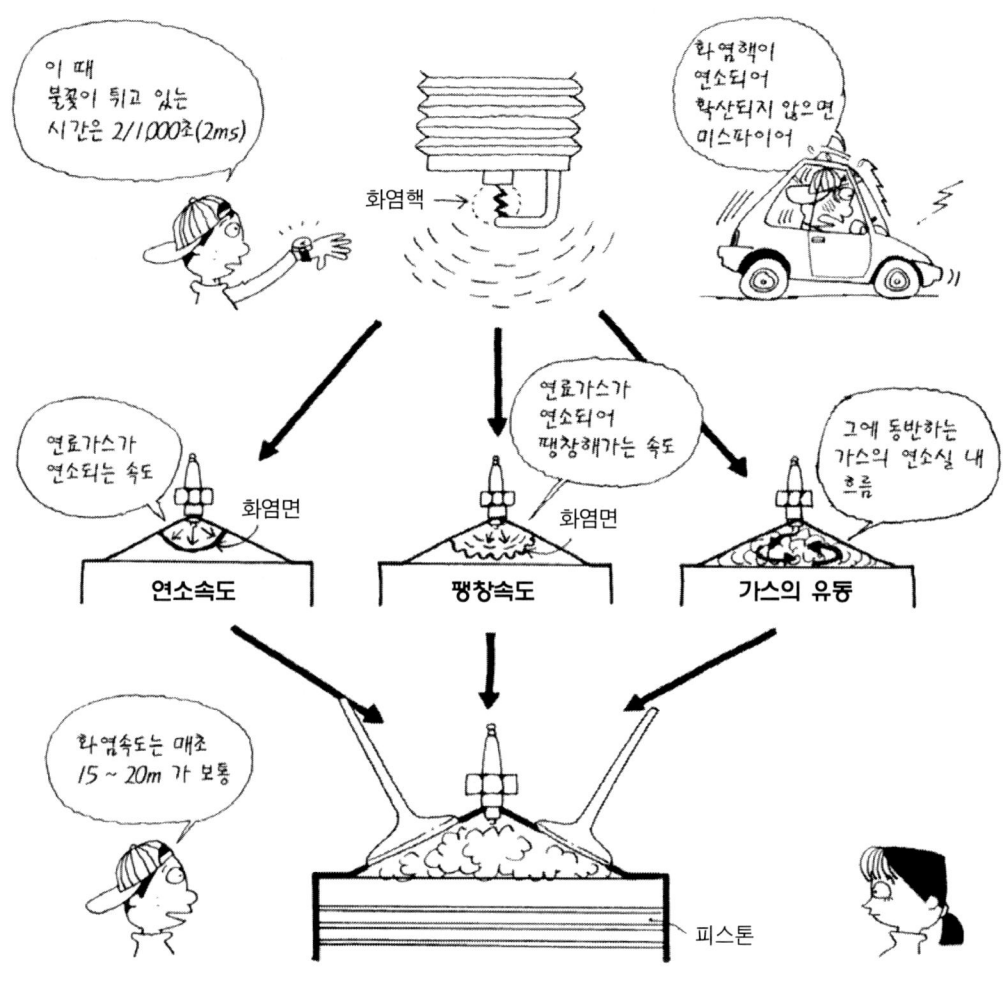

형성된 고온의 연소가스가 근처에 있는 혼합기를 가열하며, 이 열에 의해 혼합기가 화학반응을 일으켜 연소가스가 된다. 이리하여 처음으로 생성된 화염이 차례차례 주변의 혼합기를 연소시킴으로서 연소실 내의 혼합기는 순식간에 모두 연소가스로 변한다. 이것이 혼합기의 연소이다.

이때 스파크 플러그에서 불꽃을 유지하고 있는 시간이 1,000분의 2초(2ms) 전후라는 극히 짧은 시간으로 화염핵(火焰核)이 형성되어도 주변의 온도가 낮거나, 와류에 의해 화염핵이 소멸(消滅)된 경우에는 혼합기가 연소되지 않는다. 이 현상을 **미스 파이어(Misfire)**라 한다.

혼합기(混合氣)의 연소(燃燒)라는 것은 혼합기의 연소가 진행되는 과정에서 현재 연소되려는 가스와 이미 연소된 가스의 경계선을 **화염면(火焰面)**이라 하며, 화염면의 진행 속도를 **화염속도(火焰速度)**라고 한다. 이 화염속도는 연료가스가 움직이지 않는 상태에서 연소가 진행되는 속도인 **연소속도(燃燒速度)**, 가스가 연소됨에 따라 팽창하는 속도인 **팽창속도(膨脹速度)**, 가스 흐름의 크기와 세기가 혼합된 것이다.

연소속도는 연료의 성분과 연료와 공기의 중량 비율인 공연비에 따라 변화되어 매초 수십 cm 성도로 극히 느리지만 여기에 가스의 팽창속도와 흐름이 더해지면 화염속도는 매초 15~20m, 빠르면 30m에 이른다. 연소에서 혼합기의 흐름이 중요시되는 것은 이 때문이다.

2. 공연비와 화염속도

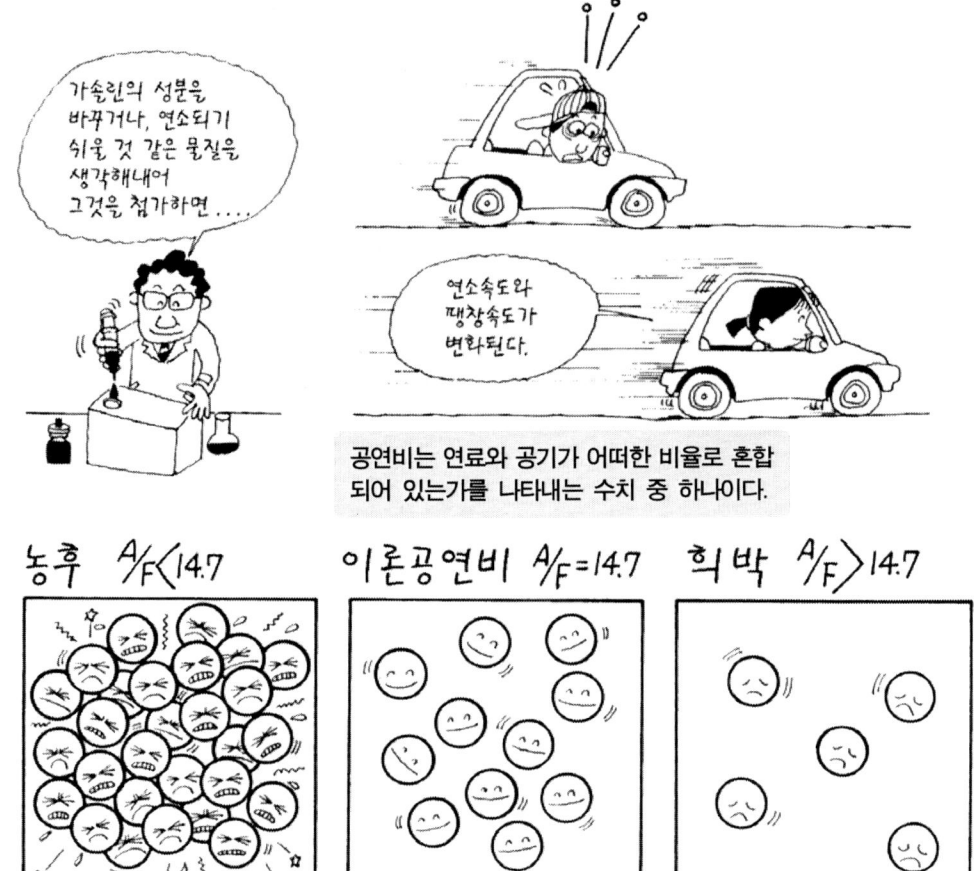

공연비는 연료와 공기가 어떠한 비율로 혼합
되어 있는가를 나타내는 수치 중 하나이다.

엔진의 성능(性能)을 향상시키기 위해서는 화염속도를 빠르게 하고 운동에너지로 변환(變換)되는 열에너지를 최대한 많게 하여야 한다. 화염속도는 연소속도, 팽창속도, 가스 흐름의 크기와 세기 등 3가지 요소에 의해 결정된다. 혼합기를 신속(迅速)하게 연소시키기 위해서는 이 요소들을 최적(最適)의 조건으로 유지하는 것이 좋다.

우선 연소속도와 팽창속도는 연료의 성분, 혼합기 속의 연료와 공기의 비율인 혼합비(混合比), 혼합기의 온도와 압력에 의해 결정된다. 온도와 압력은 연소실의 온도 및 압축비에 의해 좌우되는데 여기에서는 이들의 조건이 일정하다는 가정 하에 연료의 성분과 혼합비에 대해 비교해 보자. 가솔린은 4~12개의 탄소 원자가 쇠사슬과 같이 연결되어 그 주변에 수소 원자가 결합되어 있는 구조가 합해져 탄화수소(HC)라 불리는 여러 가지 분자가 혼합된 액체이다. 이 가솔린을 구성하는 성분의 비율을 변화시키거나 연소를 촉진(促進)시키는 물질을 첨가하면 당연히 연소속도와 팽창속도가 빨라진다.

혼합비라는 것은 연료와 공기가 얼마만큼의 비율로 혼합되어 있는가를 표시하는 수치(數値)

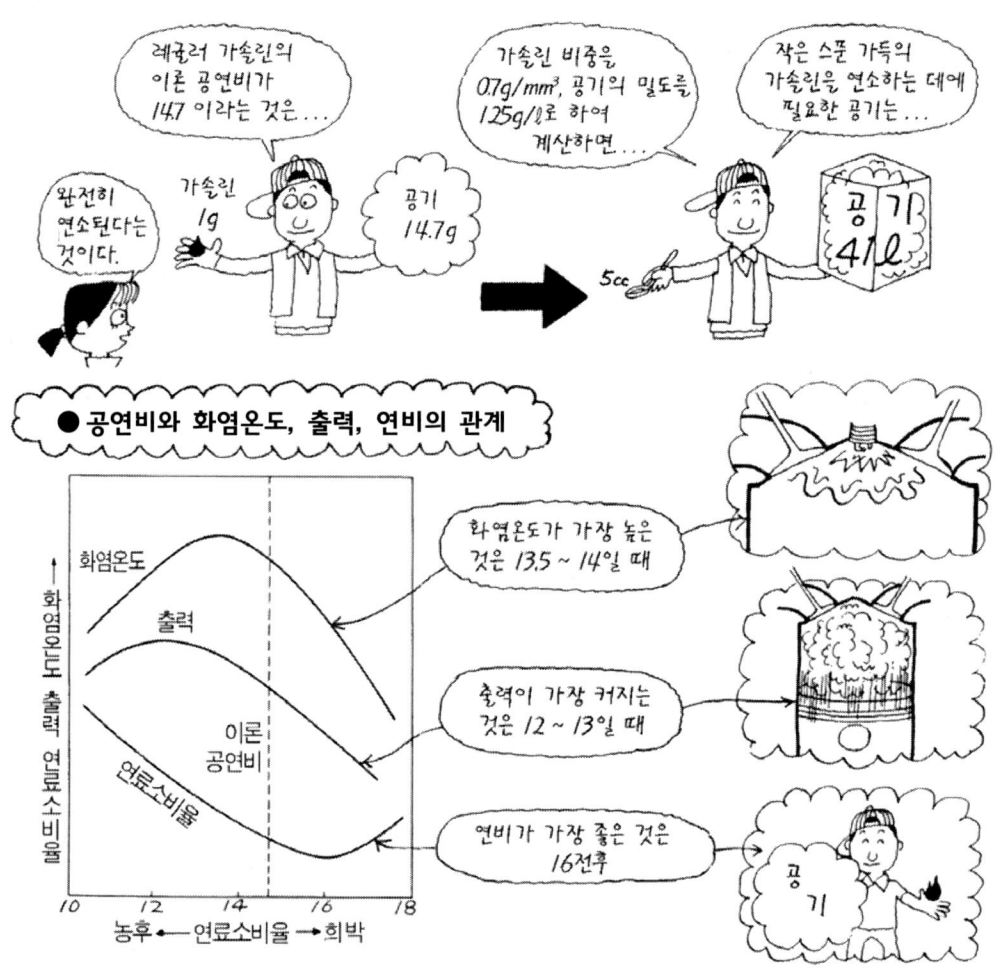

로 연소속도에 큰 영향을 미치기도 하기 때문에 다양한 표시방법이 있지만 **공기 연료비**(줄여서 **공연비**), **공기 과잉률(空氣過剩率)**, **당량비(當量比)** 등 3가지가 많이 사용된다.

　공연비(空然比)라는 것은 혼합기에 함유된 공기의 중량을 연료의 중량으로 나눈 것으로 **Air/Fuel Ratio**, 줄여서 **A/F**라고도 불리며, 공기에 연료를 혼합하였을 때 이론 계산상(理論計算上) 연료가 완전히 연소되는 공연비를 **이론 공연비(Stoichiometric Air/Fuel Ratio)**라고 하며, 레귤러 가솔린(Regular Gasoline)의 이론 공연비는 일반적으로 14.7이다.

　공연비가 이론 공연비보다 작으면 함유된 가솔린의 량이 많으므로『농후(Rich ; 濃厚)』, 반대로 크면 함유된 가솔린 량이 적으므로『희박(Lean) ; 稀薄』하다고 한다.

　혼합기의 연소가 가장 잘 되고 화염의 온도가 가장 높은 것은 이 이론공연비보다 약간 농후한 공연비의 13.5~14일 때이다. 연료가 약간 많은 쪽이 연소가 잘 된다는 의미로 연소속도는 가솔린이 조금 더 많은 공연비 12~13일 때에 최대가 된다.

　결국 엔진의 출력은 공연비가 12~13일 때 가장 크고 그것보다 크거나 작으면 출력이 낮아진다. 그러나 연료소비율은 반대로 약간 희박한 공연비 16 전후에서 가장 적다(연비가 좋다). 연소된 뒤 산소가 조금이라도 남지 않으면 가솔린은 완전히 연소되지 않는 것이다.

3. 점화시기

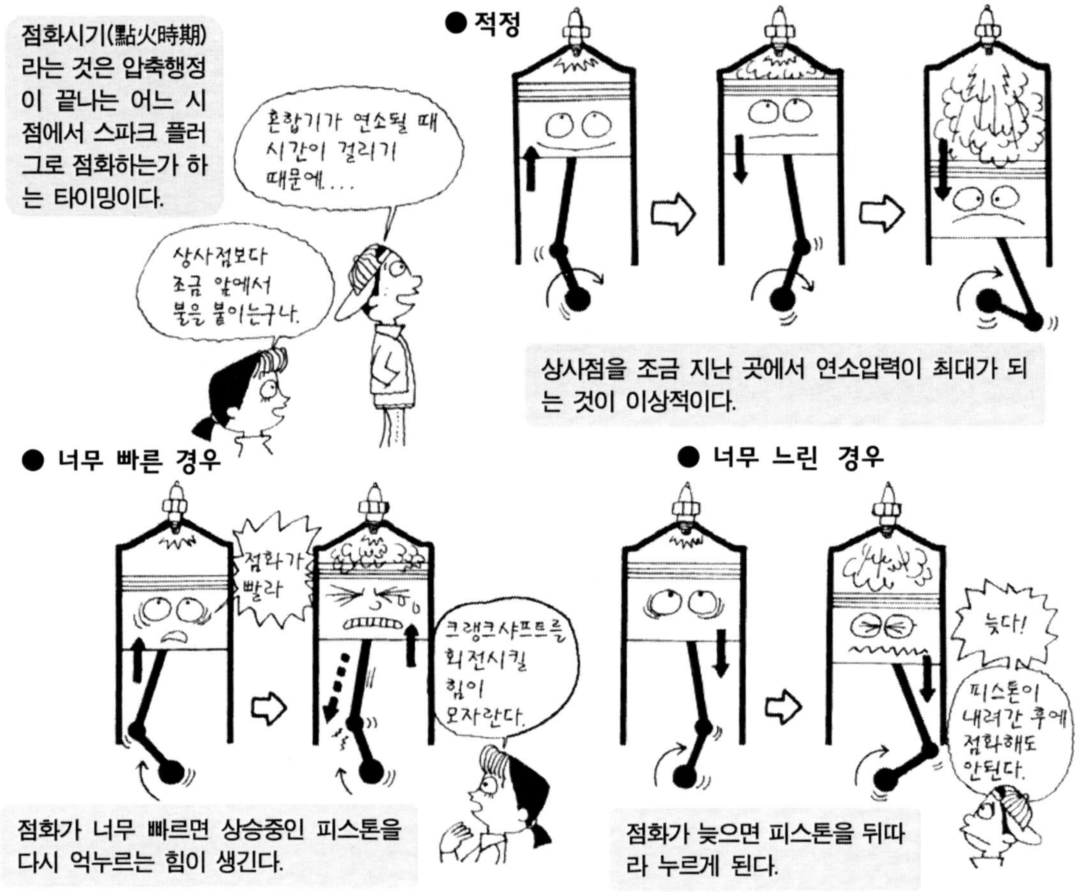

점화시기(點火時期)라는 것은 압축행정이 끝나는 어느 시점에서 스파크 플러그로 점화하는가 하는 타이밍이다.

혼합기가 연소될 때 시간이 걸리기 때문에....

상사점보다 조금 앞에서 불을 붙이는구나.

● 적정

상사점을 조금 지난 곳에서 연소압력이 최대가 되는 것이 이상적이다.

● 너무 빠른 경우

점화가 빨라

크랭크샤프트를 회전시킬 힘이 모자란다.

점화가 너무 빠르면 상승중인 피스톤을 다시 억누르는 힘이 생긴다.

● 너무 느린 경우

늦다!

피스톤이 내려간 후에 점화해도 안된다.

점화가 늦으면 피스톤을 뒤따라 누르게 된다.

점화시기(Ignition Timing)는 압축된 혼합기에 언제 점화시키는가 즉, 스파크 플러그(Spark Plug)에서 전기 불꽃을 발생시키는 타이밍(Timing)을 말한다. 상식적으로 생각하면 혼합기가 압축되고 피스톤이 상사점에 도달한 순간에 점화하는 것이 좋을 것이라고 생각되지만 점화시기(點火時期)는 이미 늦다. 혼합기가 연소되는 속도가 가스 흐름의 크기와 세기에 따라서 변하기 때문이다. 즉, 엔진의 회전속도가 상승하여 가스의 유동속도가 빨라지면 그에 따라 화염속도도 빨라지기 때문에 피스톤이 상사점에 있을 때 점화하는 것은 지나치게 느리다는 것이다.

결국 언제 점화하는 것이 가장 좋은 것인가? 대략 피스톤이 상사점에 도달했을 때 화염면이 연소실의 거의 절반 정도로 확산(擴散)되었을 때이다.

점화시기는 피스톤이 상사점에 있을 때를 기준으로 하여 크랭크샤프트의 회전각도로 몇도 전후(前後)인가로 표시되는데 그 각도에서 점화시기가 상사점前 40~30°이면, 상사점後 15~20°에서 최대 연소 압력에 도달한다.

이보다 점화시기가 빠르면 피스톤이 상사점에 도달하기 전에 연소가 진행되어 상사점으

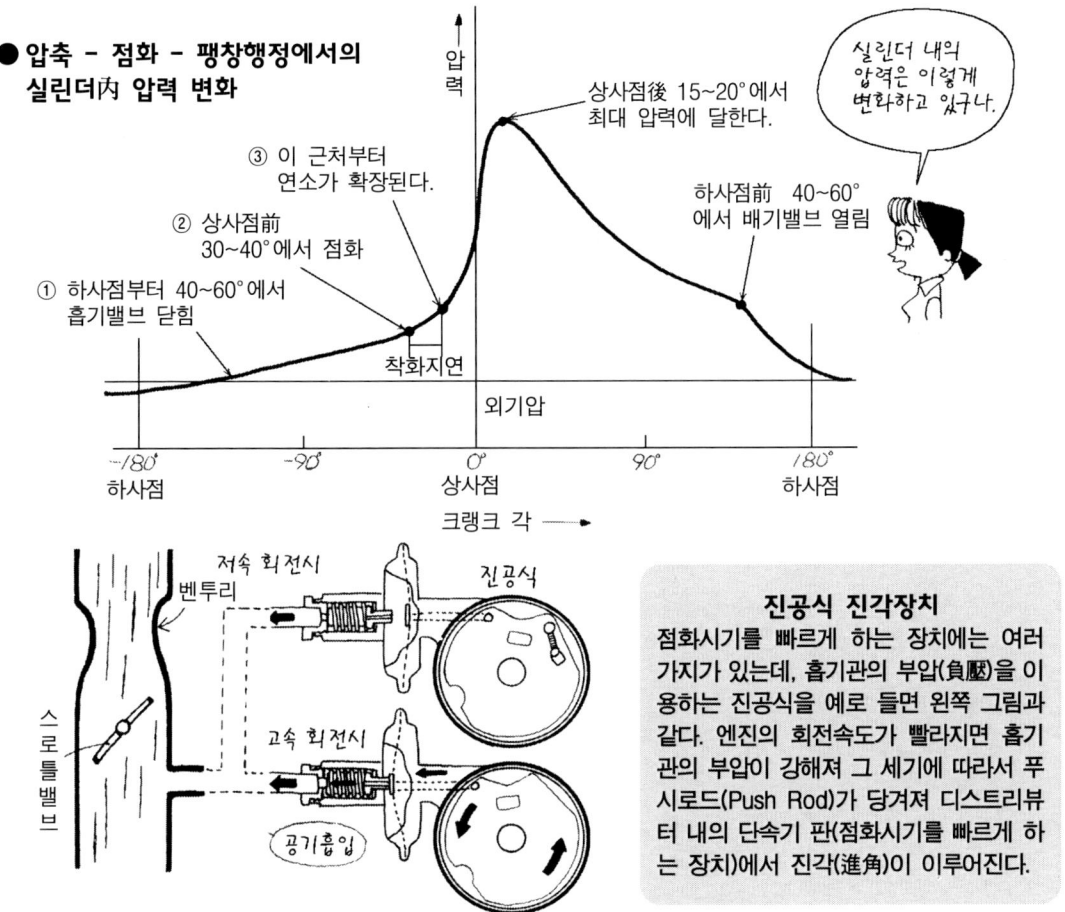

● 압축 – 점화 – 팽창행정에서의 실린더內 압력 변화

압력

상사점後 15~20°에서 최대 압력에 달한다.

③ 이 근처부터 연소가 확장된다.

실린더 내의 압력은 이렇게 변화하고 있구나.

② 상사점前 30~40°에서 점화

하사점前 40~60°에서 배기밸브 열림

① 하사점부터 40~60°에서 흡기밸브 닫힘

착화지연

외기압

-180° 하사점　　-90°　　0° 상사점　　90°　　180° 하사점

크랭크 각 →

저속 회전시

벤투리

진공식

스로틀밸브

고속 회전시

공기흡입

진공식 진각장치
점화시기를 빠르게 하는 장치에는 여러 가지가 있는데, 흡기관의 부압(負壓)을 이용하는 진공식을 예로 들면 왼쪽 그림과 같다. 엔진의 회전속도가 빨라지면 흡기관의 부압이 강해져 그 세기에 따라서 푸시로드(Push Rod)가 당겨져 디스트리뷰터 내의 단속기 판(점화시기를 빠르게 하는 장치)에서 진각(進角)이 이루어진다.

로 향하는 피스톤을 역으로 누르는 힘이 커지기 때문에 팽창력의 손실이 발생하고, 지나치게 늦을 경우 내려가고 있는 피스톤을 뒤따라가면서 누르게 되므로 팽창력을 이용할 수 없다.

화염속도는 엔진의 회전속도가 상승할수록 빨라지기 때문에 피스톤이 상사점을 지나는 부근에서 연소실의 최대 압력을 얻기 위해서는 엔진의 회전속도에 맞추어 점화시기를 빠르게 할 필요가 있다. 이 조정 작업은 점화시기와 동일하게 크랭크샤프트의 회전각도로 생각하여 점화할 때의 각도를 앞으로 당긴다는 뜻에서 **진각(Advance ; 進角)**이라고 불린다.

이 진각을 조정하는 시스템은 기계식과 전자식이 있으며, 기계식 진각장치(Mechanical Advancer)는 스파크 플러그에 전류를 보내는 디스트리뷰터 속에 조립(組立)되어 있다. 엔진의 회전속도를 기계적으로 검출하여 회전속도가 빨라짐에 따라 전류를 보내는 타이밍을 빠르게 함으로써 스파크 플러그의 점화시기를 앞당기는 것이다.

예를 들어 진공식 진각장치(Vacuum Advancer)는 엔진의 회전속도가 상승함에 따라 흡기관의 부압이 커지는 현상을 이용하여 카뷰레터와 파이프로 연결된 진각장치가 부압의 크기에 비례한 움직임으로 진각이 이루어진다. 전자식 진각장치(Electronic Advancer)는 엔진의 회전수와 흡기관의 부압을 센서로 검출하여 최적의 점화 타이밍을 컴퓨터가 결정하는 것이다.

4. 스월 효과

연소에 의해 생성된 열을 가능한 한 많이 피스톤에 작용하는 힘으로 변화시키기 위해서는 연소속도가 빠를수록 좋다. 따라서 가솔린과 공기가 충분히 혼합되도록 하는 것이 중요하기 때문에 혼합기가 실린더 내에 흡입될 때 어떻게 하면 흡입이 잘 될 수 있는지에 대한 연구가 이루어지고 있다.

연료와 공기를 잘 혼합되도록 하기 위해서는 스월(Swirl)과 텀블(Tumble) 등의 와류가 형성되도록 하는 것이 필요하다.

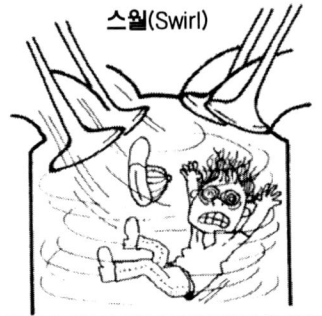

스월(Swirl)

흡기 포트에 바이패스 통로를 설치하여 중·저속시에는 공기가 바이패스 통로로 빠르게 흐르도록 함으로써 스월의 발생을 촉진시킨다.

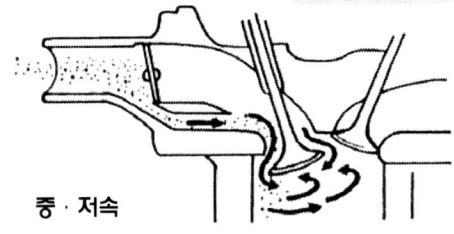

중·저속

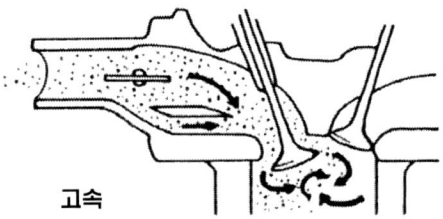

고속

혼합기가 연소되는 속도와 화염속도가 빠를수록 운동에너지로 변환되는 열에너지가 많다. 이상적으로는 피스톤이 상사점을 지난 순간에 혼합기가 연소되어 연소가스의 팽창력이 낭비되지 않고 피스톤으로 전달되는 것이지만 연소에는 크랭크샤프트의 회전각도로 40~60° 정도의 시간이 소요되기 때문에 그렇게 되기는 힘들다. 연소가 신속하게 이루어지도록 하기 위해서는 우선 공기와 가솔린이 잘 혼합되어 탄화수소의 분자가 산소 분자와 곧바로 화학반응을 할 수 있는 상태로 만들어 두는 것이 필요하다.

따라서 연료를 무화(霧化)시키는 카뷰레터와 연료를 분사하는 인젝터로부터 공급되는 가솔린 입자가 미세하고 기화(氣化)하기 쉬울수록 좋다. 또한, 인젝터의 방향은 가솔린의 입자가 가능한 한 흡기포트의 벽에 흡착되지 않도록 흡기밸브 쪽으로 향해져 있다. 경주용 차량의 엔진에는 하나의 실린더에 2개의 인젝터를 설치한 경우도 있으며, 화염속도를 빠르게 하기 위해서는 가스의 흐름을 빠르고 크게 하는 것이 유효한 수단이다. 특히 혼합기의 흐름이 문제가 되는 것은 엔진의 회전속도가 낮을 때이다. 엔진이 고속으로 회전하고 있을 경우에는 그 나름대로

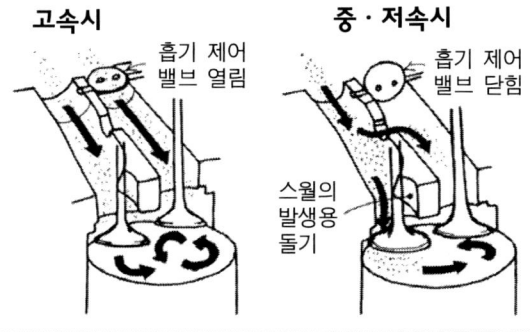

고속시 — 흡기 제어 밸브 열림

중·저속시 — 흡기 제어 밸브 닫힘 — 스월의 발생용 돌기

제트 밸브

이 시스템은 각 실린더의 흡기포트를 2개로 하여 중·저속에서는 흡기제어 밸브를 닫아 혼합기를 한쪽 포트로만 실린더로 보낸다. 이것으로 흡기의 유속을 높여 스월의 발생을 촉진시킨다. 고속시에는 제어밸브가 열려 2개의 통로에서 대량의 혼합기가 흡입되도록 하는 구조이다.

흡기밸브의 옆에 와류를 형성시키기 위해 공기를 분출시키는 출구를 설치하여 텀블 흐름을 만드는 예

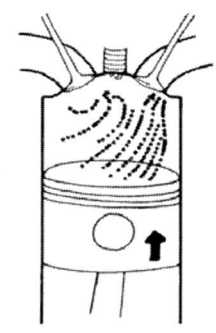

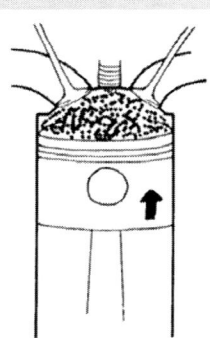

혼합기의 흐름은 압축행정이 끝나고 점화될 때에 최적의 상태가 되어 있어야만 한다.

가스가 빠르게 흐르고 있기 때문에 혼합기가 충분히 섞여 화염속도도 빠르다. 그러나 저속과 중속의 구간은 피스톤이 하강하는 속도가 늦기 때문에 흡기 포트를 통과하는 혼합기의 속도도 느리고 안개의 형상과 같이 혼합기 속에 떠 있는 가솔린도 기화되기 어렵다.

따라서 엔진의 회전속도가 저속이라도 실린더에 흡입되는 공기와 연료가 충분히 혼합될 수 있도록 흡기 포트의 설치 각도를 연구거나 작은 흡기 파이프로부터 실린더에 공기를 불어 넣도록 한 엔진도 있고, 흡기 포트를 둘로 나누어 저속시에는 한쪽을 닫아 흡입되는 속도를 높여 실린더 속에서 와류의 형성을 쉽게 한 엔진도 있다. 이 와류는 보통 **스월(Swirl)**이라고 불리고 있지만 가로 방향으로 선회하는 것을 스월, 세로 방향으로 선회하는 것을 공중회전을 의미하는 **텀블(Tumble)**이라고 호칭(呼稱)하여 구별하는 경우도 있다.

스월에서 중요한 것은 흡기 행정에서 형성된 와류가 압축 행정에서 감소되지 않고 남아 더욱 더 강해져 점화·팽창 행정으로 연결이 잘 되도록 하는 것이다. 그 수단 중 하나로 연소실의 플러그에서 가장 먼 부분과 피스톤 크라운의 주변 부분과의 사이에 **스퀴시(Squish)**라 불리는 좁은 틈새를 만들이 피스톤이 상사점에 가까워졌을 때에 이 틈새에 남아 있는 혼합기를 밀어내는 방법도 취해지고 있다.

지금은 거의 경험할 수 없게 되었지만 고속기어로 한가로이 주행하다가 적색 신호등이 보여 액셀러레이터 페달에서 발을 떼었다가 속도가 떨어진 순간 녹색 신호등으로 바뀌어 액셀러레이터 페달을 다시 밟으면 엔진에서 딱딱거리는 소리가 나는 경우가 있다.

이것이 전형적인 노킹으로 스파크 플러그의 화염핵으로부터 시작된 연소가 화염면의 확산으로 연소되지 않고 가장 나중에 연소되어야 할 엔드 존에 있는 혼합기가 화염이 도달하기 전에 자연 발화하여 연소되는 현상이다.

즉, 화염면을 경계로 하여 플러그 측에 연소가스, 바깥쪽에 미연소 혼합기가 있고 화염면에서부터 연소가 진행되어야 하지만 이 화염면이 도달하기 전에 연소실 벽의 열과 연소가스의 팽창에 의한 압력 등에 의해 미연소 혼합기가 순식간에 화학반응을 일으키는 것이다. 노킹이 일어난 부분의 고온고압 가스는 실린더 헤드 및 피스톤을 두드려 엔진에 손상을 주게 된다. 한 번 노킹이 발생하면 피스톤 및 실린더의 표면이 비정상적인 고온이 되기 때문에 노킹은

엔드 존의 혼합기 흐름을 좋게 하기 위해 스퀴시 영역이 설계되어 있다.

노 킹

배기측은 온도가 높기 때문에 화염이 빨리 확산된다. 화염이 느린 흡기측에서 노킹이 일어난다.

노킹이 일어나기 직전의 상태에서 주행하면 최고로 효율 좋은 혼합기가 연소된다.

그렇군...

Squish Area

Squish Area

점점 더 발생되기 쉽게 된다.

노킹은 연소실의 엔드 존에서 발생하는 현상이므로 쇼트 스트로크 등에 의해 보어가 커지고 화염 전파거리가 긴 엔진에서 발생하기 쉽다. 따라서 현재의 엔진은 스파크 플러그를 연소실의 한가운데에 설치하는 **센터 플러그(Center Plug)**, 엔드 존을 좁게 하여 혼합기의 흐름을 좋게 하는 **스퀴시 에어리어(Squish Area)**가 설계되는 경우가 증가되고 있다.

현재 시판중인 엔진은 보통 운전하고 있을 때 노킹이 일어나는 경우는 대체적으로 없다. 노킹이 일어나지 않도록 엔진에 대한 연구를 하고 있기 때문이며, 반대로 이 노킹현상을 잘 이용하여 엔진의 성능을 좋게 하는 구조가 연구되고 있다.

엔진의 회전속도가 늦을 때 발생하는 노킹은 혼합기의 연소가 늦기 때문에 발생하는 것이지만 보통은 압축비를 높인다든지, 엔진의 회전속도를 높여 점화시기를 빠르게 하는 등 혼합기를 빠르게 연소시킬 때 일어난다. 즉, 파워를 높이려고 하면 그 아슬아슬한 한계에서 노킹이 발생하는 것이다. 그러므로 노킹현상을 검출하여 노킹이 일어나기 직전의 상태에서 엔진을 회전시키면 가장 효율이 좋은 혼합기가 연소되기 때문에 이것을 이용하는 것이다.

6. 이상연소

스파크 플러그에서부터 시작되어 연소실 전체로 확산되면서 연소되는 보통의 연소방식과는 다른 연소형태를 **이상연소(Abnormal Combustion)**라 부른다. 노킹은 그 대표적인 것이지만 그 외에도 이상연소가 있으므로 살펴보도록 하자.

(1) Pre Ignition과 Post Ignition

Pre는 전, Post는 후, Ignition은 점화라는 의미로 스파크 플러그로 점화하기 전후(前後)에 플러그 이외의 열원(熱源)에 의해 혼합기에 점화가 일어나는 현상을 말한다. Pre Ignition은 플러그나 연소실 벽, 피스톤, 밸브 등에 흡착되어 있는 카본 등에 남아 있는 불씨로 인해 압축행정 중 혼합기에 착화(着火)되어 연소가 일어나는 것이고, Post Ignition은 미스 파이어 등에 의해 정상적인 타이밍에 연소되지 못한 혼합기가 팽창행정에서 불이 붙는 것을 말한다. 모두 노킹과 같은 폭발적인 연소로 연소실 주변의 부품에 충격을 준다.

(2) Run On

런온은 점화 스위치를 OFF시킨 상태에서도 엔진이 계속 회전하는 현상으로 디젤링 (Dieseling)이라고도 한다. Pre Ignition의 원인과 같이 과열된 카본 등이 발화원이 되어 자연 발화하는 것이며, 연속으로 고속 주행한 직후 엔진의 과열 상태에서 키를 OFF시켰을 때 일어나는 경우가 있다. 디젤 엔진이 점화되지 않은 상태에서 운전된다는 것에서 붙여진 명칭이다.

(3) After Fire

애프터 파이어는 연소실에서 완전 연소되지 않은 가스가 배기계통 내에서 폭음을 동반하여 폭발적으로 연소하는 것으로 After Burn이라고도 불린다. 스로틀 밸브를 전개(全開)시킨 상태에서 갑자기 닫거나 흔들리게 하여 너무 많은 가솔린이 연소실에 흡입되어 연소를 끝내지 못한 채 촉매 컨버터나 머플러 속에서 연소하여 일어나는 경우가 많아 배기계통을 손상시킨다.

(4) Back Fire

백 파이어는 대부분의 연소가스가 배기행정에서 배출되지만 일부의 잔류 가스에 의해 흡기 밸브가 열려 혼합기가 흡입되려는 순간 점화 연소되는 현상이다. 때에 따라서는 에어클리너까지 화염이 진행되는 경우도 있다. 카뷰레터가 장착된 엔진에서 발생되는 경우가 많으며, 전자제어 연료분사식 엔신에서 발생하는 경우는 적다. 이러한 이상연소는 평상시에 운전하면서 경험하는 것은 드물지만 엔진의 이상 및 부주의에 의해 가끔 발생되는 경우가 있는 정도이다.

1. 연소실 형상

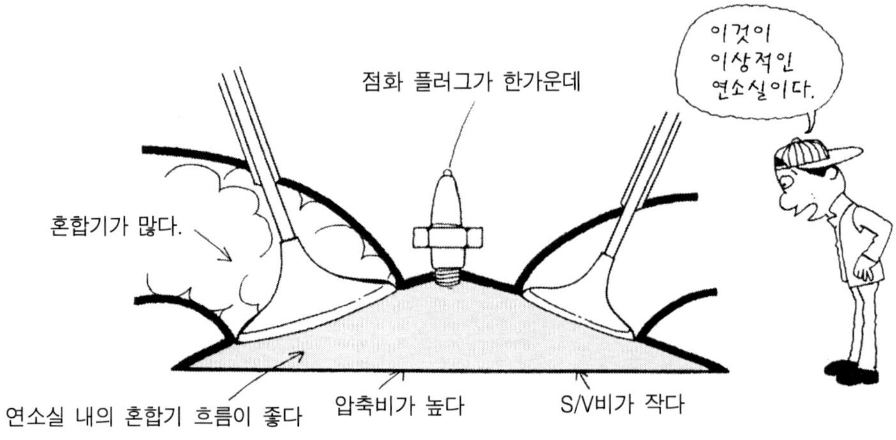

이것이 이상적인 연소실이다.

점화 플러그가 한가운데

혼합기가 많다.

연소실 내의 혼합기 흐름이 좋다   압축비가 높다   S/V비가 작다

혼합기 흐름의 비교

센터 플러그

플러그는 연소실의 중앙에 있는 것이 좋아.

플러그 위치의 비교

혼합기가 빨리 탄다

혼합기가 타는데는 시간이 걸린다

왼쪽 그림의 흡배기 밸브가 서로 마주보고 있는 타입의 혼합기 흐름은 오른쪽 그림의 흡배기 밸브가 서로 이웃하고 있는 타입의 흐름보다 좋다.

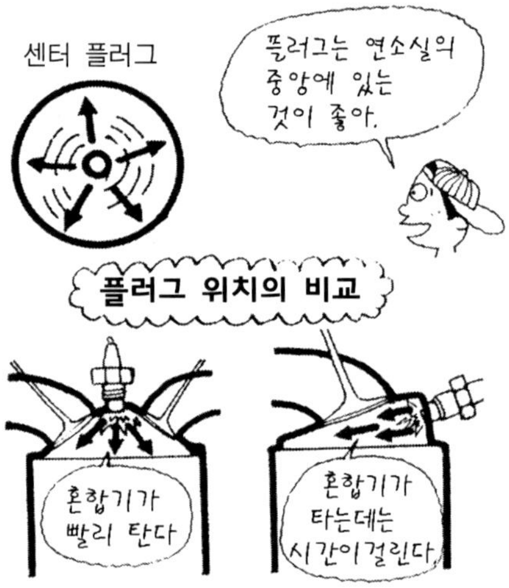

혼합기의 연소방식에 따라 엔진의 성능은 큰 영향을 받게 되는데 그 연소가 일어나는 연소실은 어떤 형태를 하고 있는 것이 이상적일까?

엔진의 출력을 높이기 위해서는 화염속도가 빨라질 수 있는 연소실이 좋은데 가솔린의 성분과 혼합비가 일정할 때 다음과 같이 5가지 항목으로 나눌 수 있다.

(1) 흡입되는 혼합기의 양이 많을 것(연료가 많으면 발열이 많다)

(2) 점화 직전의 혼합기 흐름이 적당할 것(빠른 쪽이 좋지만 지나치게 빠르면 미스 파이어)

(3) 점화 플러그가 연소실 중앙에 있을 것(화염전파 거리가 짧아 혼합기가 빠르게 연소된다)

(4) 압축비가 클 것(압축열이 크고, 압력도 높기 때문에 열효율이 좋다)

(5) 연소실이 콤팩트하여 열이 손실되기 힘든 공간으로 만들 것(힘으로 변하는 열에너지가 많다)

우선 (1)의 혼합기 흡입량에 대해서 말하자면 이것은 흡기밸브의 설치 각도, 수, 크기, 열림 상태(리프트) 및 흡기 포트의 형상 등의 요소에 의해 결정된다. 중요한 요소이므로 다음의 흡

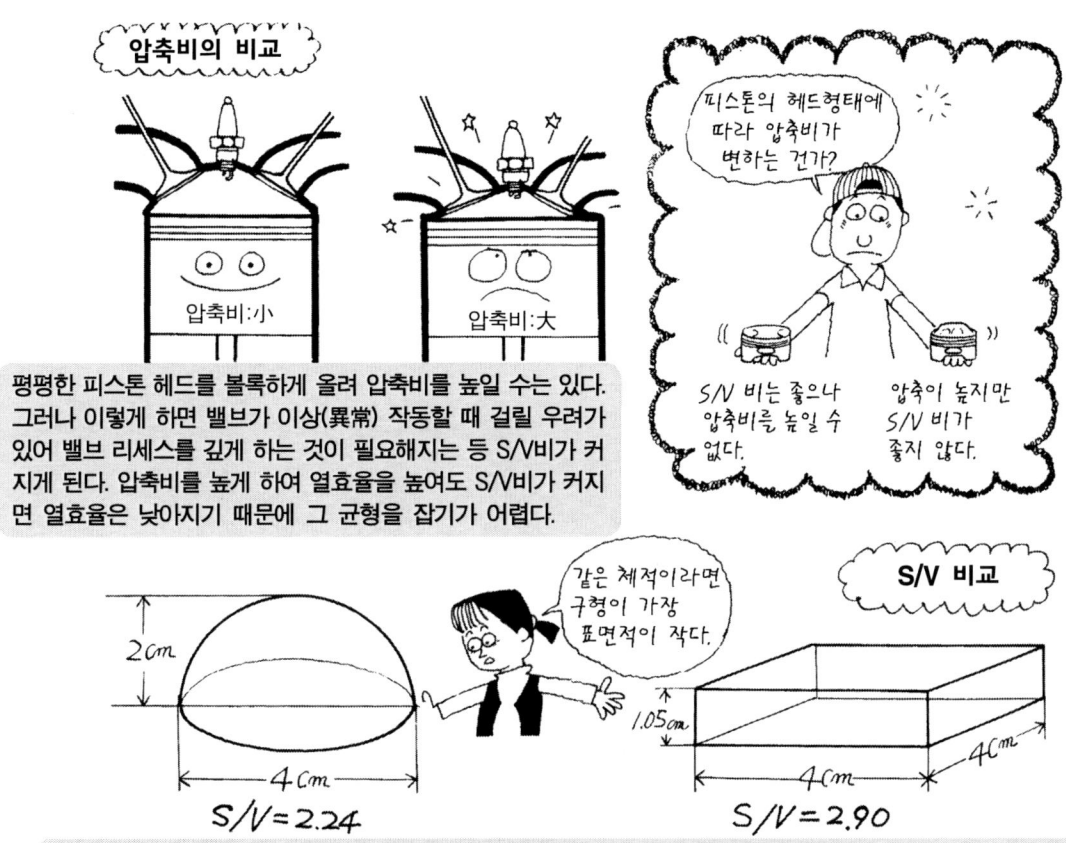

압축비의 비교

압축비:小   압축비:大

피스톤의 헤드형태에 따라 압축비가 변하는 건가?

S/V 비는 좋으나 압축비를 높일 수 없다.   압축이 높지만 S/V 비가 좋지 않다.

평평한 피스톤 헤드를 볼록하게 올려 압축비를 높일 수는 있다. 그러나 이렇게 하면 밸브가 이상(異常) 작동할 때 걸릴 우려가 있어 밸브 리세스를 깊게 하는 것이 필요해지는 등 S/V비가 커지게 된다. 압축비를 높게 하여 열효율을 높여도 S/V비가 커지면 열효율은 낮아지기 때문에 그 균형을 잡기가 어렵다.

같은 체적이라면 구형이 가장 표면적이 작다.

$S/V = 2.24$

S/V 비교

$S/V = 2.90$

연소실의 표면적(S)을 작게 하는 것은 성능 향상을 위한 조건 중 하나이다. 그러기 위해서는 가능한 한 울퉁불퉁하지 않은 형태로 하는 것이 좋지만 연소를 잘 하기 위해 구형에 가까운 형태가 이상적이다. 그러나 흡입과 압축비와의 관계로 결국은 펜트 루프형이 좋다는 결과가 된다.

배기 밸브 부분에서 자세히 설명하기로 한다.

(2)의 혼합기 흐름은 혼합기가 어떤 방법으로 실린더에 흡입되는지가 중요한 포인트이다. 단, 혼합기의 흐름이 좋아도 밸브 주변 및 피스톤 크라운의 형상이 복잡하면 가스의 확산연소(擴散燃燒)가 어려우므로 심플한 형상이 이상적이다.

(3)의 점화 플러그 위치는 흡배기 밸브 수와 위치에 의해 거의 결정되지만 현재 주류를 이루고 있는 4밸브 엔진은 플러그를 연소실 한 가운데에 놓을 수 있기 때문에 이상적이라 할 수 있다.

(4)의 압축비는 클수록 점화 직전의 연소실 온도와 압력이 높아져 연소가 빠르게 진행된다. 하지만 연소가 지나치게 빠르면 이상연소(異常燃燒)가 일어나기 때문에 상태가 나쁘다. 노킹에 의해 충격파가 발생하여 연소실 벽이 손상되기 때문이다.

(5)의 열의 손실을 어렵도록 하는 것은 연소실의 표면적(表面績)이 크면 연소가스가 피스톤을 억누를 때 연소실의 표면적으로 전달되는 열이 많아 그만큼 힘으로 변하는 에너지가 손실된다. 같은 체적(體積)의 연소실이라면 연소실의 표면적이 작을수록 좋다는 의미이다. 따라서 연소실의 표면적(Surface)과 체적(Volume)의 비율을 **S/V비**라 하고 이 크기로 연소 효율을 판단하고 있다. 이 S/V비가 작을수록 연소실의 효율이 좋다는 것은 말할 필요도 없다.

2. 흡·배기 밸브와 연소실

● 펜트루프형

● 다구형형(多球形型)

흡기량을 가능한 한 많이, 흡·배기를 유연하게 하는 것을 **체적효율(體積效率)**이 좋다고 말한다. 체적효율의 향상을 위해서는 흡기포트의 크기 및 형상 등도 중요하지만 밸브의 설치 각도 및 지름, 밸브의 수가 적절하고 연소실은 연소효율이 좋은 형상으로 이루어져야 하는 것이 중요하다.

밸브 지름은 클수록 좋다고 생각되지만 큰 밸브는 당연히 무겁기 때문에 그만큼 개폐(開閉)될 때의 관성력이 커져 엔진을 고속으로 회전시키지 못하게 되므로 그 크기에는 자연히 한계가 있다. 따라서 흡·배기 밸브가 1개씩인 2밸브 엔진은 점차 적어지는 추세이고 흡·배기 밸브가 2개씩 있는 4밸브 엔진이 주류를 이루고 있다.

흡기 밸브 2개와 배기 밸브 1개인 **3밸브 엔진**이 주목받았던 시기가 있었지만 점화 플러그의 설치 위치가 연소실 한가운데가 아니라는 점과 배기 밸브가 커져 흡기 밸브 수를 증가시킨 효과를 감쇠시킨다는 등의 기술적인 문제 외에도 비용이 4밸브 엔진과 큰 차이가 없다는 등의 이유로 인하여 사용하지 않게 되었다.

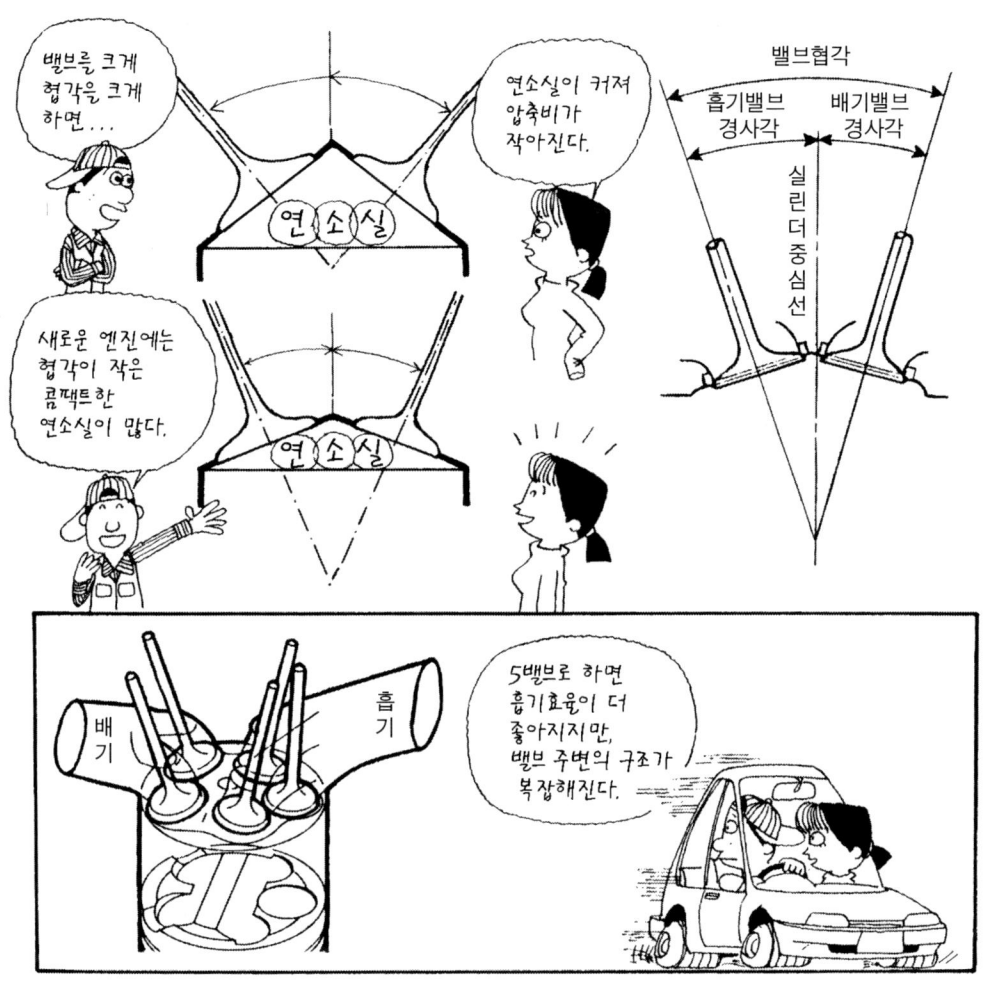

4밸브 엔진의 연소실 형태는 실린더 헤드 측이 지붕 형상으로 되어 있는 **펜트 루프(Pent Roof)형**과 몇 개의 구면을 포갠 형태의 **다구형(Multi-circle Type ; 多球型)**이 있으며, 두 경우 모두 흡·배기 밸브가 2개씩 짝을 이루어 마주 보고 설치되어 있으며, 중앙에 스파크 플러그가 설치되어 있어 바람직한 연소실의 조건이 거의 갖춰진 엔진이라 할 수 있다.

흡·배기 밸브가 각각 실린더 중심선에 대해 이루어진 각을 **밸브 경사각**, 양측의 밸브 중심선으로 이루어진 각을 **밸브 협각(Valve Included Angle)**이라고 부르는데 이 각도는 연소실의 형상뿐만 아니라 체적 및 압축비, 흡·배기 포트의 형상 등에도 큰 영향을 미친다. 협각을 크게 하면 밸브의 지름을 크게 할 수 있고, 흡·배기가 유연하게 흐르지만 연소실이 커져 압축비가 작아지고 연소실의 표면적과 체적의 비율인 S/V비가 커진다는 단점이 발생한다. 새로운 엔진 중에는 협각이 작은 콤팩트한 연소실의 엔진이 많다.

흡기 밸브 3개, 배기 밸브 2개로 이루어진 **5밸브 엔진**은 밸브의 면적을 크게 함과 동시에 가볍게 하여 고성능화를 거냥한 것이시만 연소실이 복잡해져 S/V비가 커진다는 문제점과 밸브 주변의 구조가 복잡해진다는 점 때문에 잘 적용되지 않는다.

3. 피스톤과 연소실

실린더 헤드 및 흡·배기 밸브와 마주하여 연소실을 형성하고 있는 것이 피스톤 헤드이다. 혼합기가 신속하게 연소되기 위해서는 연소실 내에 불규칙적인 면이 적고 혼합기가 유연하게 흐르는 것이 이상적이며, 표면적과 체적의 비율인 S/V비도 작은 것이 좋기 때문에 피스톤 헤드는 가능한 한 평평하고 단순한 것이 좋다.

그러나 현실적으로는 밸브 협각 등으로 인하여 실린더 헤드 측이 크게 파인 엔진의 압축비를 높이고자 할 경우에는 피스톤 헤드를 높여야 하고, 압축비가 높은 엔진의 실린더 헤드와 피스톤 헤드의 간격이 좁으면 밸브의 이상 작동에 대비해서 밸브 리세스를 크게 해야 한다. 이러한 메커니즘 상의 제약 속에서도 좋은 연소가 이루어질 수 있도록 연구가 진행되고 있다.

또한 피스톤은 연소실에서 생긴 팽창력을 낭비하지 않고 커넥팅 로드로 전달해야 하는 역할을 하고 있어 피스톤 헤드 이외의 부분에도 세심한 배려를 하여 그 형태가 정해진다는 것은 두말할 나위 없다.

연소가스는 피스톤 링에 의해 밀봉(密封)되는데 이 밀봉을 확실히 하기 위해서는 피스톤과 실린더의 간극(Piston Clearance)은 가능한 한 작은 것이 바람직하다. 피스톤은 윤활유에 의해서 냉각되고 피스톤 링을 통해서도 방열된다. 그러나 알루미늄 소재의 피스톤은 열에 의한 선팽창률이 23으로 비교적 큰 데 비하여 실린더의 재료인 철은 12~15로 작아서 피스톤의 크기를 실린더 크기에 맞추는 것은 간단하지 않다. 예를 들면 피스톤 헤드 부분의 뒷면이 보강되어 있어 체적이 크기 때문에 스커트 부분보다 조금 작게 만들고 피스톤의 직경도 피스톤 핀을 끼우기 위한 보스(구멍) 방향이 스러스트(보스와 직각) 방향보다도 작게 되어 있다.

커넥팅 로드는 크랭크샤프트를 회전시키므로 피스톤은 커넥팅 로드를 경사진 방향으로 누르게 된다. 이 때문에 피스톤이 횡방향(橫方向)으로 요동치면서 스커트 부분이 실린더 벽을 두드리는 경우가 있는데 이것을 피스톤 슬랩(Piston Slap) 또는 사이드 노크(Side Knock)라 부르며, 엔진에서 발생하는 소음 및 마찰에 의한 출력 손실의 원인이 된다.

이것을 작게 하는 방법으로 피스톤의 중심에 대해서 피스톤 핀의 중심을 커넥팅 로드가 진행하는 방향으로 1~2.5mm 옮겨 놓은 것을 오프셋 피스톤(Offset Piston)이라고 부른다. 이렇게 하면 피스톤을 가로로 누르는 힘이 약해져 피스톤 슬랩이 완화된다.

1. 흡기시스템

흡입(공기)계

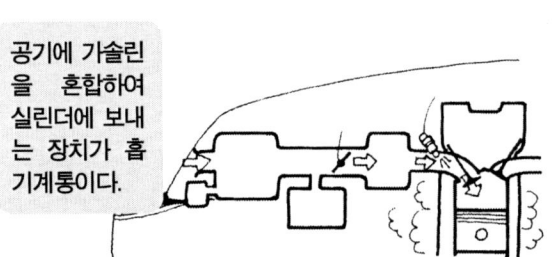

공기에 가솔린을 혼합하여 실린더에 보내는 장치가 흡기계통이다.

전자제어 연료분사식 흡기시스템

전자제어 연료분사식 엔진은 에어클리너 / 스로틀 밸브 / 연료를 분사하는 인젝터가 별개로 배치되어 있고 차가운 외부 공기를 공급하는 것이 가능하다.

카뷰레터식 흡기시스템

카뷰레터식 엔진은 에어클리너와 카뷰레터가 일체가 되어 엔진 위에 얹혀있는 것이 일반적이다.

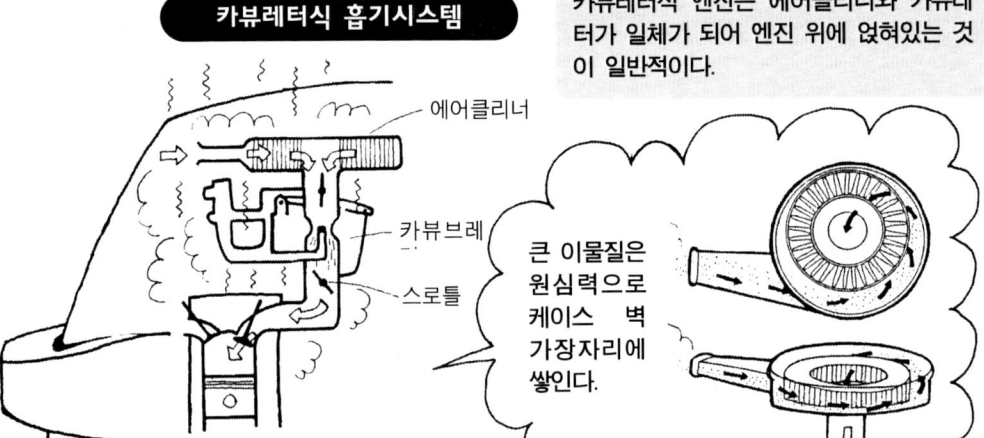

에어클리너

카뷰브레

스로틀

큰 이물질은 원심력으로 케이스 벽 가장자리에 쌓인다.

공기에 가솔린을 혼합하여 실린더로 보내는 장치를 흡기계통(吸氣系統)이라 호칭한다. 흡기계통은 외부 공기에 포함되어 있는 먼지를 제거하는 **에어클리너(Air Cleaner)**, 공기에 가솔린을 혼합시키는 **카뷰레터(Carburetor)**, 혼합기를 각 실린더로 보내는 **흡기 매니폴드(Intake Manifold)**로 구성되고 이것을 하나로 모아 실린더 헤드에 설치하는 것이 일반적이었다.

하지만 카뷰레터를 대체하여 전자제어식 연료분사장치가 보급되고 가솔린이 노즐에 의해 흡기 매니폴드로 직접 분사하게 되면서 흡기계통은 크게 변화하였다. 우선 실린더 헤드에 가까이 있던 공기 흡입구가 프런트 그릴(Front Grille)에 설치되면서 엔진 룸 내의 뜨거운 공기가 아닌 온도가 낮은 외기(外氣)가 흡입되도록 하였다.

공기는 온도가 낮을수록 밀도가 높아지고 산소량이 많이 함유되므로 같은 양의 공기를 흡입하는 것이라면 그 온도는 가능한 한 낮은 것이 이상적이다. 한여름 외부의 온도가 30℃이고 교통체증으로 인해 서행중일 때 에어컨을 작동시키면 엔진 룸내 공기는 80℃까지 상승하게 된다. 그렇게 되면 공기의 밀도가 계산상 약 15%나 떨어지게 되어 그만큼 산소량도 희박해지는

엔진룸의 높이도 낮아졌고....

공기온도는 낮아질수록 밀도가 높아진다.

Box형 에어클리너는 형상의 특성상 배치장소의 선택이 제한적이다.

레저네이터

에어클리너

커넥터

공기를 더 !

에어클리너 가운데에는 에어클리너 엘리먼트가 들어있어 이것이 공기를 여과시켜 깨끗하게 한다.

이물질을 걸러내는 엘리먼트는 정기적으로 청소를...

것이다. 프런트 그릴에 유입된 공기는 긴 덕트를 통하여 흡기 매니폴드로 유도되는데 그 도중에 에어클리너, 레저네이터 체임버(Resonator Chamber), 스로틀 바디가 설치되어 있다.

이전에는 후드를 열면 카뷰레터 위에 있는 원반형의 **에어클리너**가 잘 보였지만 현재의 에어클리너는 Box형으로 엔진 룸의 모서리 방향에 배치되어 있는 것이 일반적이다. 에어클리너는 실린더로 흡입되는 공기를 깨끗하게 하지만 동시에 흡기와 함께 발생하는 소음을 작게 하는 역할도 있다. 에어클리너의 중앙에 있는 에어클리너 엘리먼트는 정기적으로 청소를 하는 것이 좋다.

레저넌스 체임버(Resonance Chamber)는 덕트 중간에 가지가 뻗은 것처럼 설치되어 있는 상자모양의 장치로 **레저네이터 체임버** 또는 **사이드 브랜치(Side Branch)**라 불리는 흡기 소음을 감쇠시키는 역할을 하는 장치이다. 흡기 밸브의 개폐에 따라 에어클리너의 박스 및 덕트 내의 공기가 진동히여 **흡기음**이 발생하거나 때로는 흡기를 방해하게 되므로 도중에 이러한 공명장치(共鳴裝置)를 설치하고 공진현상을 이용하여 노이즈를 제거한다는 의미이다.

2. 스로틀밸브와 매니폴드

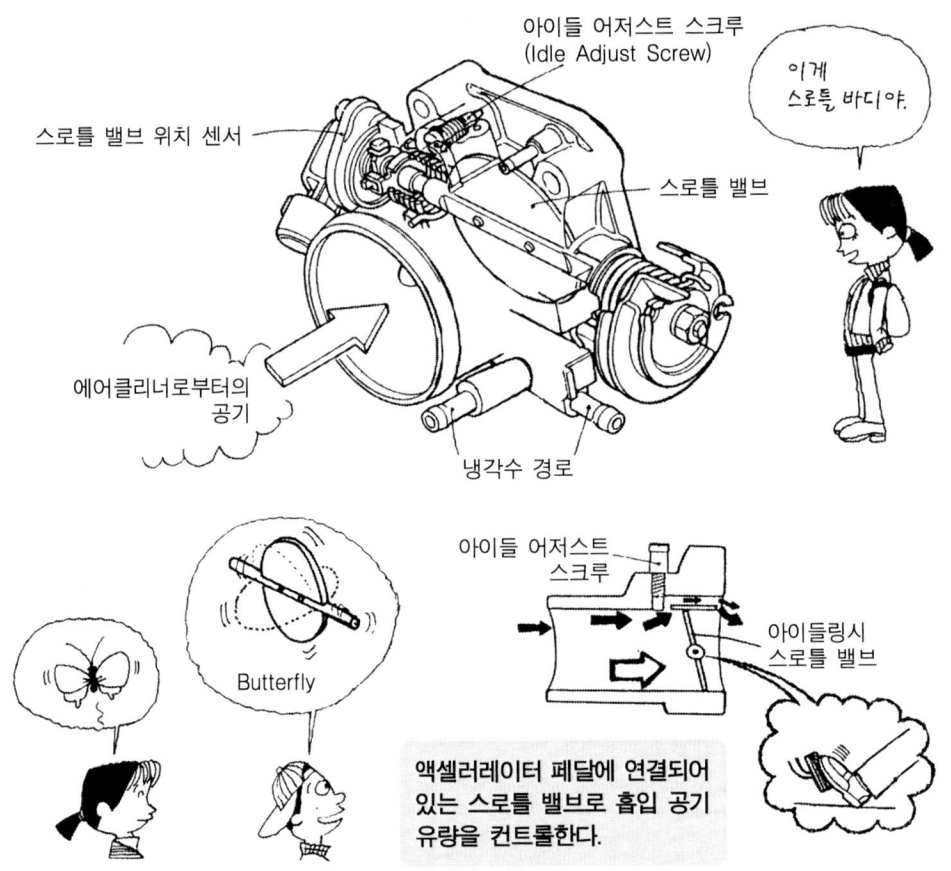

아이들 어저스트 스크루
(Idle Adjust Screw)

스로틀 밸브 위치 센서

이게 스로틀 바디야.

스로틀 밸브

에어클리너로부터의 공기

냉각수 경로

Butterfly

아이들 어저스트 스크루

아이들링시 스로틀 밸브

액셀러레이터 페달에 연결되어 있는 스로틀 밸브로 흡입 공기 유량을 컨트롤한다.

엔진의 회전속도를 높이려면 액셀러레이터 페달을 밟고, 낮추려면 페달에서 발을 뗀다. 액셀러레이터 페달은 와이어 및 링키지(Linkage)를 통하여 **스로틀 밸브(Throttle Valve)**에 연결되어 있고 페달을 밟으면 이것에 연동하여 스로틀 밸브가 열려 실린더에 공기가 흡입된다. 그렇게 하면 카뷰레터 또는 전자제어 연료분사장치가 자동적으로 그 공기량을 검출하여 엔진의 운전상태에 적합한 가솔린을 공급하는 것이다.

이 스로틀 밸브는 카뷰레터에 조립되어 있지만 전자제어 연료분사장치는 흡기계통에 독립하여 장착되어 있는 **스로틀 바디(스로틀 체임버)** 내에 설치되어 있어 공기유량을 계측하는 **에어 플로 센서(Air Flow Sensor)** 또는 스로틀 밸브의 열리는 상태를 체크하는 **스로틀 포지션 센서(Throttle Position Switch)** 등과 일체화되어 있는 것이 많다. 스로틀 밸브는 파이프 내에 나비 모양으로 축에 설치된 얇은 원판으로 축을 회전시켜 공기유량을 조절하는 **버터플라이식 (Butterfly Valve)**이 보통이지만 경주용 차량 엔진에는 스로틀 밸브를 전개(全開)할 때 방해되지 않도록 둥근 구멍을 뚫은 알루미늄 판으로 밸브의 개폐를 조절하는 **슬라이드식**도 있다.

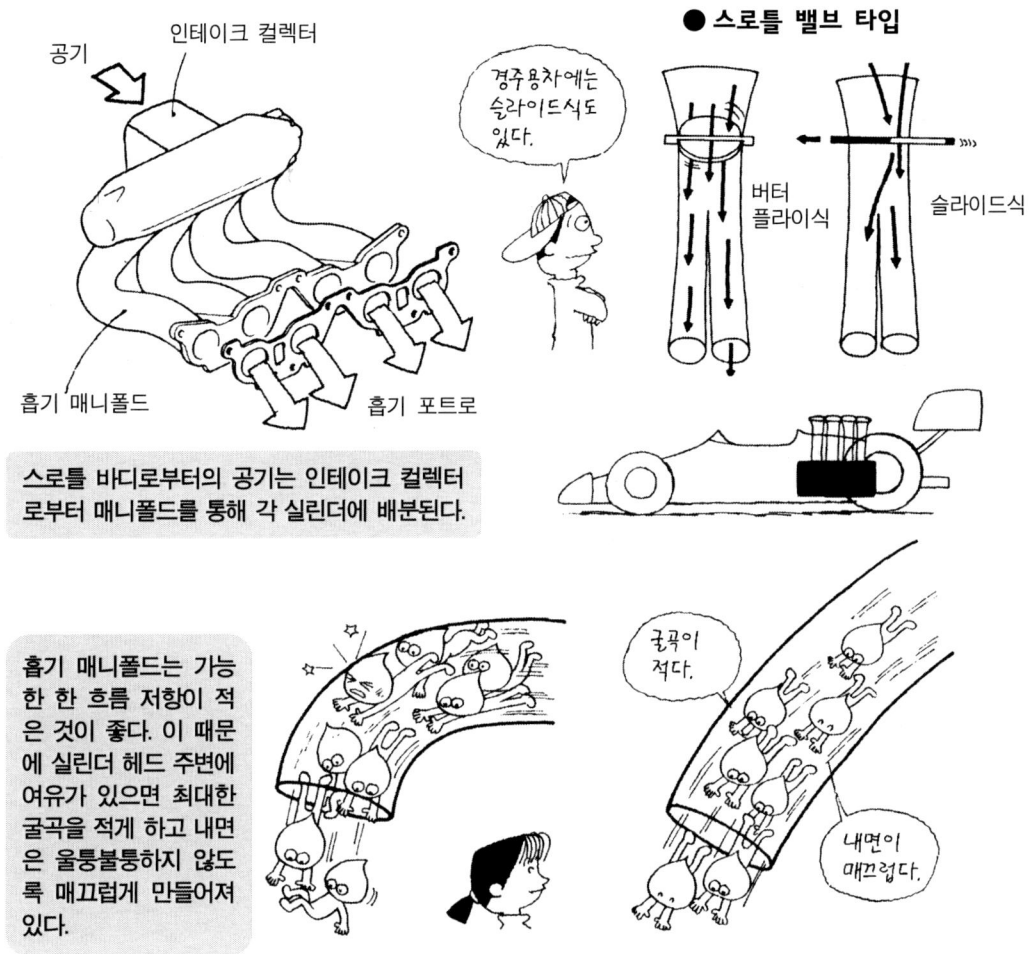

● 스로틀 밸브 타입

공기

인테이크 컬렉터

경주용차에는 슬라이드식도 있다.

버터 플라이식

슬라이드식

흡기 매니폴드

흡기 포트로

스로틀 바디로부터의 공기는 인테이크 컬렉터로부터 매니폴드를 통해 각 실린더에 배분된다.

흡기 매니폴드는 가능한 한 흐름 저항이 적은 것이 좋다. 이 때문에 실린더 헤드 주변에 여유가 있으면 최대한 굴곡을 적게 하고 내면은 울퉁불퉁하지 않도록 매끄럽게 만들어져 있다.

굴곡이 적다.

내면이 매끄럽다.

스로틀 바디를 통과한 공기와 카뷰레터에서 가솔린과 혼합된 혼합기는 **흡기 매니폴드**에서 각 실린더로 보내진다. 연료분사는 공기가 매니폴드에서 나누어지기 전에 이루어지는 경우와 각 실린더 별로 이루어지는 경우가 있지만 뭐니 뭐니 해도 혼합기를 가능한 한 유연하게 실린더로 유입시키는 것이 흡기 매니폴드의 역할이므로 흐름 저항이 작도록 가능한 한 굴곡이 적고 내면이 매끄러운 것이 이상적이다.

카뷰레터에서 혼합된 가솔린은 공기 중에 안개 형상으로 떠 있는 상태로 실린더에 흡입된다. 시동 직후 등 온도가 낮을 때에는 이 가솔린 입자의 일부가 흡기 매니폴드 벽에 흡착되면서 실린더로 유입되기 때문에 혼합기가 희박(稀薄)하여 연소가 잘 이루어지지 않는다.

따라서 배기 매니폴드(Exhaust Manifold)와 조합하여 배기 열로 흡기 매니폴드의 온도를 높이던지, 매니폴드 주변에 냉각수를 순환시켜 온도를 높이는 등의 방법이 이용된다. 또한, 배기 열을 이용하여 온도를 높이는 방식은 흡기와 배기의 매니폴드가 엔진 한쪽에 설치되어 있는 **카운터 플로 타입(Counter Flow Type)** 엔진에만 사용되고 양 매니폴드가 엔진의 반대쪽에 있는 **크로스 플로 타입(Cross Flow Type)** 에서는 냉각수를 순환시키는 방식이 이용되고 있다.

1. 카뷰레터

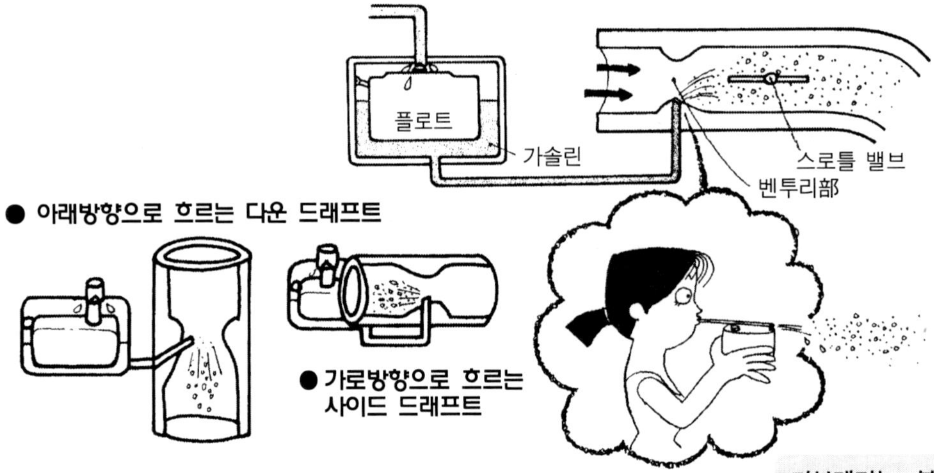

플로트

가솔린

스로틀 밸브

벤투리부

● 아래방향으로 흐르는 다운 드래프트

● 가로방향으로 흐르는 사이드 드래프트

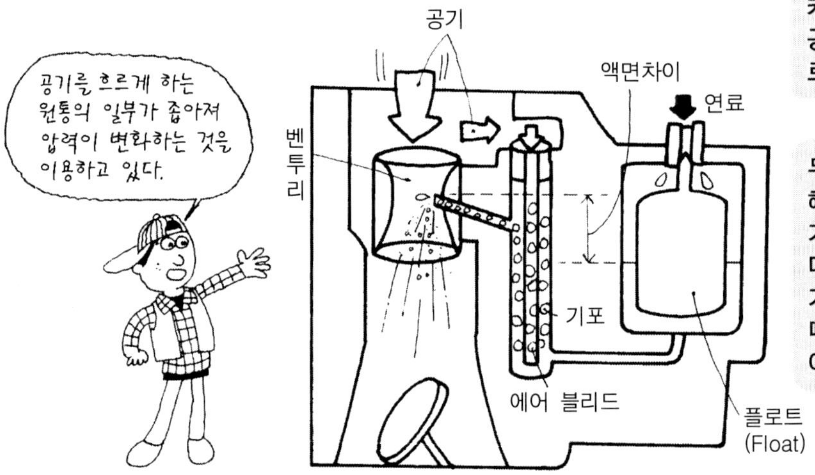

공기를 흐르게 하는 원통의 일부가 좁아져 압력이 변화하는 것을 이용하고 있다.

공기

벤투리

액면차이

연료

기포

에어 블리드

플로트
(Float)

카뷰레터는 분무의 원리로 공기 중에 가솔린을 미립자로 하여 혼합하는 장치이다.

무화(霧化)를 촉진시키기 위해 사전에 에어 블리드에서 가솔린에 공기를 혼합시킨다. 액면 차이를 두는 것은 기포가 가솔린을 유지하기 때문에 균형을 잡기 위해서이다.

가솔린 엔진에서 공기에 적정량의 가솔린을 혼합시키는 장치는 카뷰레터와 연료분사 장치가 있는데 승용차용으로 새롭게 개발된 4기통 이상의 엔진은 대부분이 연료분사식으로 되어 있고 카뷰레터식은 소형 엔진의 일부에만 남아 있다. 카뷰레터에 의해 공기에 가솔린을 혼입시키기 위해서는 **분무원리**가 이용된다. 이것은 원통 안에 공기가 흐르면 내부의 압력이 주변에 비해 낮아지는 현상을 이용하는 것으로 원통 벽에 구멍을 뚫어 가솔린이 유출할 수 있도록 설치한 파이프 앞을 공기가 흐르면 파이프 내의 압력이 낮아지기 때문에 가솔린이 자동적으로 빨려 나가 안개와 같이 공기와 혼합된다는 의미이다.

이 현상은 발견자의 이름을 따 **벤투리 효과(Venturi Effect)**라 불리며, 이 효과를 한층 강화할 목적으로 가솔린을 빨아내는 부분이 좁게 되어 있는데 이 내경 치수를 **메인 보어 사이즈 (Main Bore Size)**로 호칭하여 카뷰레터의 크기로 표시된다. 메인 보어 사이즈에 대해서 가솔린을 공급하는 파이프의 굵기를 결정하면 많은 공기가 흐를수록 압력이 낮아져 많은 가솔린이

카뷰레터의 작동

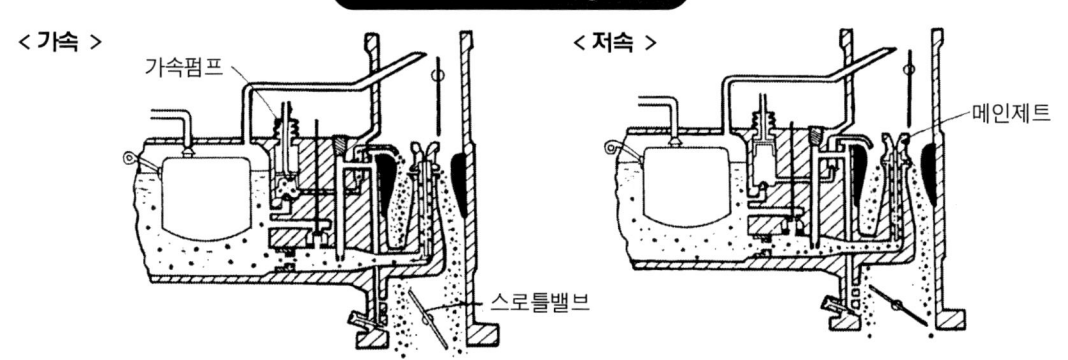

< 가속 >
가속펌프
스로틀밸브

액셀러레이터 페달을 빨리 밟으면 가속 펌프가 작동하여 가솔린이 추가된다.

< 저속 >
메인제트

하프 스로틀은 메인 제트에서만 가솔린이 공급된다.

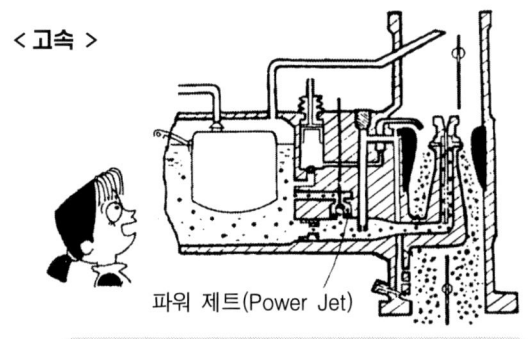

< 고속 >
파워 제트(Power Jet)

풀 스로틀은 파워 제트가 열려, 가솔린이 증량된다.

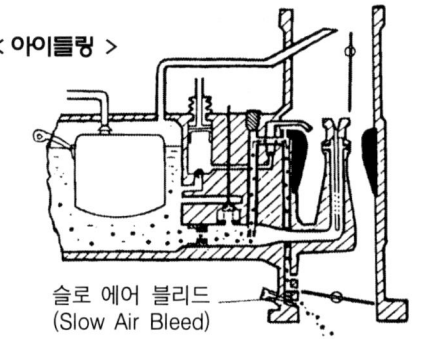

< 아이들링 >
슬로 에어 블리드
(Slow Air Bleed)

아이들링은 슬로 에어 블리드에서 조금씩 가솔린이 보내진다.

빨려 나가게 되므로 거의 일정한 공연비의 혼합기 공급이 가능하다는 의미이다.

가솔린이 공급되는 파이프를 **메인 제트(Main Jet)**라고 하는데 엔진의 운전상태에 적합한 제트를 선정하면 범위가 넓은 회전속도가 커버된다. 그러나 엔진의 회전속도가 극히 낮은 아이들링시에는 벤투리부의 압력이 낮아 적정량의 가솔린이 유출되기 어렵고 급가속의 경우에는 가솔린을 조금 많게 하여 공연비를 줄이고 싶지만 그러한 유연성은 불가능하다. 이러한 불편함을 보강할 목적으로 여러 가지 카뷰레터가 개발되었다. 특히 엔진의 배기량이 결정되어 있는 모터 스포츠 세계에서는 카뷰레터의 설정에 따라 엔진의 성능이 좌우되고 있다.

카뷰레터의 작동은 우선 연료탱크에서 공급되는 가솔린을 **플로트실**에 저장하고 가솔린이 사용되어 연료량이 적어지면 플로트가 내려가서 연료 파이프로부터 다시 가솔린을 공급하는 방식으로 되어 있다. 운전자가 액셀러레이터를 페달을 밟으면 여기에 연결되어 있는 스로틀밸브가 열려 벤투리부에 공기가 흐르기 시작하면 그 부압으로 메인 제트에서 가솔린이 빨려 나가는 구조로 되어 있다. 카뷰레터는 이와 같이 구조가 단순하여 고장도 적고 가격도 저렴하다는 득성이 있지만 세세하게 연비와 출력의 균형을 잡는 것이 요구되는 현대 엔진용으로서는 아무래도 한계가 있다.

2. 기계식 연료분사장치

연료분사장치

이게 인젝터

공기

엔진에 가솔린을 주사한다.

센서 플레이트
인젝터로~
에어 플로미터
연료탱크로부터
스로틀 밸브
흡입 공기

기계식 연료분사장치는 흡입된 공기량을 에어 플로미터(Air Flow Meter)로 계량하여, 이 공기량으로 연소되는 만큼의 연료를 기계적인 장치를 사용하여 분사하도록 되어 있다.

카뷰레터는 기본적으로 벤투리 부압의 세기로 흡입되는 공기량으로 간주하여 기계적인 기구만으로 여기에 알맞은 가솔린을 공급하므로 액셀러레이터 페달을 빈번하게 조작하는 운전에서는 일정한 공연비로 유지하기가 어렵다. 불필요한 연료의 낭비가 없고 액셀러레이터 페달의 조작에 대한 응답성을 좋게 하기 위해서는 흡입되는 공기에 대해 사전에 설정된 공연비로 정확히 연료를 공급하여야 한다. 따라서 흡입되는 공기량을 직접 측정하고 기계적인 장치를 사용하여 상황에 맞는 최적의 공연비가 되도록 가솔린을 흡기 매니폴드에 분사하는 시스템이 개발되었다. 이것이 기계식 연료분사장치로 그 대표적인 것이 Bosch의 **K-Jetronic**이다.

　연료분사장치를 카뷰레터와 비교하면 매니폴드에 직접 연료가 분사되며, 시동성과 가·감속시의 응답성이 좋고 열에 의해 연료 파이프 내의 가솔린이 증발하여 연료의 공급이 중단되는 **베이퍼 로크(Vapor Lock)**가 일어나기 어려우며, 카뷰레터가 빙결하는 **아이싱(Icing)**이 없다는 등 장점이 있지만 가격이 비싸다는 것은 피하기 어렵다.

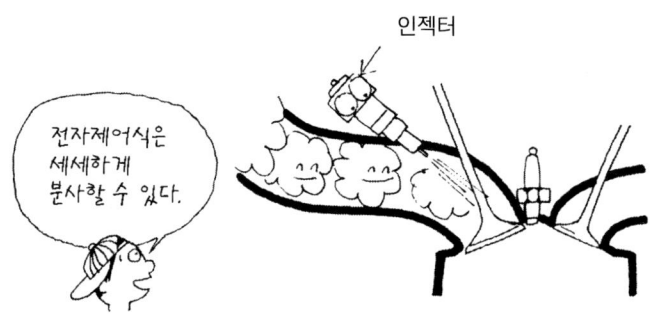

인젝터

전자제어식은 세세하게 분사할 수 있다.

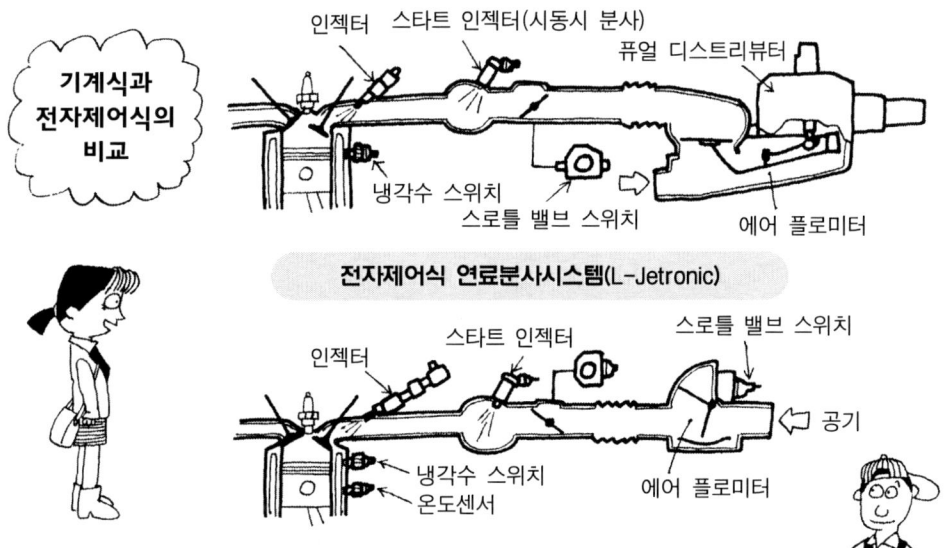

기계식과 전자제어식 연료분사 시스템의 차이를 Bosch의 K-Jetronic과 이것을 전자제어식으로 한 L- Jetronic으로 비교해보면 아래 그림과 같다. 에어 플로미터로 측정된 공기량과 연료분사량의 결정이 기계적으로 이루어지는가 전기적으로 이루어지는가라는 두 가지가 가장 큰 차이점이라는 것을 알 수 있다.

기계식 연료분사시스템(K-Jetronic)

기계식과 전자제어식의 비교

인젝터   스타트 인젝터(시동시 분사)   퓨얼 디스트리뷰터

냉각수 스위치   스로틀 밸브 스위치   에어 플로미터

전자제어식 연료분사시스템(L-Jetronic)

인젝터   스타트 인젝터   스로틀 밸브 스위치

냉각수 스위치   온도센서   에어 플로미터   공기

K-Jetronic의 특징은 스로틀 밸브 앞에 **센서 플레이트**라는 원판이 설치되어 있으며, 이 원판의 열림이 공기의 유량에 따라 변하는 것을 이용하여 가솔린의 공급량을 컨트롤하고 있다는 점이다. 스로틀 밸브가 열리면 공기가 에어 플로미터(공기 유량계) 내에 놓인 센서 플레이트를 누르게 되는데 이 플레이트를 지지하는 레버가 공급되는 연료량을 제어하는 장치와 기계적으로 연결되어 있어 플레이트의 작동에 반응하여 연료분사장치에 가솔린이 공급된다.

K-Jetronic은 카뷰레터를 대체하는 시스템으로서 단순하면서 신뢰성도 높다는 장점이 있지만 연료량을 기계적으로 컨트롤하고 있어 카뷰레터와 같이 연료분사를 연속적으로 하기 때문에 그 후 개발된 전자제어식 연료분사장치에 비해 혼합비를 세세하게 제어하는 것이 어렵다는 약점을 갖고 있다.

메르세데스 벤츠, BMW, 포르쉐 등 유럽의 고급 자동차에 많이 적용되며, 시스템의 일부에 전자제어를 적용하여 이 약점을 보완한 KE-Jetronic도 개발되었지만 배출가스 규제의 대책 및 연비의 개선을 함께 진행시킬 목적으로 전자제어식 연료분사장치로 대체되고 있다.

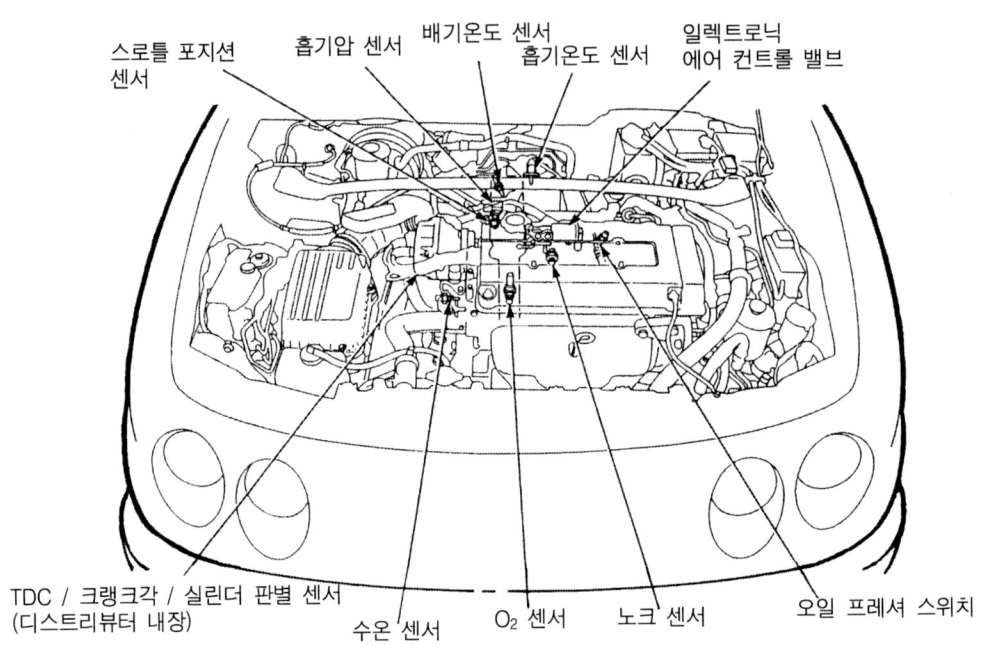

스로틀 포지션 센서 　흡기압 센서 　배기온도 센서 　흡기온도 센서 　일렉트로닉 에어 컨트롤 밸브

TDC / 크랭크각 / 실린더 판별 센서 (디스트리뷰터 내장)　수온 센서　O_2 센서　노크 센서　오일 프레셔 스위치

전자 연료분사 장치는 이렇게 되어 있다.

전자제어식 연료분사장치에 이렇게 많은 센서가 장착되어 있는 것은 컴퓨터에서 엔진의 운전상태를 시시각각으로 전달하여 항상 연료의 분사를 준비시켜 두기 때문이다. 운전자의 의지는 액셀러레이터 페달과 연결된 스로틀 밸브에 설치된 스로틀 포지션 센서가 감지한다.

　이 연료분사시스템은 엔진에 흡입되는 공기량을 계량하여 정해져있는 일정 혼합비가 되도록 연료를 분사하는 장치를 중심으로 구성되어 있고 공기량을 검출하는 장치와 연료를 분사하는 연료분사장치, 이것을 컨트롤하는 제어장치의 3가지로 분류된다.

　대표적인 기계식 연료분사시스템인 K-Jetronic은 공기량 검출장치로 센서 플레이트가 사용되며, 그 작동이 연료의 공급을 컨트롤하는 밸브에 직접 전달되고 있다. 이에 비해서 전자제어식 연료분사장치는 공기량의 검출장치에서 계측된 공기량을 전기신호로 컴퓨터에 보내져 엔진의 상태를 체크하는 몇 개의 센서 신호에 맞추어 처리된 결과에 의해 연료분사량이 결정된다는 것이 특징이다. 요컨대 그것만으로 세세하게 공연비를 컨트롤할 수 있다는 의미이다.

　전자제어식 연료분사장치는 엔진에 필요한 장치이므로 메이커와 사용되는 엔진에 따라 조금씩 다르지만 크게 다른 것은 공기량의 검출장치이며, 그 밖의 부분은 공통점이 많다. 여기에서는 주류를 이루고 있는 검출장치로 **에어 플로미터(Air Flow Meter)**를 사용한 **매스 플로 (Mass Flow) 방식**을 살펴보겠다.

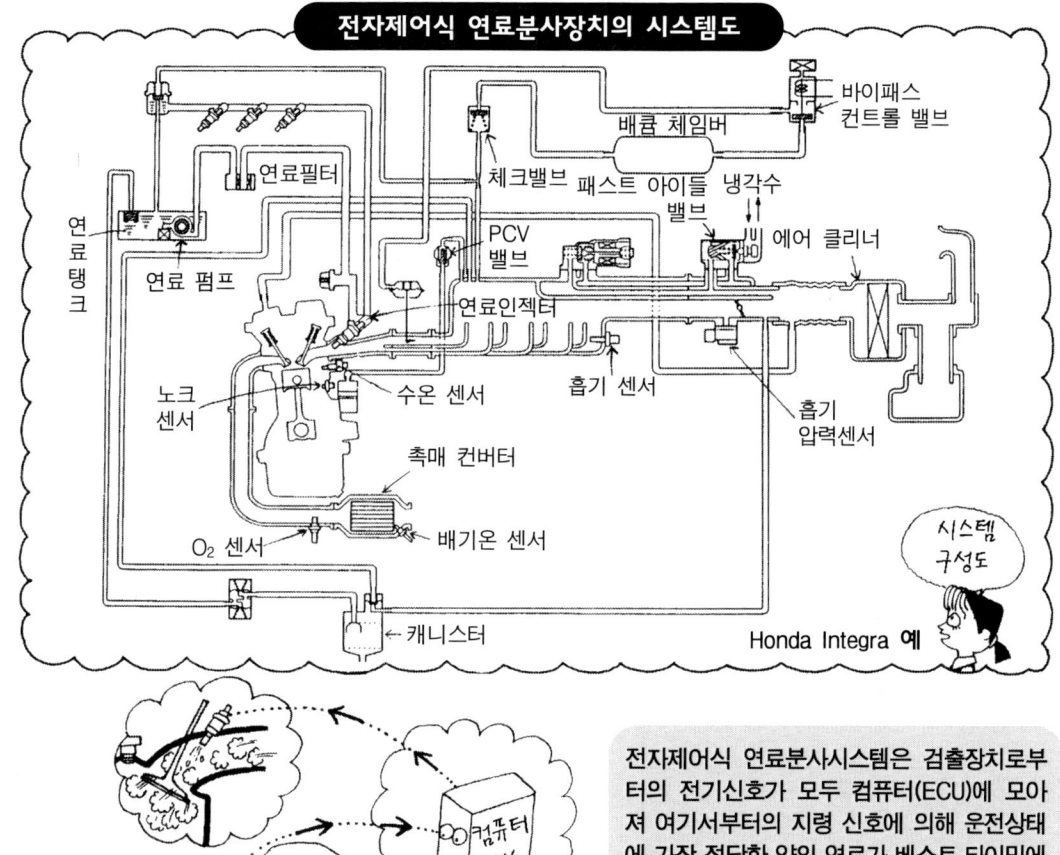

전자제어식 연료분사장치의 시스템도

바이패스 컨트롤 밸브
배큠 체임버
체크밸브 패스트 아이들 냉각수 밸브
연료필터
PCV 밸브
연료탱크
연료 펌프
연료인젝터
에어 클리너
노크 센서
수온 센서
흡기 센서
흡기 압력센서
촉매 컨버터
O₂ 센서
배기온 센서
캐니스터

시스템 구성도

Honda Integra 예

전자제어식 연료분사시스템은 검출장치로부터의 전기신호가 모두 컴퓨터(ECU)에 모아져 여기서부터의 지령 신호에 의해 운전상태에 가장 적당한 양의 연료가 베스트 타이밍에 분사된다. 이러한 전자제어시스템이 적용되기 때문에 엔진의 구조는 상당히 복잡해졌지만 동시에 모든 조건에서 세세한 대응이 가능해지기도 하였다.

에어클리너에 의해 깨끗해진 공기는 에어 플로미터에 의해 그 양이 계측되어 액셀러레이터 페달에 의해 연동하는 스로틀 밸브가 설치된 스로틀 바디를 지나 **서지 탱크(인테이크 컬렉터)** 로 들어간다. 공기는 이 탱크에서 각 실린더의 흡기 매니폴드로 분배되고 **연료 인젝터**로부터 흡기관 또는 흡기포트에 분사된 가솔린과 함께 실린더로 들어간다.

이 때 엔진의 운전상태 및 차량의 주행 상태에 알맞은 최적의 가솔린 량을 결정하는 제어장치를 ECU(Electronic Control Unit)라 부른다. 엔진의 운전 상태는 **수온 센서, 흡기온 센서, 크랭크 위치 센서, 스로틀 포지션 센서** 등으로부터의 전기신호로, 차량의 상태는 **차속 센서** 및 에어컨의 스위치가 ON되어 있는지의 신호 등으로 ECU에 전달된다.

ECU에 미리 이 신호의 조합과 그 신호가 어떻게 되어 있으면 얼마만큼의 가솔린을 분사하라는 지시를 기억시켜 놓으면 이후는 액셀러레이터 페달의 조작으로 컴퓨터가 얼마만큼의 연료가 필요한지를 판단하여 적정량의 가솔린을 인젝터로부터 분사시키는 것이다.

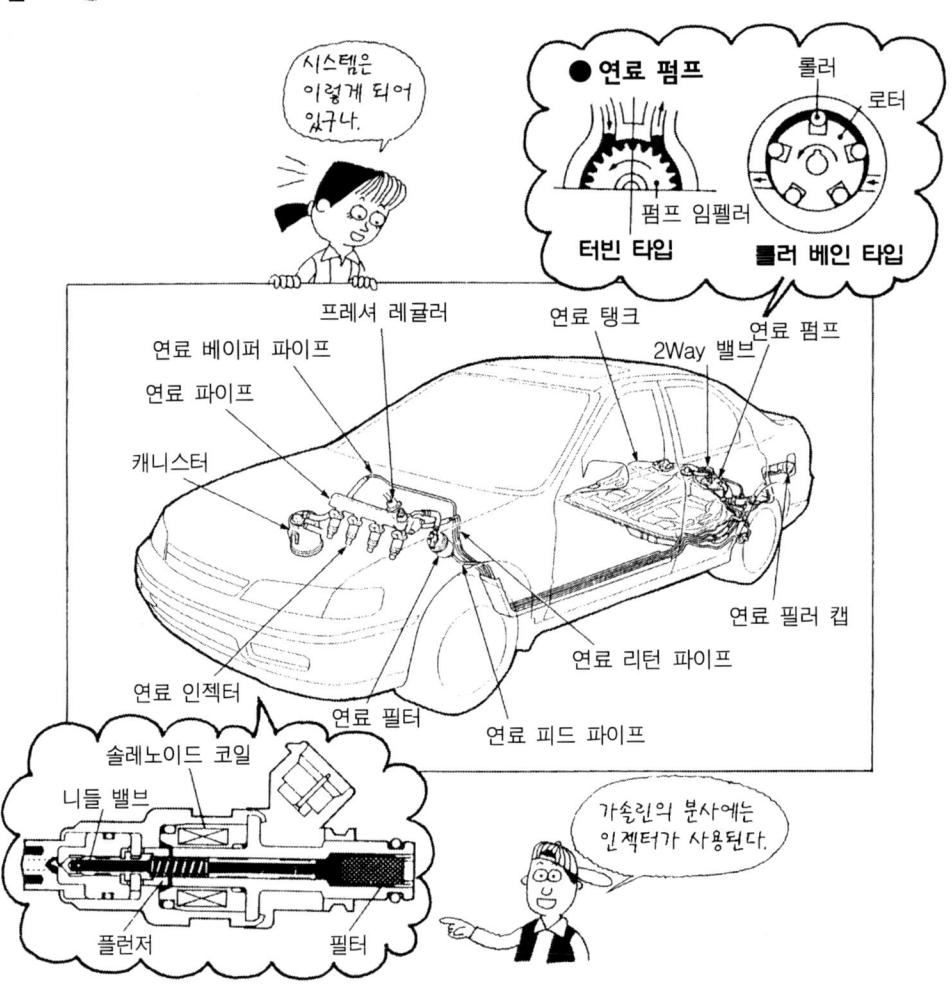

연료가 되는 가솔린은 연료탱크에 저장되어 있고 연료 필터에 의해 물과 이물질을 제거한 뒤 연료펌프로 분사장치에 공급된다.

연료탱크는 아연으로 도금 처리된 강판으로 만들어져 있는 것이 일반적이지만 플라스틱제의 탱크도 증가하고 있다. 가솔린이 잘 흔들리지 않도록 **세퍼레이터(Separator)**라 불리는 판으로 칸을 막고 있으며, 연료의 잔량 검출장치가 설치되어 있다.

연료펌프에는 여러 가지 타입이 있으며, 카뷰레터에는 기계식의 메커니컬 펌프가 사용되지만 전자제어 연료분사장치의 경우에는 모터로 펌프를 회전시키는 전기식이 많다. 모두 **레귤레이터(Regulator)**라 불리는 압력 조정장치가 설치되어 있고 펌프로부터 보내진 가솔린의 압력을 결정된 범위로 조정하여 분사장치로 보낸다.

가솔린의 분사에는 **인젝터(Injector)**가 사용된다. 인젝터는 니들 밸브(Needle Valve)에 의해 분공을 막고 있는 구조로 되어 있고 솔레노이드 코일에 전류를 흐르게 하면 니들 밸브가

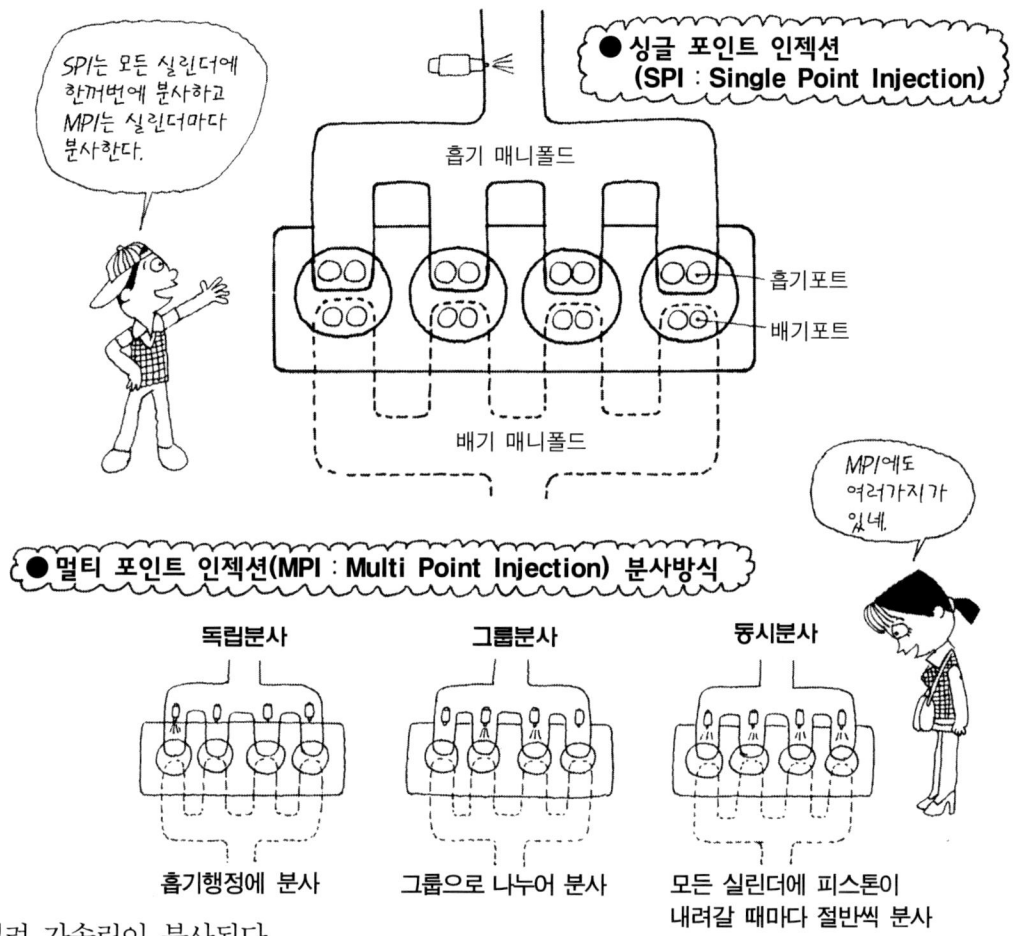

SPI는 모든 실린더에 한꺼번에 분사하고 MPI는 실린더마다 분사한다.

● 싱글 포인트 인젝션
(SPI : Single Point Injection)

흡기 매니폴드

흡기포트

배기포트

배기 매니폴드

MPI에도 여러가지가 있네.

● 멀티 포인트 인젝션(MPI : Multi Point Injection) 분사방식

독립분사　　　　　그룹분사　　　　　동시분사

흡기행정에 분사　　그룹으로 나누어 분사　　모든 실린더에 피스톤이
내려갈 때마다 절반씩 분사

열려 가솔린이 분사된다.

　분사 방식에는 매니폴드의 집합부에 가솔린을 분사하는 **싱글 포인트 인젝션(SPI)**과 각 실린더에 대응한 매니폴드에 분사하는 **멀티 포인트 인젝션(MPI)**이 있다. SPI는 카뷰레터와 같은 위치에 인젝터가 설치되어 있어 카뷰레터보다 혼합기가 더 잘 만들어진다.

　MPI는 분사시기에 따라 독립 분사, 그룹 분사, 동시 분사의 3가지로 분류된다. 각 매니폴드에 인젝터가 설치되어 있지만 엔진의 회전에 동기(同期)되어 각 실린더의 흡기 행정에 맞추어 분사가 이루어지는 것이 **독립 분사(Sequential Injection)**, 흡기 행정이 다음 행정에 연속하여 이어지는 실린더를 그룹으로 하여 분사하는 것이 **그룹 분사(Group Injection)**이다.

　물론 독립 분사 방식이 필요한 양의 가솔린을 최적의 타이밍에서 분사할 수 있지만 인젝터의 작동을 제어하는 전기회로가 크고 복잡해져 실용차의 엔진은 그룹 분사로도 충분하다.

　그룹 분사를 간단하게 한 것이 **동시 분사(Simultaneous Injection)**로 피스톤이 내려가는 흡기 행정과 팽창 행정에서 연소에 필요한 가솔린을 2회로 나누어 분사하고 흡기 행정에서 모아 실린더에 흡입하는 방식이다. 단순한 구성으로 가솔린 분사의 메리트를 충분히 얻을 수 있는 시스템으로서 현재의 가솔린 연료분사장치에서 주류를 이루고 있다.

1. 밸브 타이밍

흡기 밸브와 배기 밸브는 상사점과 하사점에서 개폐하는 것이 아니라 흡·배기가 효율이 좋은 상태로 이루어지도록 조금 전후(前後) 위치에서 개폐되도록 하고 있다. 이 개폐시기를 그래프로 표시한 것이 아래 그림이다.

밸브 타이밍을 이해하기 쉽게 흡기, 배기로 나누어 설명하겠습니다.

흡·배기 밸브를 언제 열고 언제 닫는가를 상사점 또는 하사점을 기준으로 표시한 것을 밸브 타이밍이라 한다.

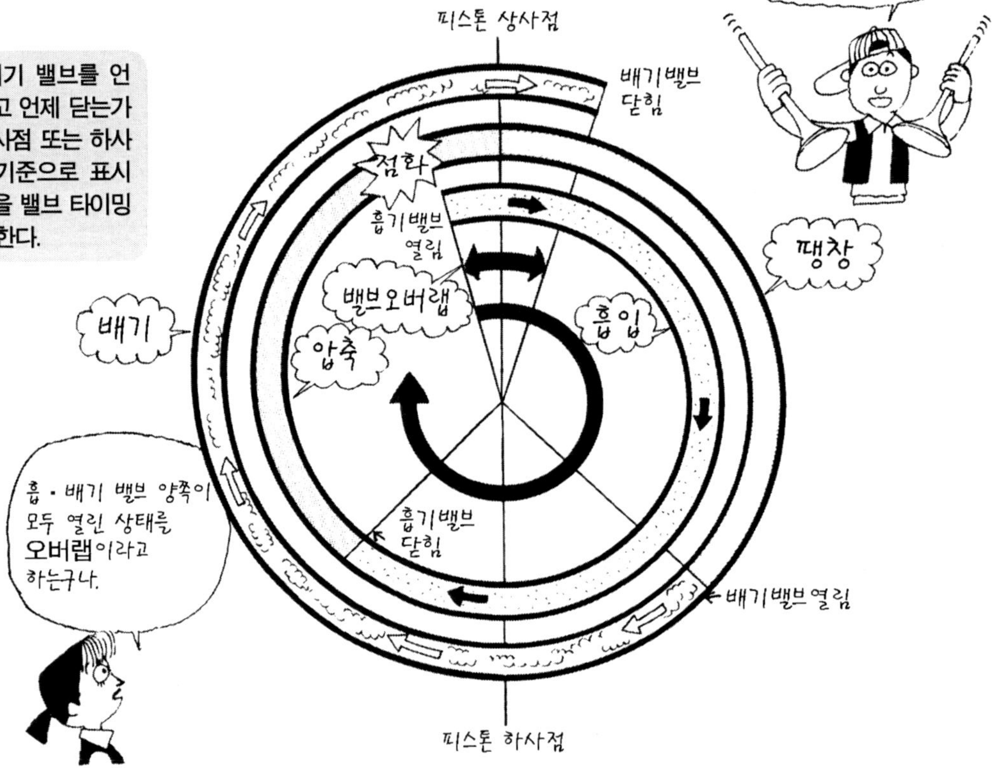

피스톤 상사점

배기밸브 닫힘

점화

흡기밸브 열림

밸브오버랩

압축

팽창

흡입

배기

흡기밸브 닫힘

배기밸브 열림

흡·배기 밸브 양쪽이 모두 열린 상태를 오버랩이라고 하는구나.

피스톤 하사점

흡·배기 밸브의 개폐시기를 **밸브 타이밍(Valve Timing)**이라 하며, 각각의 밸브 열림 시작과 닫힘 종료가 언제인지를 피스톤 상사점 또는 하사점을 기준으로 하여 크랭크샤프트의 회전각도로 몇 도 지점인지 표시한다.

흡·배기 밸브의 개폐를 간단하게 보면 배기 밸브는 피스톤이 하사점에 왔을 때 열리고 연소가스가 배출되어 상사점에 온 순간에 닫힌다. 이와 동시에 흡기 밸브가 열려 혼합기의 흡입이 시작되고 피스톤이 하사점에 왔을 때 닫히게 된다. 그렇지만 연소 가스나 혼합기는 눈에 보이지는 않지만 질량을 갖고 있기 때문에 이처럼 상사점 및 하사점에 도달한 후에는 밸브의 개폐가 잘 이루어지지 않는다. 예를 들어 흡기 밸브를 보아도 밸브가 전개(全開)되기 위해서는 시간이 소요되고 흡기 포트에 있는 혼합기가 일순간에 실린더 내로 흘러 들어가는 것이 아니라 관성에 의해 움직이기 시작하기까지 시간이 소요되기 때문이다.

따라서 흡기 밸브는 배기 행정에서 피스톤이 상사점에 이르기 조금 전에 열리기 시작한다. 그렇게 되면 피스톤이 내려가기 시작할 때에 밸브가 이미 약간 열려있으므로 혼합기는 즉시

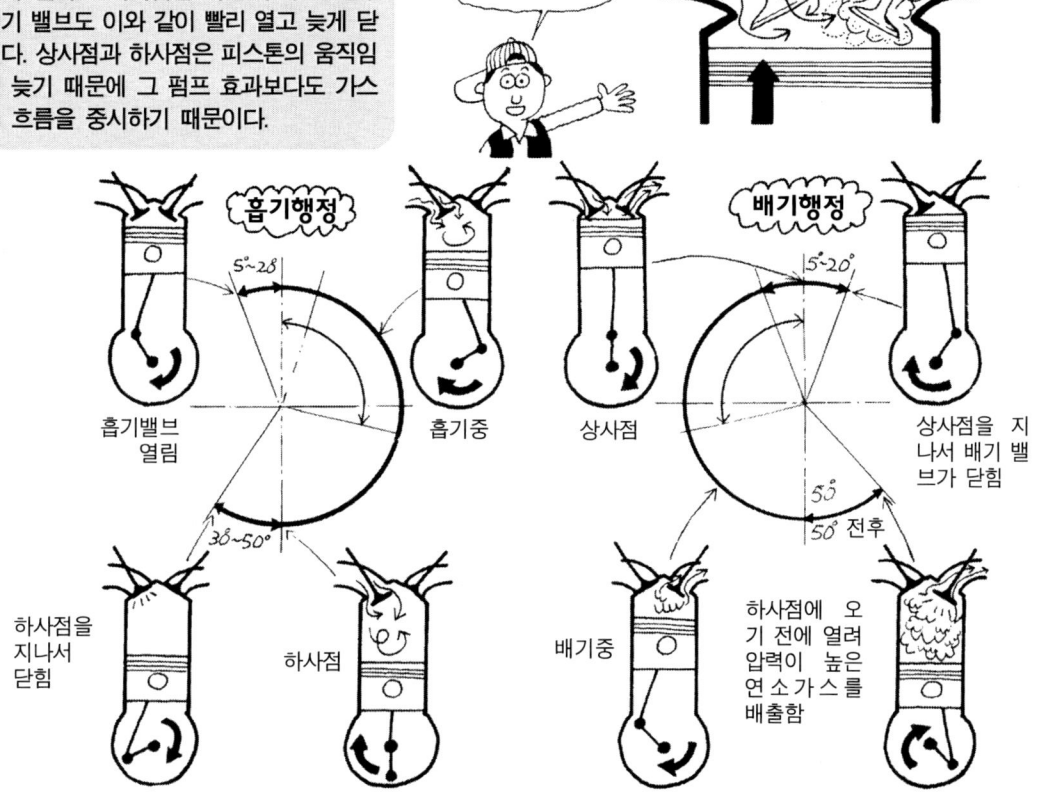

혼합기를 조금이라도 많이 실린더에 흡입할 목적으로 흡기 밸브는 상사점보다 조금 전에 열리고 하사점을 지난 후에 닫힌다. 배기 밸브도 이와 같이 빨리 열고 늦게 닫힌다. 상사점과 하사점은 피스톤의 움직임이 늦기 때문에 그 펌프 효과보다도 가스의 흐름을 중시하기 때문이다.

밸브 오버랩

배기가 힘차게 나가기 때문에 흡기가 빨려간다.

흡기행정　배기행정

흡기밸브 열림　흡기중　상사점　상사점을 지나서 배기 밸브가 닫힘

하사점을 지나서 닫힘　하사점　배기중　하사점에 오기 전에 열려 압력이 높은 연소가스를 배출함

실린더에 흡입될 수 있다. 흡기 밸브를 빠르게 열면 피스톤이 하사점으로 내려가고 있을 때에 밸브가 충분히 열려 있으므로 그만큼 혼합기가 많이 흡입되는 장점도 있다. 또한, 흡기 밸브는 하사점을 지나도 완전히 닫히지 않는다. 이것도 흐름을 계속하려는 관성(慣性)을 이용하여 혼합기가 조금이라도 많이 실린더에 흡입되도록 하기 위함이다. 피스톤은 하사점을 지나 압축행정을 진행하고 있으나 상사점으로 향하는 움직임이 극히 적어 혼합기가 밸브 주변으로부터 되밀릴 정도로 압력이 높지는 않은 것이다.

　팽창 행정이 끝날 무렵 배기 밸브는 피스톤이 하사점에 도달하기 전에 열린다. 이것은 연소가스의 높은 압력이 남아 있는 동안에 밸브를 열어 가능한 한 연소 가스를 빠르게 배출시키기 위해서이다. 따라서 흡기 밸브의 경우와 같은 방법으로 피스톤이 상사점을 지나도 잠깐 열어 둠으로써 관성을 이용하여 보다 많은 연소가스를 배출시키는 것이다.

　밸브의 개폐시기를 유심히 관찰해 보면 배기 밸브는 피스톤이 상사점을 지나고 나서 닫히고 흡기 밸브는 상사점 전에 열리기 때문에 흡·배기 밸브가 동시에 열려 있는 기간이 있다. 이 때 연소가스가 배출되는 세력에 의해 혼합기가 끌어 당겨지는 효과도 있다. 이러한 방법으로 흡·배기 밸브가 동시에 열려 있는 기간을 **밸브 오버랩(Valve Overlap)**이라고 부른다.

2. 가변 밸브 타이밍

캠 위상 변환식

가변 밸브 타이밍이라는 것은 엔진의 운전 상태에 따라 희망하는 위치로 변화되도록 하여 밸브 타이밍을 최적으로 하는 장치이다. 그 방식에는 흡기측 캠 샤프트의 위상을 고속과 저속에서 변환하는 캠 위상방식과 고속용, 저속용 각각 전용의 캠을 설치하여 엔진의 운전 상태에 따라 사용하는 캠을 교체하는 가변 밸브 리프트식이 있다.

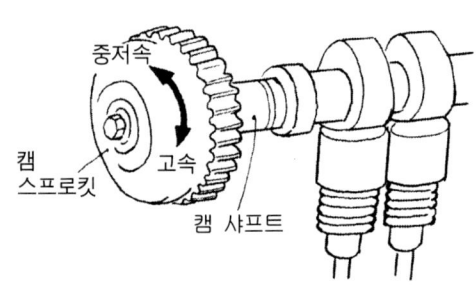

중저속
고속
캠 스프로킷
캠 샤프트

천천히

아!
바뀌었네!

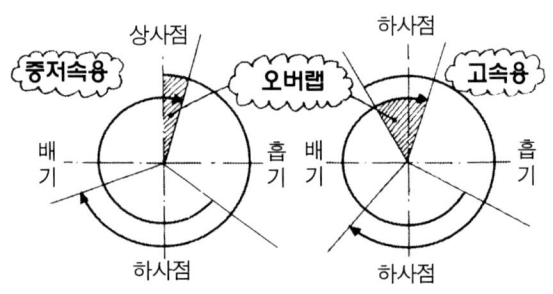

중저속용
오버랩
고속용
상사점
하사점
배기
흡기
배기
흡기
하사점
하사점
하사점

흡기측의 캠 스프로킷 중앙에 캠 위상 변환장치를 설치하여 중·저속에서는 흡기 밸브의 개폐 타이밍을 늦추어 밸브 오버랩을 작게 함으로써 최고출력을 낮추지 않고도 중·저속 토크를 크게 한다.

　흡·배기 밸브가 동시에 열려 있는 밸브 오버랩을 둠으로써 혼합기의 흡입 효율을 높이는 것이 가능하지만 그 효과는 배기가 빠르게 배출되는 만큼 즉, 엔진이 빠르게 회전하고 있는 만큼 크다. 반대로 아이들링시 등과 같이 엔진의 회전속도가 낮을 때에는 가스의 흐름이 늦어져 그 효과가 작다.

　특히 고속회전에서 이 효과를 얻기 위해 밸브 오버랩을 크게 설정한 엔진의 경우 회전속도가 낮을 때는 연소가스가 많이 잔류(殘留)된 상태에서 흡기 밸브가 열리게 되어 연소가스가 흡기 포트로의 역류 현상이 발생하여 연소가 불안정해지는 경우가 있다. 특히 4밸브 엔진은 밸브 오버랩이 크면 아이들링이 불안정해지기 쉽기 때문에 오버랩 시간을 최소화한 엔진이 많고, 그 가운데에는 오버랩 제로 즉, 배기 밸브가 닫히고 나서 흡기 밸브가 열리는 엔진도 있다.

　즉, 엔진의 회전속도가 높은 곳과 낮은 곳에서는 최적의 밸브 타이밍이 다르기 때문에 흡기 밸브는 회전속도가 낮은 곳에서는 느리게, 고속회전에서는 빠르게 열리도록 하는 것이 바람직하다. 따라서 흡기측의 캠 스프로킷에 유압으로 작동하는 스위치를 두어 엔진의 회전속도가

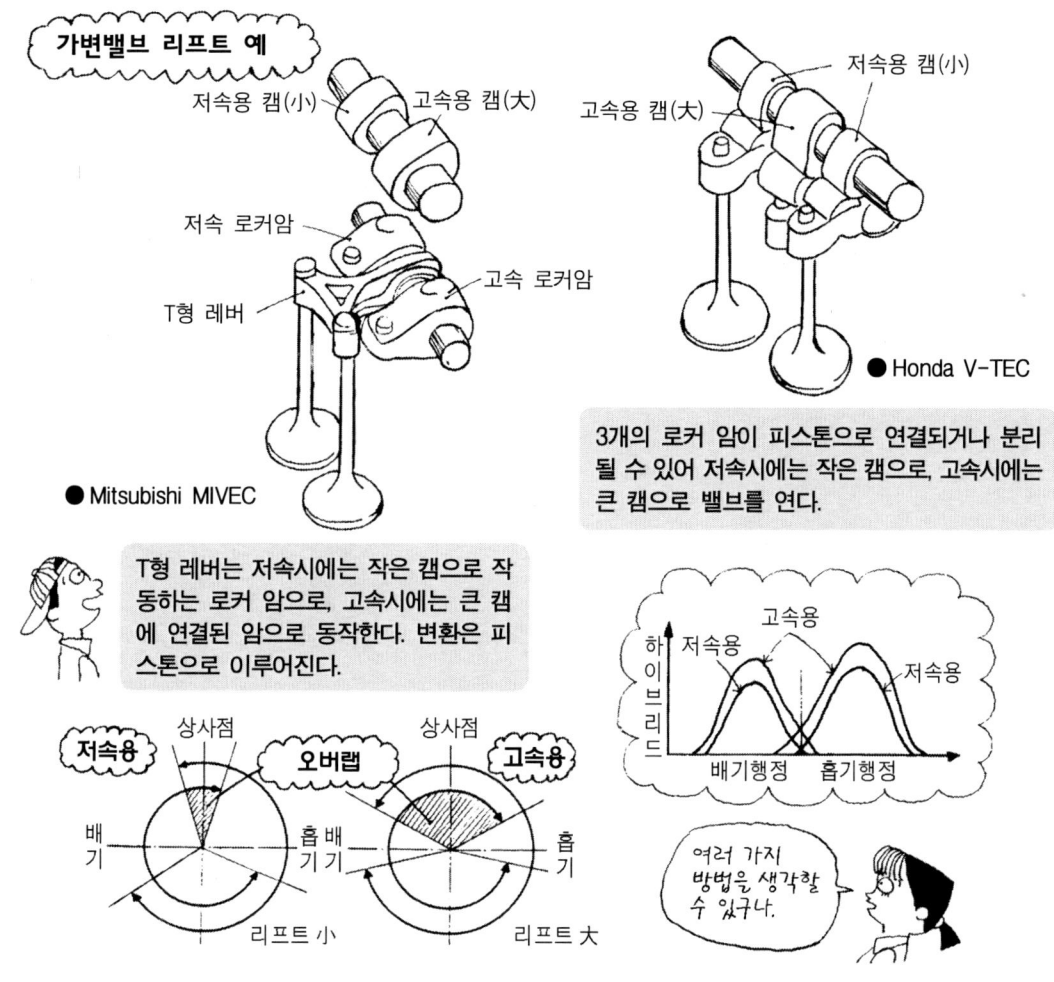

가변밸브 리프트 예

저속용 캠(小)　고속용 캠(大)

저속 로커암

T형 레버　고속 로커암

● Mitsubishi MIVEC

저속용 캠(小)

고속용 캠(大)

● Honda V-TEC

3개의 로커 암이 피스톤으로 연결되거나 분리될 수 있어 저속시에는 작은 캠으로, 고속시에는 큰 캠으로 밸브를 연다.

T형 레버는 저속시에는 작은 캠으로 작동하는 로커 암으로, 고속시에는 큰 캠에 연결된 암으로 동작한다. 변환은 피스톤으로 이루어진다.

하이브리드　저속용　고속용　저속용

배기행정　흡기행정

여러 가지 방법을 생각할 수 있구나.

저속용　오버랩　고속용

상사점　상사점

배기　흡배기기　흡기

리프트 小　리프트 大

일정 속도 이상이 되면 캠 샤프트를 조금 회전시켜 캠이 흡기 밸브를 빠르게 누르게 하는 것을 생각해냈다. 이것이 **가변 밸브 타이밍 시스템**(Variable Valve Timing System)이다.

캠의 형상이 변한다는 뜻은 아니므로 밸브를 빨리 열게 되면 그만큼 빨리 닫는 것이지만 밸브를 빨리 닫으면 실린더에 계속 흡입되는 혼합기를 차단하는 것이 된다. 이 때문에 어느 밸브 타이밍을 사용하는 쪽이 좋은지는 단순히 엔진 회전수뿐만 아니라 부하 등도 계산한 후에 결정된다. 이러한 방법을 더욱 발전시키면 흡기 밸브를 구동하는 캠을 저속용과 고속용의 두 종류로 하여 엔진의 운전상태에 따라 캠을 구분하여 사용하는 시스템을 생각할 수 있다.

캠이 저속, 고속 각각의 전용이 된다면 저속 회전용 캠은 밸브가 늦게 열리고 빨리 닫혀 리프트를 작게 함으로써 흡입되는 혼합기를 적게 하여 연비를 향상시키는 것이 가능하다.

고속 회전용은 반대로 밸브를 빨리 열고 늦게 닫아 리프트를 크게 하여 충분한 공기의 흡입에 의해 엔진의 출력을 크게 하는 것이 가능하다. 이 시스템은 가변 밸브 리프트(Variable Valve Lift) 또는 캠 변환 컨트롤이라 부르며, Honda 및 Mitsubishi의 엔진에서 볼 수 있다.

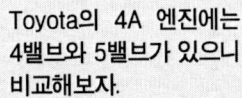

Toyota의 4A 엔진에는 4밸브와 5밸브가 있으니 비교해보자.

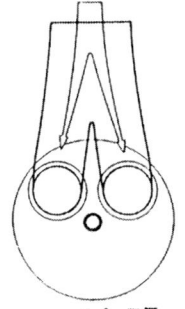

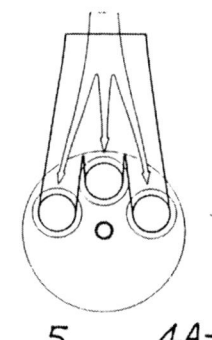

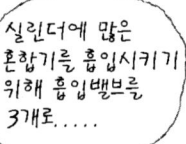

실린더에 많은 혼합기를 흡입시키기 위해 흡입밸브를 3개로.....

4   4A-FE   5   4A-GE

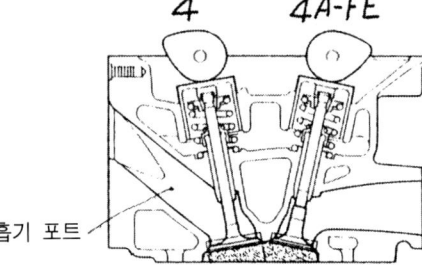

흡기 포트

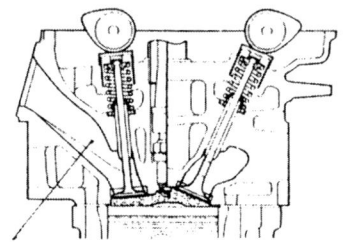

흡기 포트를 수직에 가깝게 하여 흡기저항을 작게 하고 있다.

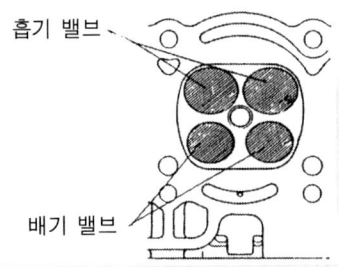

흡기 밸브

배기 밸브

흡기 밸브가 증가하여 시스템이 복잡하게 된 것에 알맞은 성능 향상을 얻는 것은 어렵다고 하는 의견도 있지만...

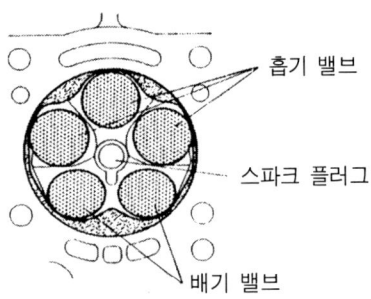

흡기 밸브

스파크 플러그

배기 밸브

연소실의 형상은 같은 펜트 루프형이지만 5밸브 쪽이 복잡하게 되어있다. 압축비는 4밸브가 9.5인데 비하여 5밸브는 10.5이다.

　실린더에 최대한 많은 공기를 흡입시키기 위해서는 밸브가 열려 있는 부분의 면적(유효 흡기 밸브 면적)을 크게 하는 것이 좋다. 그러므로 현재 주류를 이루고 있는 4밸브 엔진의 흡기 밸브 수를 1개 증가시켜 3개로 한 5밸브 엔진에 대해서 조금 더 자세히 살펴보도록 하겠다.

　Toyota Corolla / Sprinter GT에 장착되어 있는 5밸브 1.6 ℓ 4A-GE 엔진은 동일한 배기량에서 4밸브의 4A-FE 실린더 헤드만을 교환하여 종합 성능을 향상시킨 엔진이다. 보어 × 스트로크는 81× 77mm로 같지만 연소실이 콤팩트해져 압축비는 9.5에서 10.5로 커졌다.

　실린더 헤드의 단면을 비교하여 보면 4밸브 쪽이 흡기 밸브와 배기 밸브가 대략 좌우 대칭으로 되어 있는 것에 비해서 5밸브는 흡기 밸브가 수직에 가까운 각도로 설치되어 있고 이와 함께 흡기 포트도 보다 스트레이트로 되어 있어 흡기 저항이 작아졌다는 것을 알 수 있다. 배기 밸브는 흡기 밸브가 수직에 가까운 각도로 설치되어 있기 때문에 조금 눕혀 놓은 각도가 되었지만 배기 포트의 각도는 거의 변화하지 않는다.

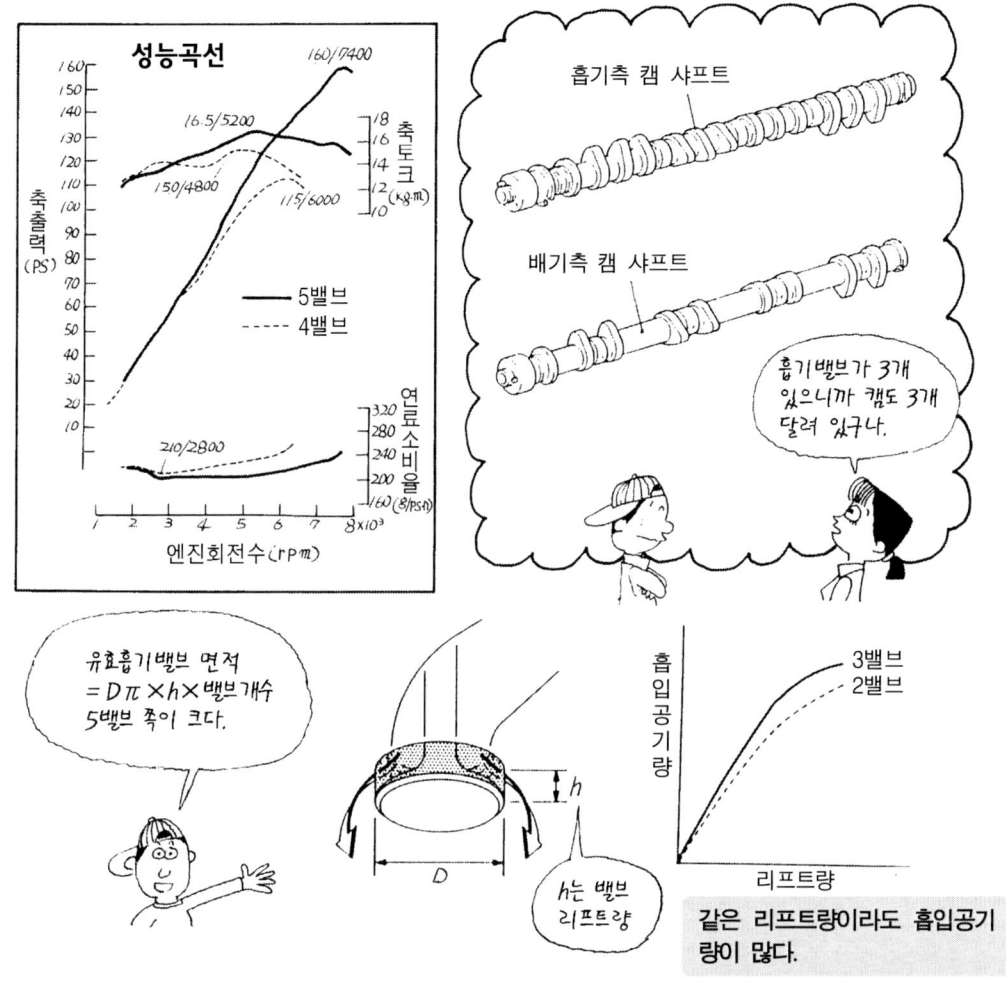

    연소실의 단면을 비교하면 같은 펜트 루프형이지만 압축비가 높은 5밸브 쪽이 더 작지만 불규칙한 부분이 많은 복잡한 형태이기 때문에 S/V비가 커서 열효율 상으로는 약간 손해를 보고 있다는 것을 알 수 있다. 그러나 성능 곡선을 보면 최고 출력, 최대 토크 모두 5밸브 엔진이 압도적으로 크다. 이것은 흡기 밸브 수를 증가시켜 고속회전, 고출력의 효과를 얻을 수 있기 때문이다.

    단, 축 출력의 차이가 나타나는 것은 4,000rpm 이상의 고속회전이어서 보통 주행시에 사용하는 회전 영역은 이 이하인 것이 많다는 점, 게다가 2,000rpm에서 4,000rpm의 축 토크가 거의 같다는 점을 생각하면 실용적인 엔진의 회전 영역에서는 흡기 밸브를 3개로 한 효과는 그다지 없는 것으로 4밸브 엔진에서 같은 방법의 주행이 가능할 것으로 생각된다. 그러나 엔진을 Full로 회전시킨 스포츠 주행의 경우 고속회전의 영역에서 흡기 효율의 차이가 크게 나타나 5밸브 엔진 쪽이 1,400rpm 더 높은 회전수로 회전하여 최고 출력이 45PS 더 증대되기 때문에 그 위력을 유감없이 발휘하게 된다. 연료소비율은 흡입되는 혼합기가 증가하기 때문에 당연히 5밸브보다 4밸브 쪽이 작다.

4. 밸브의 이상작동

밸브 스프링에는 스프링으로서의 경도 및 고유진동수와 그 진동수에 가까운 진동이 가해지면 흔들리기 시작하는 진동수가 있다. 밸브가 엔진의 한계 회전수에 가깝게 작동했을 때 이 스프링의 성질 때문에 이상한 움직임을 보이는 경우가 있다.

열릴 때의 관성으로 밸브가 캠 노즈에서 떨어지는 현상

밸브가 닫힐 때에 튀어서 되돌아오는 현상

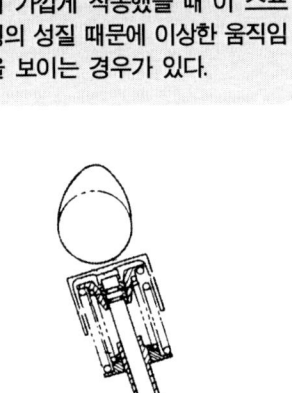

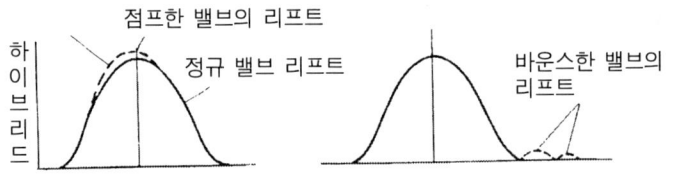

캠에 의해 열린 밸브는 밸브 스프링에 의해 닫힌다. 그보다 스프링에 의해 밸브 시트에 눌려 있는 밸브를 캠 노즈로 눌러 연다고 하는 것이 올바를 것이다. 이 때 캠 샤프트를 회전시키는 힘은 작을수록 좋으므로 스프링은 유연한 쪽이 좋지만 엔진을 고성능으로 하기 위해 밸브를 크게 하거나 리프트를 크게 하기 위해서는 딱딱한 스프링이 필요하여 그 균형을 맞추는 것도 중요한 문제이다. 평상시의 운전에서 일어나는 일은 아니지만 엔진을 허용 회전속도 이상까지 회전시킬 경우 이 스프링의 딱딱함에 밸브의 중량과 강성이 더해져 밸브가 점프, 바운스, 서지 등의 이상한 움직임을 하는 경우가 있다.

점프(Jump)는 캠 샤프트가 고속으로 회전하고 있는 상태에서 캠이 밸브를 눌렀을 때 밸브의 관성력이 커서 스프링이 누르는 효과를 보지 못하고 밸브가 캠 노즈로부터 떨어져 튀어 오르는 것을 말한다. 밸브는 스프링에 눌려 곧 되돌아오지만 이 때는 캠, 로커 암, 밸브 리프터 등 밸브 시스템의 부품이 서로 격돌(激突)하여 심할 때에는 파손되는 경우도 있다.

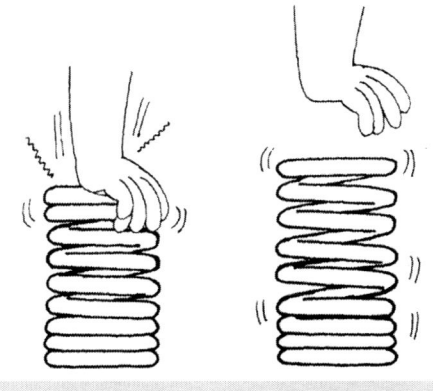

밸브의 개폐는 밸브에 설치된 스프링으로 이루어지는데 캠으로 누르면 열리고, 스프링의 장력으로 닫히지만 고속으로 회전시킴에 따라 정상적으로 작동하지 않을 우려가 있다.

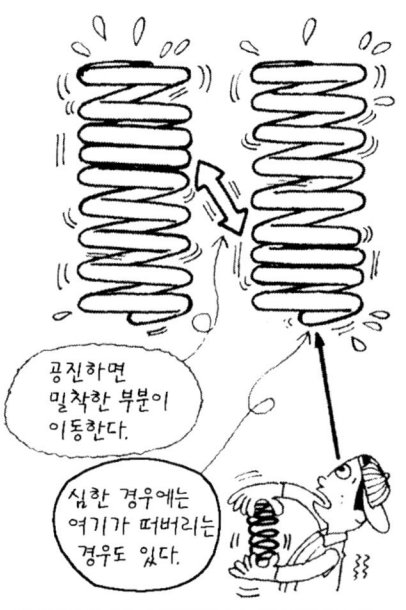

공진하면 밀착한 부분이 이동한다.

심한 경우에는 여기가 떠버리는 경우도 있다.

● **2중 스프링**   ● **부등 피치 스프링**

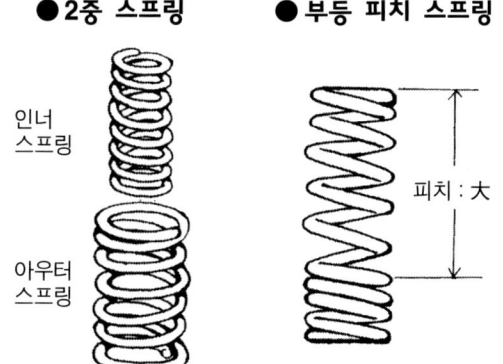

인너
스프링

아우터
스프링

피치 : 大

경주용 차량의 엔진과 같이 시판되는 차량의 엔진을 2배 이상의 고속으로 회전을 시키면 밸브 서징(Surging)을 어떻게 방지하는가가 큰 과제가 된다. 그 방법으로 스프링을 2중으로 하여, 양자의 고유진동수를 변화시켜 놓는다. 스포츠카용 엔진 및 고성능 바이크에도 더블 스프링이 적용된다. 또, 코일을 감는 피치를 변화시킨 부등 피치 스프링도 서지가 잘 일어나지 않는다.

  바운스(Bounce)는 스프링에 눌려 밸브가 닫혔을 때 밸브 페이스(헤드 앞부분)가 밸브 시트(연소실의 밸브가 맞닥뜨리는 부분)에 밀착되지 않고 튀어 되돌아오는 현상으로 밸브 시스템이 손상된다. 엔진의 회전 속도를 계속 증가시켜 밸브에 이러한 이상 작동(異常作動)이 일어나기 시작하는 회전수를 **크러시(Crush) 속도**라고 하고 이 속도가 엔진의 한계속도이다.

  밸브 서지(Valve Surge)는 스프링의 이상 진동(異常振動)으로 스프링이 갖고 있는 고유 진동수와 캠에 의한 신축 타이밍이 일치되어 스프링이 자려진동(自勵振動)을 일으켜 심하게 떨리는 현상을 말한다. 엔진을 무리하게 회전시켰을 때 "끼익" 하는 음이 발생하는 것으로 심할 때에는 스프링이 파손되기도 한다.

  이러한 밸브의 이상 작동은 밸브가 무겁고 리프트가 클수록 발생하기 쉬우며, 예전에 2밸브의 OHC 엔진이 많았을 때는 이슈가 되었지만 DOHC 4밸브 엔진이 주류를 이루기 시작하면서 그다지 발생하지 않는다. 2밸브를 4밸브로 함에 따라 밸브 면적이 증가하고 흡·배기가 보다 유연해져 무리하게 리프트를 크게 하지 않아도 되며, 밸브가 가벼워져 엔진의 최고 회전수를 높게 하여도 스프링을 그만큼 강하게 할 필요가 없기 때문이다.

5. 오버런과 레드존

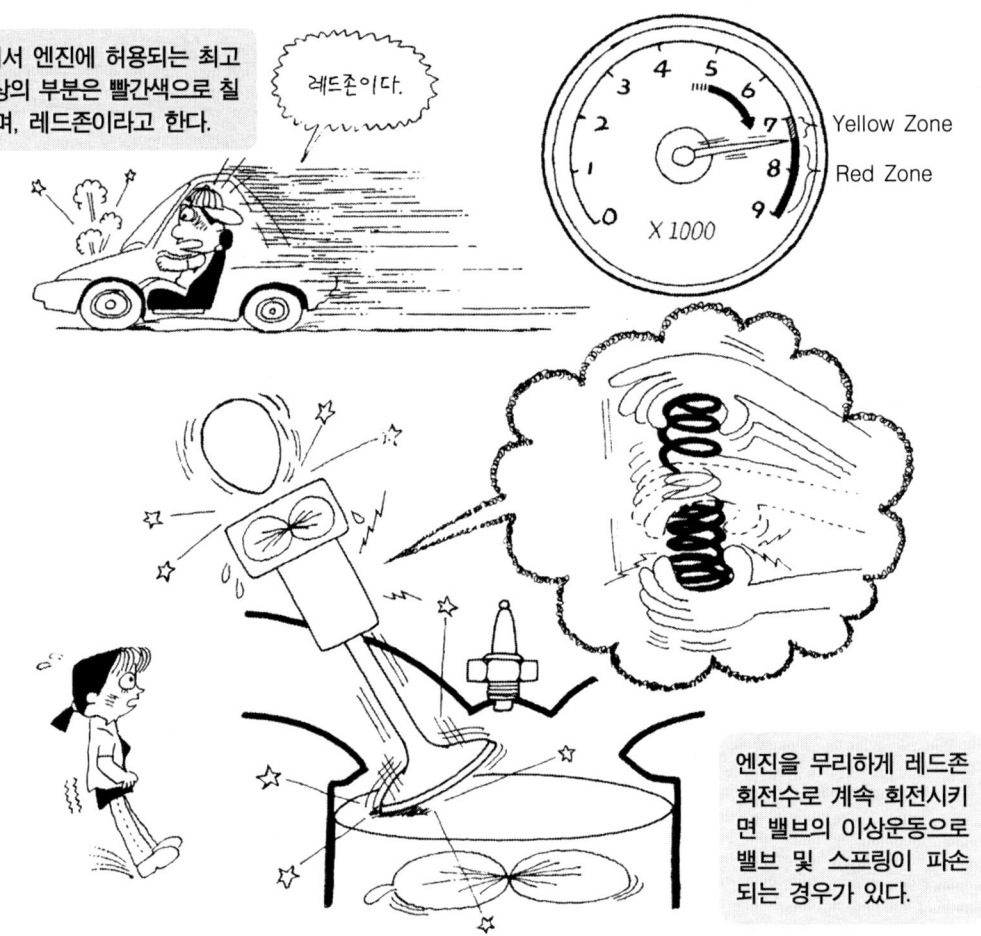

태코미터에서 엔진에 허용되는 최고 회전수 이상의 부분은 빨간색으로 칠해져 있으며, 레드존이라고 한다.

레드존이다.

Yellow Zone
Red Zone

X 1000

엔진을 무리하게 레드존 회전수로 계속 회전시키면 밸브의 이상운동으로 밸브 및 스프링이 파손되는 경우가 있다.

엔진의 회전속도계(태코미터, Tachometer)에는 적색으로 칠한 회전수 부분이 있는데 이 부분을 레드존(Red Zone)이라고 한다. 태코미터에 따라서는 레드존에 가까운 회전수 부분에 노란색으로 칠해진 옐로우존(Yellow Zone)을 표시하기도 한다.

레드존이 시작되는 회전수는 엔진에 허용되는 최고 회전수(허용 최고 회전수)이며, 엔진의 최대출력이 되는 회전수 이상으로 회전시켰을 때의 밸브와 밸브 스프링 등 밸브시스템의 부품 및 피스톤, 커넥팅 로드 등 주 운동계통 부품의 특성 및 내구성에 따라 결정되고 있다.

엔진을 허용 최고 회전수 이상으로 회전시키는 것을 **오버런(Over run)** 또는 **오버 레브(Over-rev)**라고 한다. 레브(Rev)는 회전을 의미하는 Revolution의 줄임말로 이 현상은 고속 주행 중에 잘못하여 저단기어로 전환했을 때 일어나는 경우가 있다. 엔진을 공회전시켜 무리하게 회전수를 높인 때도 물론 오버런이 된다.

엔진을 오버런시켰을 때에 일어나기 쉬운 것이 밸브의 이상 운동으로 밸브 서지 및 점프,

바운스가 발생한다. 이 현상에 의해 밸브 및 스프링이 파손되는 경우도 있지만 때에 따라서는 피스톤의 헤드 부분과 밸브가 부딪쳐서 피스톤이 파괴되기도 한다. 피스톤과 밸브가 부딪치지 않도록, 피스톤에 리세스(Recess)가 주어져 있지만 그 이상으로 밸브가 튀어나오면 부딪치게 되는 것이다.

오버런에 의해 피스톤의 평균속도가 비정상적으로 빨라지면 피스톤 링과 실린더의 간격 및 피스톤 핀과 크랭크샤프트 등 베어링의 유막(Oil Film)이 끊겨 온도가 급상승하여 마모되거나 소착(燒着)을 일으킬 수 있다. 엔진이 고속으로 회전하고 있을 때는 연소실 내의 화염속도도 빠르고 연소실 주변의 온도가 높아져 이러한 현상이 일어나기 쉬운 상태가 되기 때문에 특히 주의할 필요가 있다. 또 오버런에 의해 엔진 운동부분의 관성력이 커지면 이상한 진동이 발생하여 부품의 강도(强度) 한계를 넘게 되어 균열이 생기거나 파손될 경우도 있다.

엔진의 허용 최고 회전수는 최고 출력 회전수보다 300~1,300rpm 정도 높게 설정되어 있는 것이 보통으로 엔진에 따라서는 레드존에 들어가면 연료의 공급을 차단하는 장치가 작동하여 그 이상으로 엔진이 회전하지 않도록 하여 오버런에 따른 트러블을 방지하는 경우도 있다.

1. 체적효율을 높인다

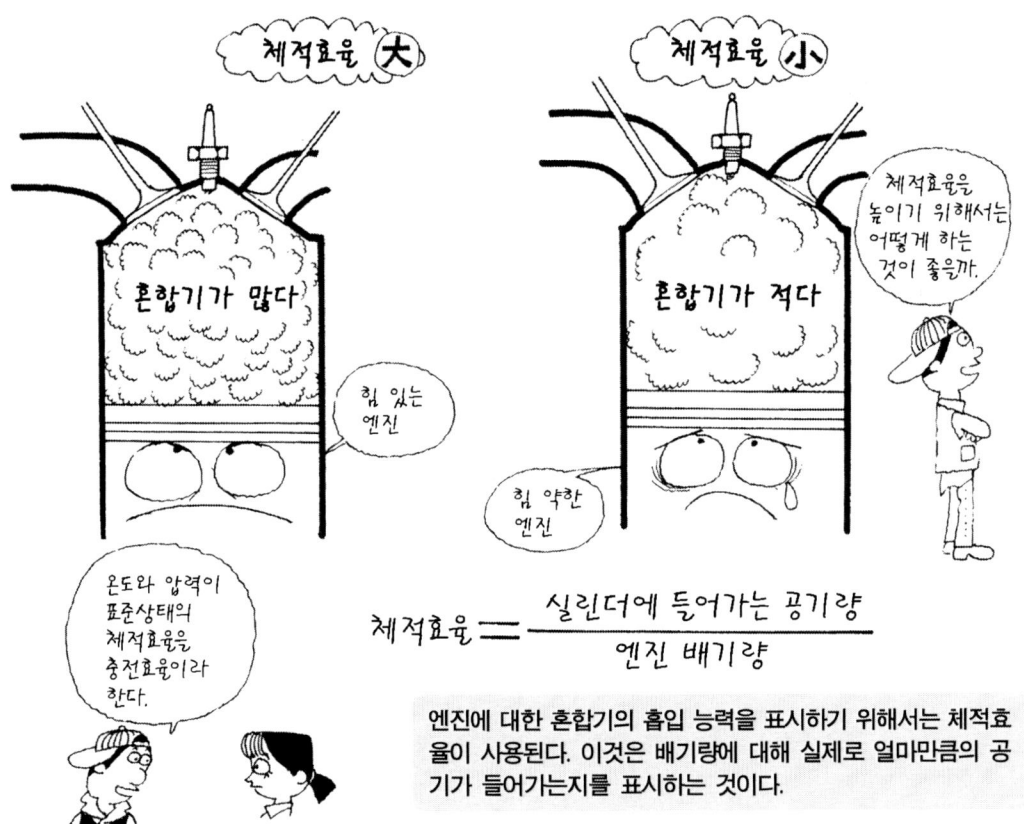

엔진에 대한 혼합기의 **흡입 능력**을 표시하기 위해서는 체적효율이 사용된다. 이것은 배기량에 대해 실제로 얼마만큼의 공기가 들어가는지를 표시하는 것이다.

흡기 행정이 끝났을 때의 실린더 내 혼합기 압력은 에어클리너 및 덕트 등의 흐름 저항 때문에 공기가 들어오는 입구의 외기(外氣) 압력보다 낮다.

또 그 온도도 흡입될 때에 뜨거운 밸브나 실린더 벽에 접촉하여 높아진다. 공기의 밀도(密度)는 압력이 낮아지거나 온도가 높아지면 줄어들기 때문에 실제로 실린더에 흡입되는 혼합기의 질량(質量)은 배기량을 계산하여 얻어지는 질량보다 작아진다.

엔진에 대한 혼합기의 흡입 능력(吸入能力)을 표시하기 위해서는 **체적 효율**(Volumetric Efficiency)이 사용된다. 이것은 엔진의 배기량에 대해 실제로 얼마만큼의 공기가 들어가는지를 비율로 표시하는 것으로 흡입된 혼합기의 질량을 그때의 온도, 압력에서 배기량분의 체적을 차지하는 혼합기의 질량으로 나눈 것으로 나타낸다. **충전 효율**(充塡效率)이라고 하는 경우도 있지만 이것은 온도와 압력이 표준상태(25℃, 99kPa)에 있을 때의 체적 효율이다.

엔진의 최대 출력을 크게 하기 위해서는 이 체적 효율을 가능한 한 크게 하는 것이 이상적이며, 그 방법을 종합해 보면 다음과 같다.

(1) 외기(外氣)를 최대한 뜨겁지 않도록 하여 매니폴드로 유입(流入)시키고 과급기가 있는 엔진은 인터쿨러를 장착하여 흡기 온도가 높아지지 않도록 한다.

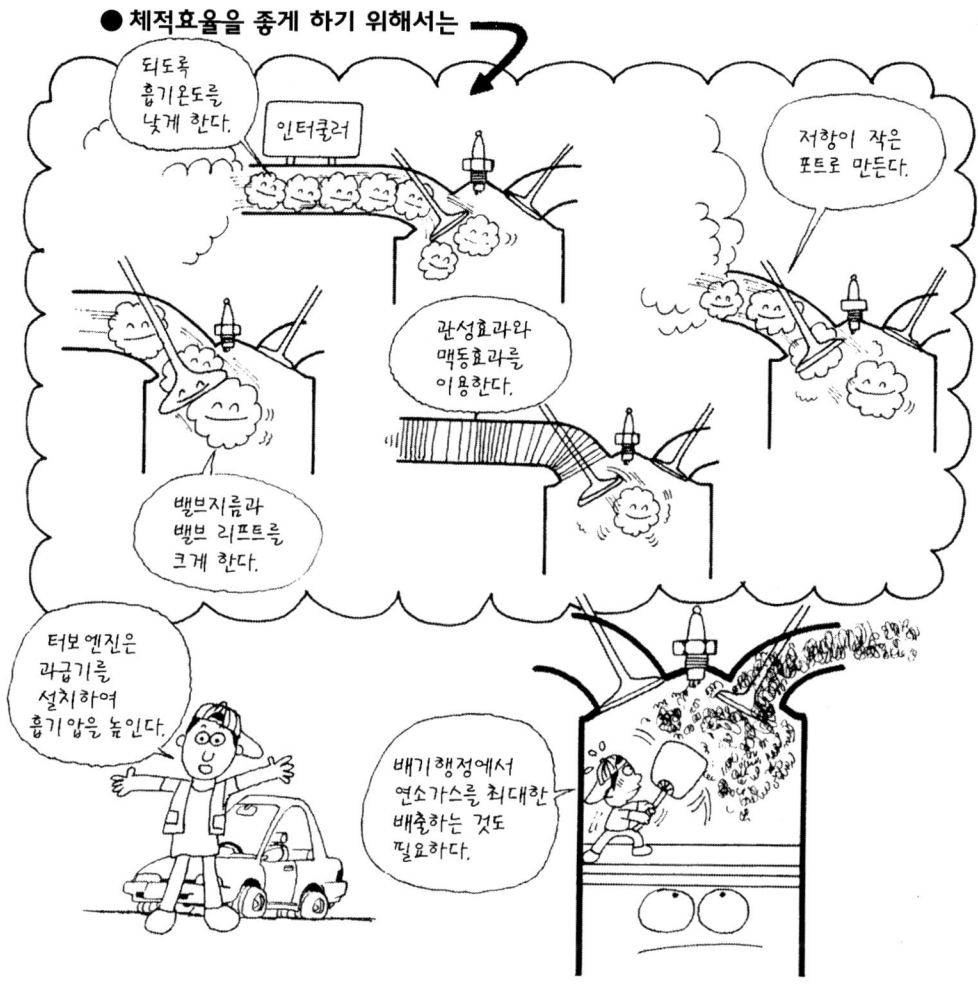

(2) 밸브 수를 많게 하거나 덕트 및 매니폴드를 가능한 한 크게 하며, 구부러진 부분의 반지름을 크게 하는 등 흡기 저항을 작게 한다.

(3) 밸브 지름과 밸브 리프트를 크게 하고 밸브 타이밍을 적정(適正)하게 한다.

(4) 흡기 매니폴드의 길이를 엔진이 저속 회전할 때는 길게, 고속 회전할 때는 짧게 하여 관성효과(慣性效果)와 맥동효과(脈動效果)를 잘 이용한다.

(5) 과급기를 설치하여 흡기 압력을 높인다.

　여기에서는 흡기 행정에 관한 것으로만 예를 들었으나 물론 배기 행정에서 연소 가스를 가능한 한 완전히 배출하는 것도 체적 효율을 높이기 위해서는 중요하다. 구체적으로는 위에 서술(書述)한 흡기계통의 고려 방안 중 (1)의 온도와 (5)의 과급기를 제외한 (2) ~ (4)를 배기계통에 적용하는 것으로 (2)의 흡기 저항을 배기 저항으로, (3)의 흡기 관성효과를 배기 관성효과로 하고 배기 간섭을 가능한 한 작게 하는 방법으로 하면 좋다는 뜻이다. 즉 과급기를 설치하면 그만큼 배기 저항이 커지는 것은 말할 나위없다. 위 항목 중 몇 가지는 엔진을 튠업(Tune up)하여 출력을 높이려 할 때 그 효과가 매우 뛰어나다.

2. 흡기 관성효과와 맥동효과

①

② 누르지마!

③ 열렸다.

공기는 같은 속도로 계속 흐르려 하는 관성 때문에 밸브가 개폐될 때마다 그 곳에 공기의 밀도가 높은 부분과 낮은 부분이 생긴다. 밸브가 닫힐 때 그 밀도가 높아지면 보다 많은 공기를 실린더에 넣는 것이 가능하다.

흡기관이 짧다

인테이크
컬렉터

흡기관성효과

低 ← 엔진회전 → 高

흡기관이 길다

인테이크
컬렉터

흡기관성효과

低 ← 엔진회전 → 高

흡기관 내 맥동류의 파장은 매니폴드의 길이와 굵기에 의해 결정되는 것으로 매니폴드가 짧으면 파장도 짧고, 길면 그 파장도 길어진다. 따라서 일반적으로 실용차용 엔진은 흡기관을 길게 하여 저속회전에서 흡기 관성효과를 얻고, 스포츠카용 엔진은 흡기관을 짧게 하여 고속회전에서 그 효과를 얻을 수 있도록 하고 있다.

공기의 관성과 음이 공기 중을 통과할 때에 밀도가 높은 부분과 낮은 부분이 연속되어 조밀파(粗密波)가 발생하는 것을 이용하여 밀도가 높은 공기가 엔진으로 흡입되도록 한 것을 각각 흡기 관성효과와 맥동효과라고 부르고 있다. 관성효과는 압축기를 사용하여 밀도가 높아진 공기를 엔진에 공급할 때에 과급이라는 단어를 사용하여 **관성과급(慣性過給)**이라 불리기도 한다.

엔진에 흡입되는 공기는 기체로서의 관성을 가지고 있으며, 동시에 음파(音波)를 전달하는 매체이기도 하다. 흡기 매니폴드 속의 공기 흐름은 밸브에 의해 주기적으로 차단되기 때문에 매니폴드 내의 밀도가 짙은 부분과 옅은 부분 즉, 압력진동(壓力振動)이 발생하고 이에 의해 흡기 관성효과와 맥동효과를 얻을 수 있다. 압력진동을 발생한 사이클이 흡기 행정에 직접 영향을 미치는 경우를 **관성효과(慣性效果)**, 감쇠하지 않고 다음 사이클에 영향을 미치는 경우를 **맥동효과(脈動效果)**로 분류하고 있지만 구분하기 어렵기 때문에 여기에서는 공기 관성을 주로 고려하는 경우를 관성효과 음파로서 고려하는 경우를 맥동효과로 서술하여 진행한다.

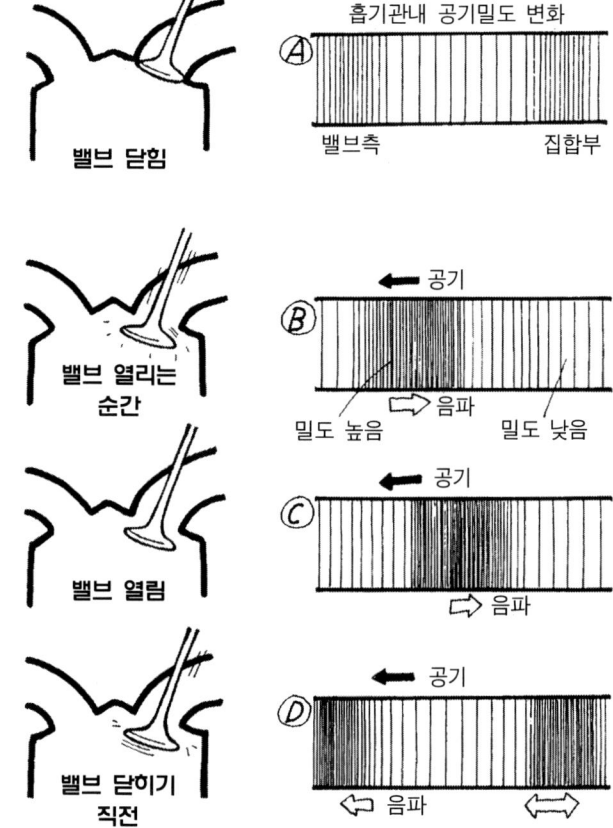

흡기관내 공기밀도 변화

Ⓐ 밸브측 / 집합부

밸브 닫힘

← 공기

Ⓑ 밀도 높음 ⇨ 음파 밀도 낮음

밸브 열리는 순간

← 공기

Ⓒ ⇨ 음파

밸브 열림

← 공기

Ⓓ ⇦ 음파 ⟺

밸브 닫히기 직전

관성흡기를 그림으로 생각해보자. 우선 흡기관 내의 공기밀도가 한결같은 상태(그림A)에서 시작, 흡기밸브가 열려 흡기행정이 시작된다(그림B). 밸브 근처의 공기는 빨려 들어가기 시작하고 여기에 공기밀도가 낮은 부분이 생긴다. 그렇게 되면 여기에 인접한 부분의 공기밀도는 상대적으로 높아져, 조밀파가 생성된다. 이 조밀파는 음속으로 매니폴드의 집합부 측에 전달되고(그림C) 반사되어 돌아온다. 이리하여 흡기관 속에 공기의 밀도가 높은 곳과 낮은 곳이 생기고 밸브가 닫히기 직전에 밸브 부근의 밀도가 높으면 보다 많은 공기가 실린더로 유입되는 것이 가능하다(그림D). 이 방법은 연속하여 밸브가 개폐되고 있을 때 밸브가 열릴 때에도 같은 방법으로 생각하는 것이 가능하여 옆 페이지의 그림 ①~③과 같은 상태가 되는 것도 생각할 수 있다.

우선 흡기 관성효과로 혼합기가 실린더에 유입되고 있는 상태에서 흡기 밸브가 닫혔다고 해보자. 혼합기에는 관성이 있기 때문에 밸브가 닫힌 순간에 흡기 매니폴드 내의 혼합기가 일제히 멈추지 않고 그대로 계속 흐르려고 한다. 그러면 뒤따르는 공기에 의해 앞에 있는 공기가 밸브 앞에서 밀려가게 된다. 즉 포트 부분의 공기 밀도가 높아진다는 뜻이다. 그 때 타이밍이 알맞은 상태로 밸브가 열리도록 하면 밀도가 높은 공기가 실린더에 원활한 유입이 가능하다. 이것이 관성효과이다.

포트 부분의 공기 밀도가 높아진다는 것은 그 뒤를 따르는 공기의 밀도가 상대적으로 낮아진다는 뜻이므로 이 부분에 압력진동 즉, 소리가 발생하게 되고 이 진동은 음속(音速)으로 매니폴드를 통과한다. 그리고 매니폴드 끝에서 반사되어 다시 포트 쪽으로 되돌아오지만 이 음파의 밀도가 높은 부분이 포트 쪽으로 왔을 때 알맞은 타이밍으로 밸브가 열려 있으면 관성효과와 같은 방법으로 밀도가 높은 공기를 실린더에 유입하는 것이 가능하다. 이것이 맥동효과이다.

두 가지 효과는 뒤엉켜 있어 분리하는 것이 불가능하지만 그 효과를 최대화하기 위해서는 밸브가 열렸을 때 포트 부분의 공기 밀도가 커지도록 압력진동을 매니폴드 속에서 형성하는 것이 좋다. 그것을 결정하는 것은 흡기 매니폴드의 굵기와 길이 및 흡기 포트의 형상이다.

3. 가변 흡기시스템

흡기관 내의 맥동류 주기는 엔진의 회전속도가 늦을수록 길고 빠를수록 짧아진다. 예를 들면, 엔진의 회전속도가 느릴 때 흡기관의 길이를 길게, 고속으로 회전할 때 짧게 하면 밸브가 닫히려 할 때 넓은 회전범위에서 이 부분의 공기밀도를 높이는 것이 가능하다. 이 흡기관 길이의 변화에 대한 컨트롤을 엔진의 회전속도에 맞추어 자동적으로 이루는 것이 가변 흡기시스템이다.

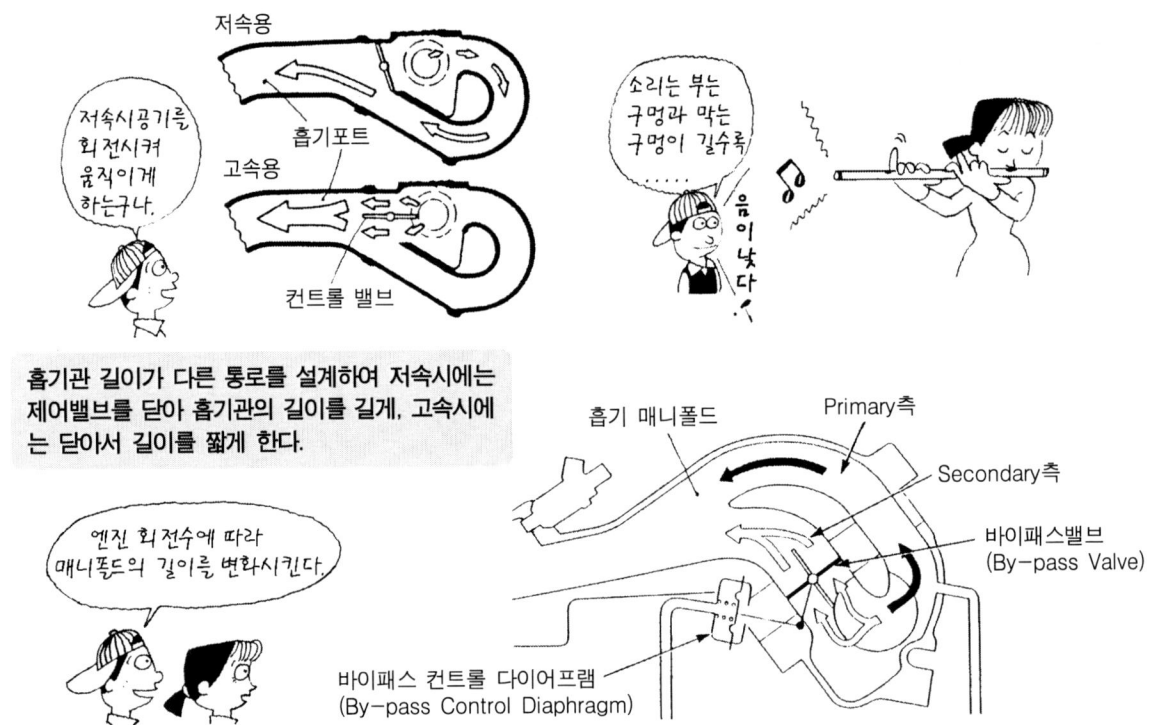

흡기관 길이가 다른 통로를 설계하여 저속시에는 제어밸브를 닫아 흡기관의 길이를 길게, 고속시에는 닫아서 길이를 짧게 한다.

흡기 매니폴드 내의 공기 흐름은 일정치 않기 때문에 흡기 밸브가 열리고 닫힘에 의한 변화로 힘차게 흐른다. 즉 흐름 중에 공기의 밀도가 높은 부분과 낮은 부분이 있어 밀도가 높은 부분이 포트에 왔을 때 또는 이상적으로는 밸브가 닫히기 직전의 흡기속도가 최대가 되었을 때 이 부분의 밀도가 높으면 흡기의 관성효과는 최대가 된다.

이 맥동 흐름의 주기는 매니폴드의 굵기와 길이에 따라 결정되며, 굵기가 같다면 길이가 길수록 맥동 흐름은 낮아진다. 이것은 피리를 불 때 입과 손가락으로 누르는 구멍 사이의 거리가 길수록 음이 낮다는 것을 생각하면 이해할 수 있다. 보통의 엔진은 매니폴드의 길이가 결정되어 있으므로 엔진이 어떤 회전수일 때는 흡기의 관성효과가 있지만 다른 회전수에서는 그 효과를 기대할 수 없다. 매니폴드의 길이가 적당하지 않으면 엔진의 회전수에 따라서는 포트 부분에 밀도가 낮은 부분이 형성되어 반대로 공기의 충전 효과가 나빠질 수도 있다.

그래서 엔진의 회전수에 따라 매니폴드의 길이 변화를 생각하게 되었다. 요컨대 같은 시간 사이에 밸브가 개폐되는 횟수가 많은 고속회전일 때에는 매니폴드 길이를 짧게 하여 주기를

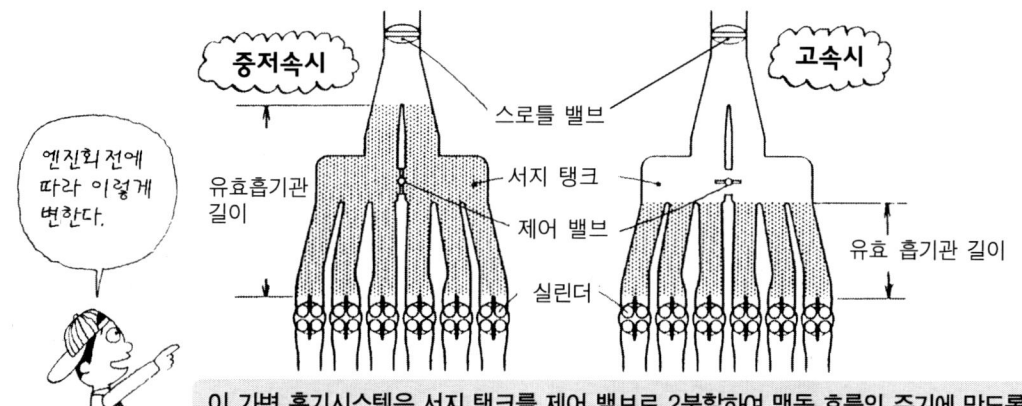

엔진회전에 따라 이렇게 변한다.

이 가변 흡기시스템은 서지 탱크를 제어 밸브로 2분할하여 맥동 흐름의 주기에 맞도록 저속시에는 관 길이가 길어지도록 밸브를 닫고, 고속시에는 짧아지도록 열어 관성 흡기 효과를 높이고 있다.

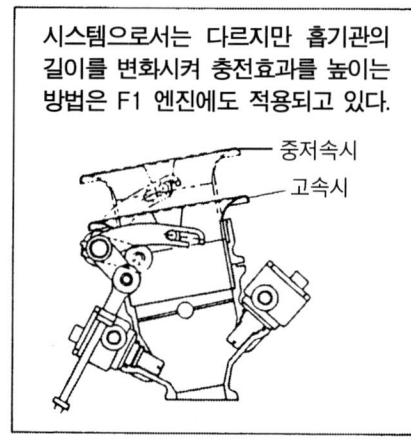

시스템으로서는 다르지만 흡기관의 길이를 변화시켜 충전효과를 높이는 방법은 F1 엔진에도 적용되고 있다.

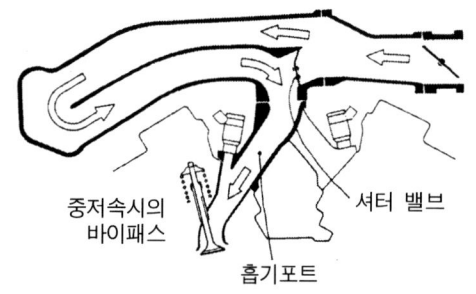

이 가변 관성 과급시스템에서는 셔터 밸브의 개폐에 의해, 중·저속은 바이패스 통로로 공기를 흐르게 하여 흡기관 길이를 길게 하고, 고속시에는 밸브를 열어 흡기관 길이를 짧게 하여 관성효과를 높이고 있다.

짧게 하고 반대로 회전속도가 낮을 때는 흡기관의 길이를 길게 하여 주기를 길게 변화시키면 회전수의 넓은 범위에서 흡기의 관성효과를 얻을 수 있다는 뜻이다. 이것이 가변 흡기시스템으로 **가변 관성 과급시스템**이나 **가변 흡기 제어** 등으로 불리는 경우도 있다.

흡기 매니폴드 길이의 컨트롤에는 여러 가지 타입이 있지만 매니폴드를 두 개의 그룹으로 나누어 연결이 가능하도록 하고 고속시에는 나누고, 저속시에는 전체 매니폴드를 연결하여 실질적인 매니폴드 길이를 길게 하는 방식과 매니폴드에 바이패스 통로를 설치하여 저속시에는 공기를 바이패스 통로로 흐르게 하고, 고속시에는 바이패스 통로를 닫아 그 길이를 조정하는 방식이 적용되고 있다.

그런데 몇몇인가의 매니폴드를 연결한 경우 각 매니폴드 사이에서 공명(共鳴)이 일어나는 경우가 있다. 공명은 연결된 별개의 매니폴드 사이에 같은 주파수의 압력 진동이 발생하는 현상으로 이 현상이 발생하면 고속시 관성의 과급효과를 얻을 수 없다. 공명은 매니폴드가 연결되어 있는 부분에 설치된 **인테이크 컬렉터**(Intake Collector)의 체적을 크게 하여 방지하는 것이 가능하지만 공명이 일어나면 중·저속에서는 반대로 관성의 과급효과가 높아져서 충전효율이 높아지는 경우가 많아 이것을 **공명 과급효과**(共鳴過給效果)라 부르고 있다.

1. 배기시스템

배기시스템은 일을 종료한 연소가스를 최대한 부드럽게 배출하는 것이 역할이지만 동시에 배기가스에 포함된 유해 가스를 처리하거나 배기음을 정숙하게 하는 역할도 있다.

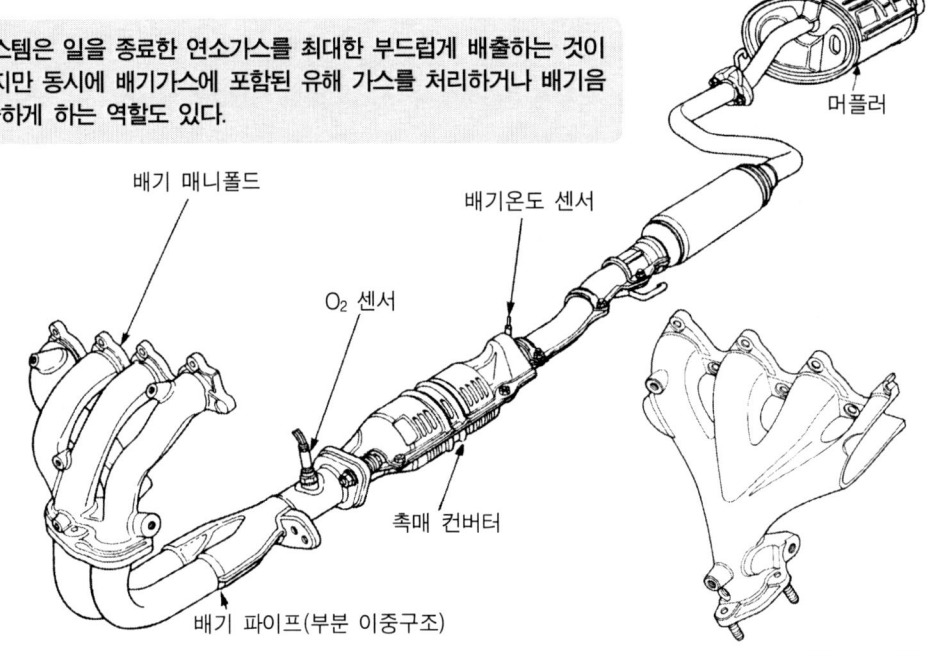

배기 매니폴드
O₂ 센서
배기온도 센서
머플러
촉매 컨버터
배기 파이프(부분 이중구조)

배기 매니폴드는 배기포트에서 배출된 연소가스를 모아 내보내는 역할을 한다.
왼쪽에 있는 전체 그림의 매니폴드는 4→2→1로, 오른쪽에 있는 매니폴드는 4→1로 되어 있다.
4기통 엔진의 실린더에 순서대로 번호를 부여하였을 때 그 점화순서가 1→2→4→3 이면 이 순서대로 배기가
이루어진다. 이 때 매니폴드의 길이가 적당하면 좋겠지만 경우에 따라서는 배기가 서로 부딪친다. 이러한 현상을
피하기 위해 왼쪽의 매니폴드와 같이 1번과 4번, 2번과 3번을 1개의 배기관으로 모으는 행태를 갖기도 한다.

연소가스는 실린더 헤드의 **배기 포트(Exhaust Port)**를 통하여 배기 매니폴드로 들어간 후 **배기 파이프(Exhaust Pipe)**에서 하나로 모아져 가스를 정화하기 위한 **촉매 컨버터(Catalytic Converter)**, 음을 작게 하는 머플러(Muffler)를 통해 배출된다.

배기시스템에서 제일 중시(重視)하는 것은 두말할 나위 없이 배기가 유연하게 이루어지는 것이다. 특히 매니폴드의 집합부에서 각 기통의 배기가 서로 부딪쳐 흐름을 방해하지 않도록 하거나, 흡기계통과 같은 원리의 배기 관성효과를 이용하여 보다 배기 효율이 향상되도록 노력하고 있지만 엔진에서 바디 아래를 통과하여 후방의 머플러까지 설치하는데 제약이 많기 때문에 좋은 성능과 균형의 유지가 어렵다.

배기 매니폴드(Exhaust Manifold)는 내열성이 좋은 주철로 만들어지는 것이 보통이지만 스테인리스 소재도 있다. 일반적으로 연비를 높이기 위해서는 적은 연료를 효율이 좋은 상태로 연소시킬 목적으로 공연비를 크게 하는 경향이 있고 연소 온도도 높아지기 때문에 배기계통을 보다 내열성이 우수한 것으로 하거나 주행시 받는 공기로 냉각하는 등 대책을 취하고 있다.

촉매 컨버터(Catalytic Converter)는 배기를 정화하기 위한 것이기 때문에 매니폴드의 근처

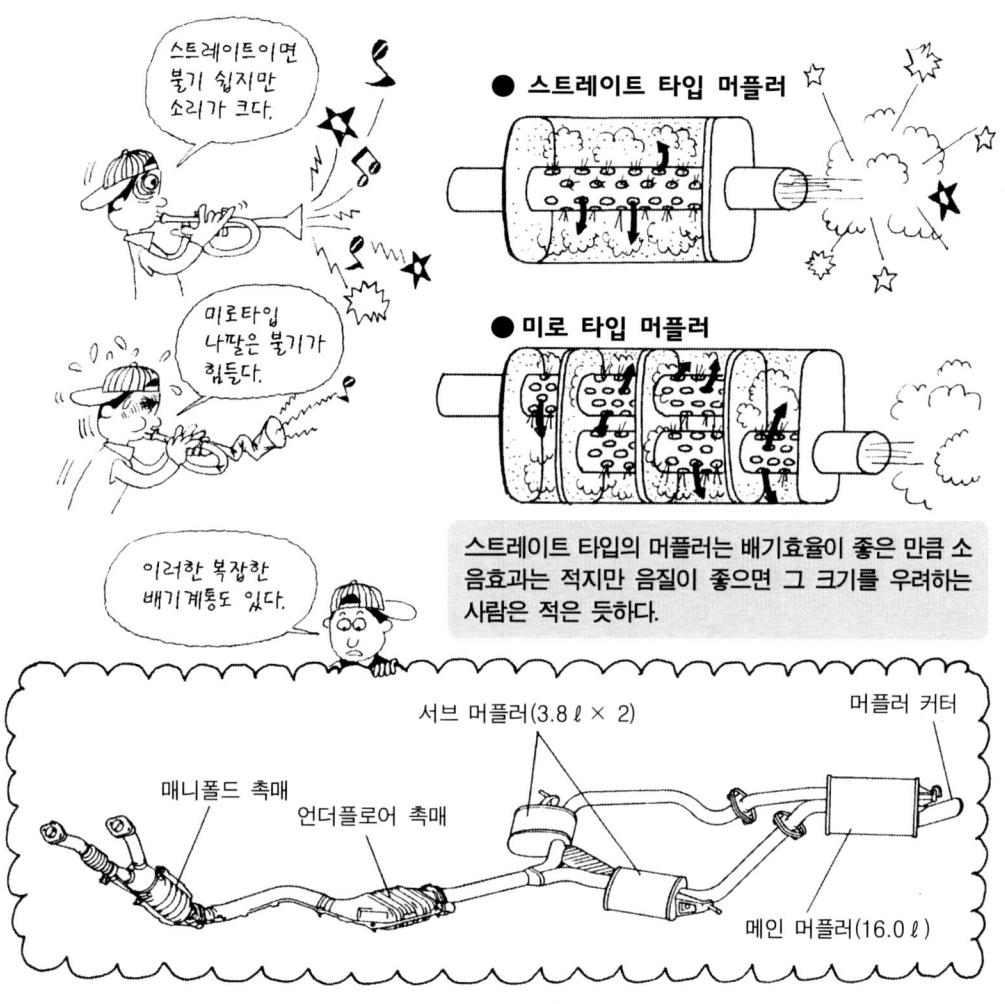

스트레이트 타입의 머플러는 배기효율이 좋은 만큼 소음효과는 적지만 음질이 좋으면 그 크기를 우려하는 사람은 적은 듯하다.

● 스트레이트 타입 머플러

● 미로 타입 머플러

스트레이트이면 불기 쉽지만 소리가 크다.

미로타입 나팔은 불기가 힘들다.

이러한 복잡한 배기계통도 있다.

서브 머플러(3.8ℓ × 2)

머플러 커터

매니폴드 촉매

언더플로어 촉매

메인 머플러(16.0ℓ)

에 배치되는 **매니폴드 촉매**와 플로어 아래에 배치되어 있는 **언더플로어 촉매**가 있다. 매니폴드 촉매는 배기 온도가 높은 범위에서 배기가스를 처리하기 때문에 효율은 좋지만 열화가 빠르기 때문에 2개를 사용하는 경우도 있다. 언더플로어 촉매는 열화는 늦지만 정화 능력이 높은 큰 것이 설치되어 있다.

　머플러는 배출가스의 온도와 압력을 낮게 하고 배기음(排氣音)을 작게 할 목적으로 설치되어 있지만 동시에 음질에도 영향을 미친다. 머플러는 내부를 미로 타입으로 만들어 그 사이로 배기가스를 통과시키는 타입과 튜브에 많은 구멍을 뚫어 그 주변에 글래스 울(Glass Wool) 등의 소음재를 채운 **스트레이트 머플러(Straight Muffler)**가 있다. 미로 타입의 머플러는 소음 효과는 크지만 흐름 저항도 크다. 반대로 스트레이트 머플러는 엔진의 출력 면에서는 유리하지만 음이 큰 경향이 있다. 또한 머플러를 통과하는 파이프를 2개로 하여 엔진의 회전을 억제하여 주행하는 경우에는 1개의 파이프만을 사용하며, 배기가스를 미로 부분에 통과시켜 음을 작게 하고 회전속도를 높여 엔진에 높은 부하를 걸어 주행하는 경우에는 또 하나의 스트레이트 타입 머플러도 사용하여 배기가스가 통과하기 쉽도록 한 것도 있다.

2. 배기 관성효과와 맥동효과

각 실린더로부터의 배기가스는 점화순서에 따라 같은 간격으로 배출되기 때문에 매니폴드 속과 이것을 모은 배기관 속에 맥동이 생기거나 배기가스끼리 서로 부딪치는 경우가 발생한다.

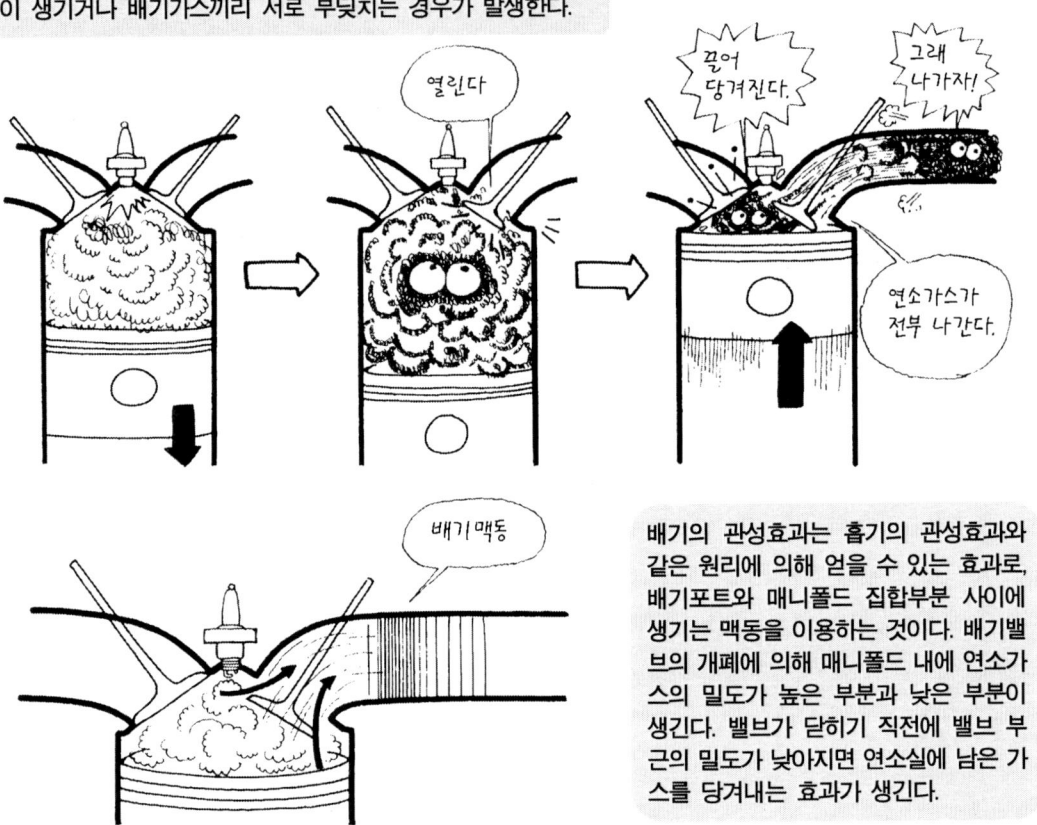

배기의 관성효과는 흡기의 관성효과와 같은 원리에 의해 얻을 수 있는 효과로, 배기포트와 매니폴드 집합부분 사이에 생기는 맥동을 이용하는 것이다. 배기밸브의 개폐에 의해 매니폴드 내에 연소가스의 밀도가 높은 부분과 낮은 부분이 생긴다. 밸브가 닫히기 직전에 밸브 부근의 밀도가 낮아지면 연소실에 남은 가스를 당겨내는 효과가 생긴다.

　배기 매니폴드의 성능 중 가장 중요한 것은 배기가 유연하게 이루어지는 것인데 이것을 방해하는 현상으로 배기간섭(排氣干涉)이 있다. 각 실린더에서는 점화 순서에 따라 연소가스가 배출되어 매니폴드에서 하나로 합쳐지기 때문에 잘 조성되어 있지 않으면 한 실린더의 배기가 통과하고 있을 때 다른 실린더로부터의 배기가 와서 부딪치거나 매니폴드 내의 압력이 높아지게 되어 연소가스의 배출이 잘 이루어지지 않는다.

　배기간섭은 배기 밸브에서 각 실린더의 집합 부분까지 거리를 길게 하거나 각 실린더의 집합 부분의 각도를 예각(銳角)으로 하여 배기의 흐름을 좋게 하는 등에 의한 방지가 가능하지만 다기통 엔진일수록 모여지는 매니폴드 수가 많아지므로 그 대책은 어렵다.

　Toyota의 직렬 6기통 터보 엔진은 6개의 배기 매니폴드를 1개로 모아 그 점화 순서대로 〈1번 기통과 5번 기통, 5번 기통과 3번 기통〉식으로 앞의 배기 밸브가 완전히 닫히기 전에 다음 밸브가 열린다. 따라서 1번에서 3번까지와 4번에서 6번까지 매니폴드를 2개 그룹으로 나누어 2개의 터보차저를 설치하여 배기간섭을 없앰과 동시에 엔진의 출력 향상을 도모하고 있다.

단순히 매니폴드를 모으는 것만으로는 배기가 서로 부딪쳐 배기간섭이 일어난다.

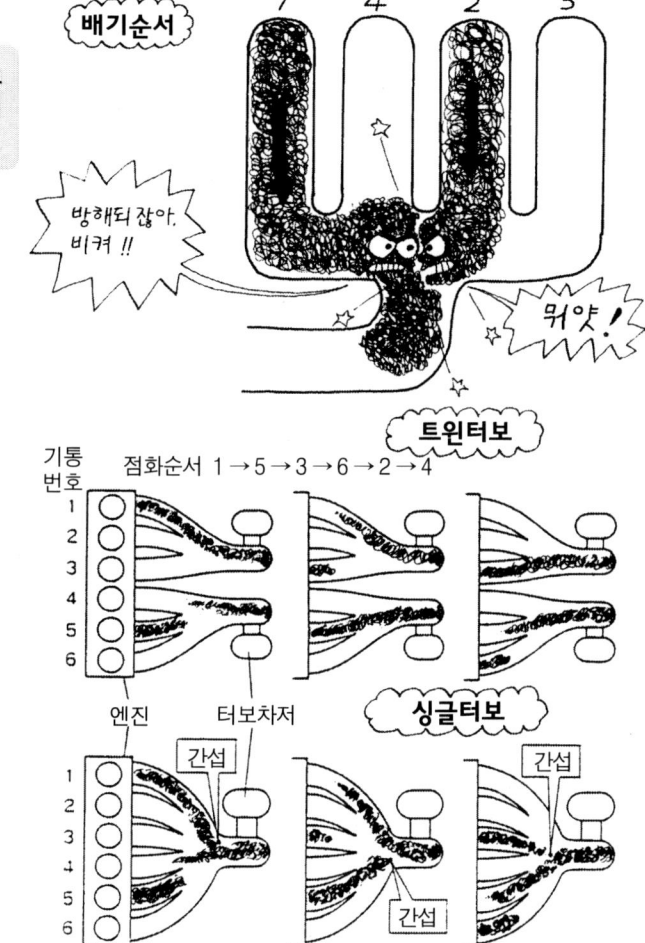

배기순서

방해되 잖아, 비켜 !!

뭐얏 !

트윈터보

기통
번호

점화순서 1→5→3→6→2→4

엔진   터보차저

싱글터보

간섭

배기간섭을 피하기 위해서는 각 실린더의 매니폴드를 충분히 길게 하는 것도 유효하지만 배기순서를 고려하여 매니폴드를 그룹으로 나누어 배기가 유연하게 이루어지도록 하는 것도 한 방법이다.
Toyota의 직렬 6기통 터보 엔진은 6개의 배기 매니폴드를 3개씩 모아 2개의 터보차저로 유도하여 배기간섭을 피함과 동시에 엔진 출력의 향상을 도모하고 있다.

또한, 연소실 내에 남아 있는 연소가스를 배출하는 방법으로는 배기의 **관성효과(慣性效果)**와 **맥동효과(脈動效果)**의 이용이 있다. 이것은 흡기의 관성효과 및 맥동효과와 같은 원리이며, 배기 밸브가 닫히려 할 때 그 부분에 가스의 밀도가 낮아지도록 하여 연소실에 남아 있는 연소가스를 빨아 당겨내는 것이다. 배기 밸브가 열리게 되면 압력이 높은 연소가스가 힘차게 배기 포트로부터 분출되어 남은 가스는 피스톤에 압출(壓出)되고 그 후에 배기 밸브가 닫히게 되는 것이 계속되므로 매니폴드 안을 지나가는 배기에는 밀도가 높은 것과 낮은 곳이 생긴다.

기체 중에는 이와 같이 밀도가 높고 낮은 부분이 있는 것은 그 곳에 음파가 발생하고 있다는 것과 같기 때문에 이 현상은 음속(音速)으로 전달되어 매니폴드의 집합 부분과 배기 밸브 사이에 밀도가 높은 곳과 낮은 부분이 생긴다. 이것을 **배기 맥동(排氣脈動)**이라고 한다.

밸브가 닫히기 직전에 밸브 부분의 밀도가 낮아지는 맥동이 가능하면 연소실에 남아 있는 연소가스를 빨아 당겨내는 것이 가능하며, 밸브 오버랩(Valve Overlap)에 의해 열리고 있는 흡기 포트로부터 혼합기를 흡입하는데 도움을 주게 된다는 의미인 것이다.

1. 엔진오일의 역할

엔진오일은 여러 가지 역할을 하고 있다.

오일제트

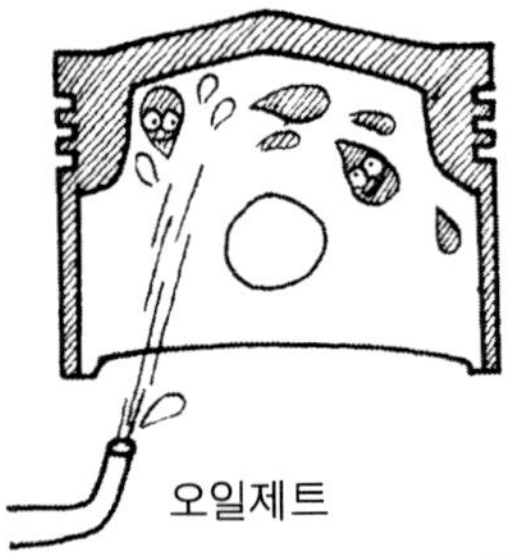

고출력·고회속전을 도모한
엔진에서는 피스톤에 오일을
분사하여 냉각하고 있다.

캠을
윤활한다.

엔진오일은 우선,
각 마찰을 작게 하고
마모를 방지하는
역할을 한다.

벽을
윤활한다.

피스톤을
냉각한다.

베어링을
윤활한다.

실린더

돌아
다니지마!

피스톤 링

피스톤

실린더와 피스톤 링 사이의 윤활을
하면서 가스의 밀봉(密封)도 한다.

엔진 오일의 역할을 말하자면 피스톤을 실린더 속에서 원활하게 왕복시켜 크랭크샤프트 및 밸브 시스템 부품을 유연하게 움직이게 하는 등 금속 표면에 유막(Oil Film)이 형성되어 개체 간의 미끄럼마찰을 유체 마찰로 변화시켜 마찰력을 작게 하여 마모를 방지하는 윤활작용이 먼저 떠오른다. 엔진 오일은 동시에 연소가스가 크랭크실 안으로 누출되지 않도록 밀봉하거나 피스톤 및 밸브 등을 냉각하고 피스톤에서 크랭크샤프트로 전달되는 응력을 분산시키는 등의 역할 외에 엔진 내부의 청소도 하고 있다.

윤활작용에 대해서는 『저널 베어링』 부분에서 설명하였으므로 여기서는 그 이외의 역할에 대해서 서술하겠다. 우선 밀봉(密封) 작용은 윤활과 동시에 이루어지는 것으로 피스톤 링과 실린더 사이에 있는 엔진 오일이 고온의 연소가스가 크랭크실 쪽으로 누출되어 팽창력이 그만큼 손실되는 것을 방지하는 것이다. 고압의 연소가스가 피스톤 링과 실린더 사이로 들어가려는 것을 엔진 오일의 점성(粘性)이 막아내는 것이다.

연소실의 천정과 바닥에 해당하는 실린더 헤드와 피스톤 크라운은 고온의 연소가스에 노출

된다. 실린더 헤드는 주변이 워터 재킷(Water Jacket)으로 에워싸여 있기 때문에 냉각수에 의해서 냉각되지만 동시에 밸브 기구를 윤활하는 오일에 의해서도 냉각된다.

피스톤 크라운부의 열은 피스톤 링을 통하여 실린더 벽으로 전달되기 때문에 과열되는 경우가 있다. 따라서 고출력·고속회전을 도모한 엔진은 피스톤의 뒤쪽에 오일을 분사시켜 피스톤을 냉각하는 경우도 있다.

또 하나의 중요한 기능은 윤활작용과 동시에 이루어지는 응력(應力)의 분산(分散)이다. 연소가스의 팽창력은 순간적으로 몇 톤에 이르는 큰 것으로 피스톤으로부터 피스톤 핀을 지나 커넥팅 로드로, 커넥팅 로드가 크랭크 핀을 눌러 크랭크샤프트로 전달된다는 의미인데 금속 간에 직접 접촉한 상태에서 이처럼 큰 힘이 전달되면 순식간에 손상된다. 그 사이에 오일이 있으면 이 힘은 50원짜리 동전보다 작은 면적에 150~300kg 정도의 유압으로 바뀌어 피스톤 핀과 크랭크 핀에 완화되어 전달할 수 있다.

이 밖에 엔진오일은 열분해에 의해 발생한 카본입자 및 마모에 의해 생긴 금속가루 등의 미세한 이물질을 씻어 내거나 연소에 의해 발생한 미량의 화학물질에 의해 엔진의 내부가 산화되어 녹이 발생되는 것을 방지하는 역할도 하고 있다.

2. 윤활방식

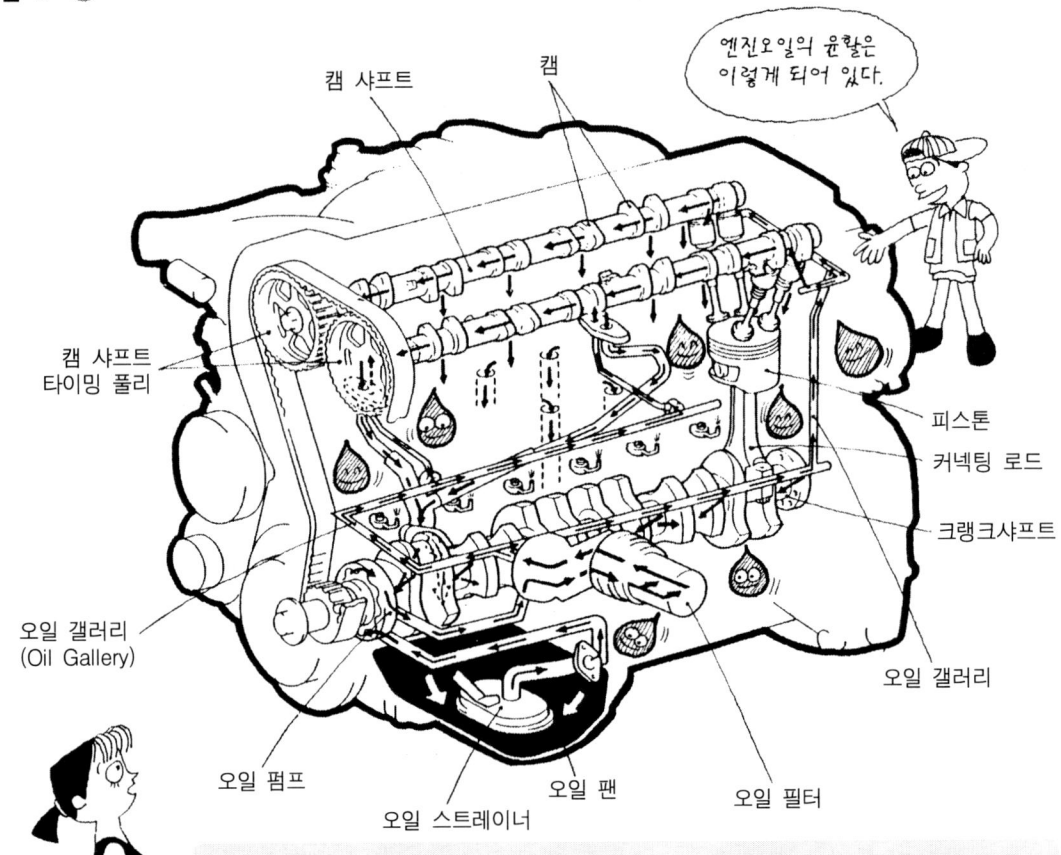

> 오일 팬에 담긴 엔진 오일은 오일 스트레이너 → 오일 펌프 → 오일 필터를 지나 오일 갤러리를 경유하여 밸브 시스템, 피스톤, 크랭크샤프트의 베어링으로 보내진다.

예전 엔진은 오일 팬에 담긴 오일을 커넥팅 로드의 빅엔드가 칠 때에 튀어 올라간 오일로 윤활하였다. 요즘의 윤활시스템은 오일 팬에 회수된 오일을 필요한 부분에 유압펌프로 보내어 강제적으로 윤활하는 방법이 적용되고 있고 오일의 순환방식에 따라 **드라이 섬프식(Dry Sump)**과 **웨트 섬프식(Wet Sump)**이 있다. 윤활장치는 오일을 저장하는 오일 팬, 오일을 여과하여 깨끗하게 하는 오일 필터, 오일을 엔진 각부로 보내는 오일펌프 등으로 구성되어 있다.

웨트 섬프는 대부분의 시판되는 자동차에 적용하고 있는 방식으로 우선 오일 팬에 담긴 오일을 20Mesh 전후의 그물망 형태의 **오일 스트레이너(Oil Strainer)**로 큰 이물질을 제거하고 오일펌프로 빨아 올려 이것을 **오일 필터(Oil Filter)**로 보내어 미세한 이물질을 제거한다.

엔진 블록에는 오일을 순환시키기 위한 **오일 갤러리(Oil Gallery)**라는 유공(油孔)이 뚫려 있어 오일 필터를 통과한 오일은 이 유공을 지나 실린더 헤드에서 밸브 개폐기구로, 메인 저널 베어링에서 커넥팅 로드 베어링으로 또는 피스톤에서 실린더 보어 등 필요한 곳으로 보내진다.

윤활이 끝난 오일은 피스톤, 커넥팅 로드, 크랭크샤프트는 직접, 밸브 개폐기구의 오일은

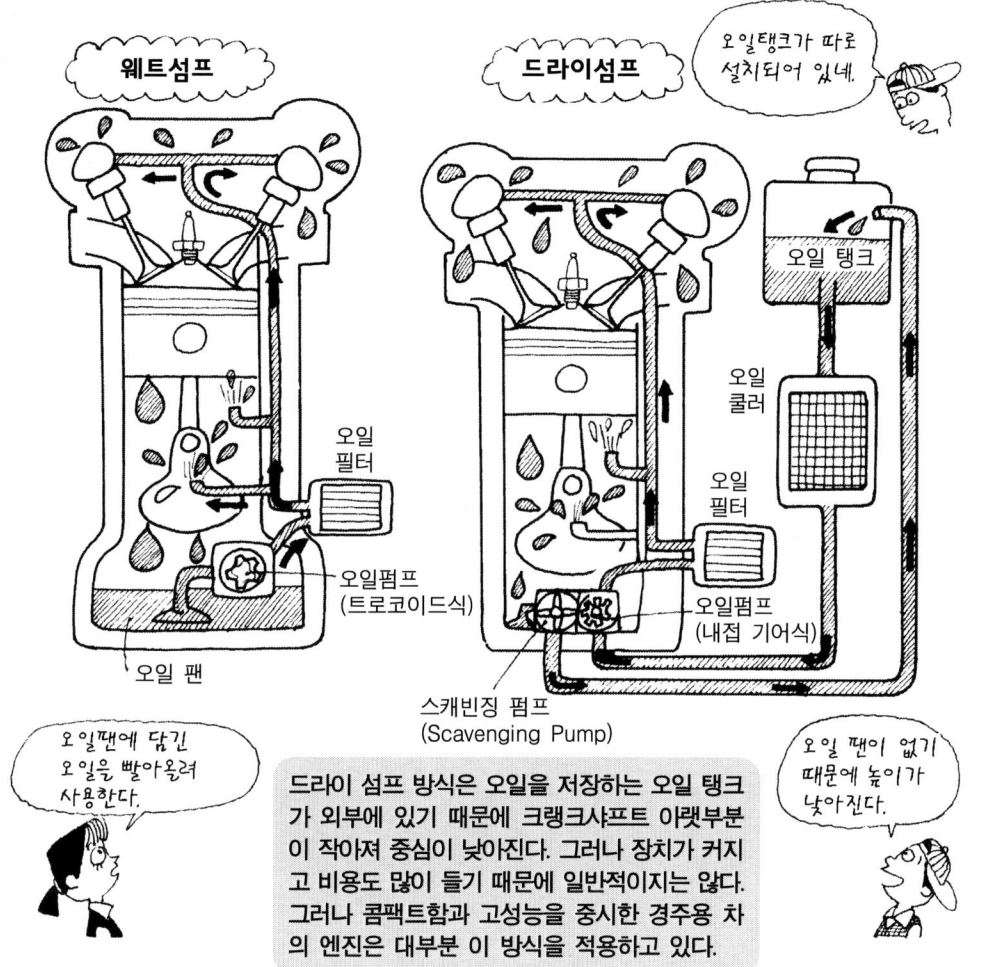

웨트섬프

드라이섬프

오일탱크가 따로 설치되어 있네.

오일 탱크

오일
쿨러

오일
필터

오일
필터

오일
펌프
(트로코이드식)

오일펌프
(내접 기어식)

오일 팬

스캐빙징 펌프
(Scavenging Pump)

오일팬에 담긴 오일을 빨아올려 사용한다.

드라이 섬프 방식은 오일을 저장하는 오일 탱크가 외부에 있기 때문에 크랭크샤프트 아랫부분이 작아져 중심이 낮아진다. 그러나 장치가 커지고 비용도 많이 들기 때문에 일반적이지는 않다. 그러나 콤팩트함과 고성능을 중시한 경주용 차의 엔진은 대부분 이 방식을 적용하고 있다.

오일 팬이 없기 때문에 높이가 낮아진다.

실린더 블록 내의 오일 리턴 포트(Oil Return Port)를 통과하여 오일 팬으로 되돌아와 다시 오일 스트레이너에 흡입되는 것인데 고속으로 선회(Cornering ; 旋回)하거나 급가속·감속을 하면 오일이 오일 팬 내에서 한쪽으로 쏠리게 되어 잘 흡입되지 않게 된다. 오일이 한쪽으로 기울지 않도록 세퍼레이터(Separator)라 불리는 칸막이 판(Baffle Plate)이 설치되어 있는 엔진도 있지만 경주용 차량의 전용 엔진에는 **스캐빙징 펌프(Scavenging Pump)**로 오일과 함께 기포나 공기 등도 함께 빨아들이고 오일 세퍼레이터로 오일과 공기를 분리하여 별도로 설치되어 있는 오일 탱크에 저장하는 방식이 이용된다. 이것이 **드라이 섬프** 방식이다.

드라이 섬프 방식은 오일을 별도의 탱크에 저장하기 때문에 오일 팬을 얇게 할 수 있어 크랭크샤프트 아래 부분이 작아져 그만큼 엔진의 중심을 낮게 할 수 있다. 그러나 장치가 커지기 때문에 일반 자동차에는 Porsche나 Ferarri의 수평 대향 엔진 등 기구상 사용할 수밖에 없는 경우에 적용되고 있을 뿐이다. 이에 가까운 구조로는 BMW가 오일 회수용 펌프를 오일 팬 속에 설치한 **세미 드라이 섬프(Semi-dry Sump)** 방식을 적용하고 있다.

3. 윤활계통 부품

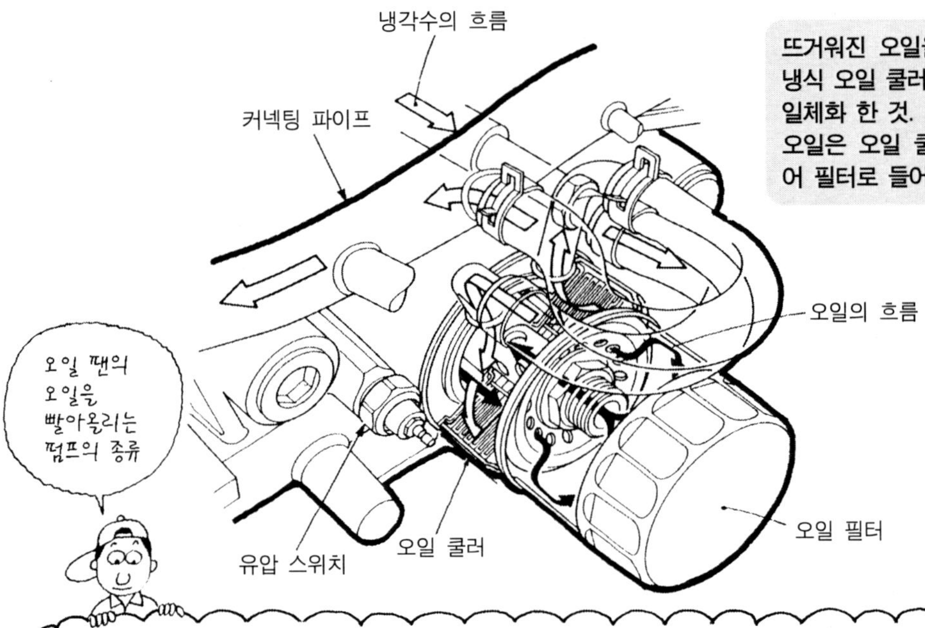

냉각수의 흐름

커넥팅 파이프

뜨거워진 오일을 냉각하는 수냉식 오일 쿨러를 오일 필터와 일체화 한 것.
오일은 오일 쿨러에서 냉각되어 필터로 들어간다.

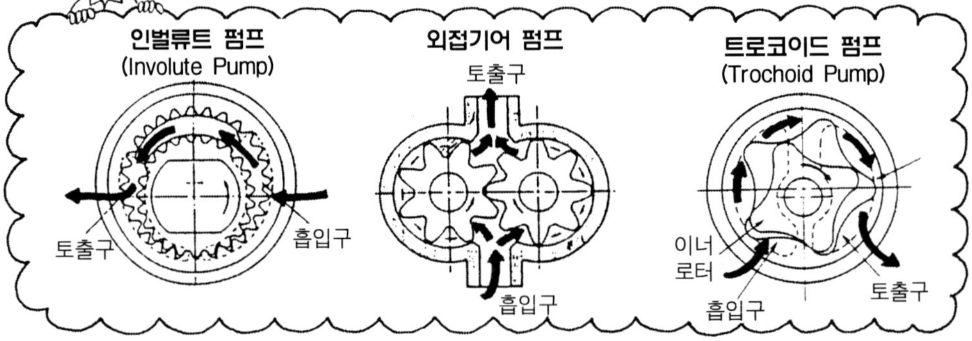

오일의 흐름

오일 팬의 오일을 빨아올리는 펌프의 종류

유압 스위치

오일 쿨러

오일 필터

인벌류트 펌프
(Involute Pump)

토출구 　 흡입구

외접기어 펌프

토출구

흡입구

트로코이드 펌프
(Trochoid Pump)

이너 로터

흡입구 　 토출구

윤활계통을 구성하는 주요 부품은 오일을 보내는 **오일 펌프(Oil Pump)**, 오일을 여과시키는 **오일 필터(Oil Filter)**, 고온이 된 오일을 냉각하는 **오일 쿨러(Oil Cooler)**의 3가지이다.

오일 팬에 담긴 윤활유를 빨아올리는 오일펌프에는 여러 가지 타입이 있지만 승용차용 엔진은 기어를 조합한 기어 펌프를 크랭크샤프트에 직결(直結)하여 사용하고 있는 경우가 많다.

기어 펌프(Gear Pump)는 펌프 바디 내에 있는 드리븐 기어(Driven Gear)와 그 중앙에 맞물린 드라이브 기어(Drive Gear)로 이루어져 있으며, 드라이브 기어가 회전하면 드리븐 기어도 회전하지만 이 2개의 기어는 회전의 중심 위치가 편심(偏心)되어 있기 때문에 기어 사이의 오일이 흡입구에서 토출구로 압출되어 펌프로서 작동한다. 기어의 호칭법에 따라 **인벌류트형(Involute Gear)**, **트로코이드형(Trochoid Gear)** 등 여러 가지 타입으로 분류된다.

오일펌프에 의해 송출되는 오일량은 엔진의 회전수에 비례하여 커지기 때문에 고속 회전시에는 오일의 압력이 지나치게 높아지고, 온도가 낮을 때에는 오일의 점도가 높아져 마찬가지로

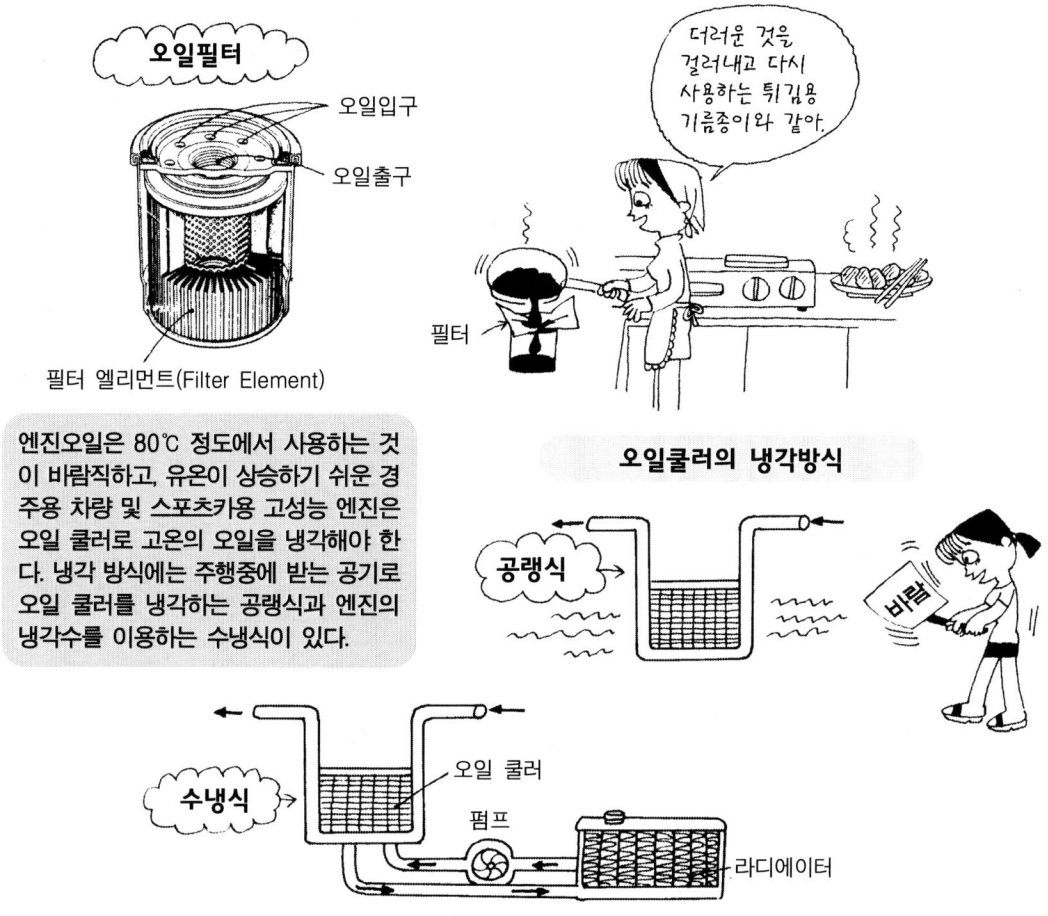

엔진오일은 80℃ 정도에서 사용하는 것이 바람직하고, 유온이 상승하기 쉬운 경주용 차량 및 스포츠카용 고성능 엔진은 오일 쿨러로 고온의 오일을 냉각해야 한다. 냉각 방식에는 주행중에 받는 공기로 오일 쿨러를 냉각하는 공랭식과 엔진의 냉각수를 이용하는 수냉식이 있다.

유압이 높아지므로 압력을 항상 일정하게 유지하는 장치가 설치되어 있다. 이것이 **프레셔 레귤레이터(Pressure Regulator)**이다. 엔진오일 속에 함유된 카본 입자 및 마모된 금속가루 등의 이물질을 제거하는 것이 **오일 필터(Oil Filter)**이다. **클리너 케이스**라는 조금 큰 통조림과 같은 형태의 케이스 속에 접어놓은 여과지(濾過紙)가 들어 있으며, 카트리지 식으로 되어 있어 오일을 교환할 때 케이스 전체를 교환하는 방식이 일반적이다.

엔진오일은 일반적으로 80℃ 정도에서 사용하는 것이 이상적이다. 온도가 낮으면 그만큼 점도(粘度)가 높아져 마찰저항이 커지지만 온도가 지나치게 높으면 점도가 낮아져 윤활의 역할을 저하시키고 오일의 열화(劣化)가 심해지기 때문에 엔진의 회전속도를 높여 사용하는 경우가 많은 스포츠카 및 경주용 차량에는 오일을 냉각시키기 위해 오일 쿨러가 설치되어 있다.

오일 쿨러에는 수냉식(水冷式)과 공랭식(空冷式)이 있으며, **수냉식 오일 쿨러**는 엔진의 냉각수로 오일을 적당한 온도로 유지하고 **공랭식 오일 쿨러**는 주행시 받는 공기로 냉각시킨다.

장치로서는 공랭식이 간단하지만 외기(外氣)의 온도와 주행속도에 따라 냉각효과가 달라지기 때문에 경주용 차량에 적합하고, 수냉식은 조금 복잡하지만 안정된 냉각효과를 얻을 수 있기 때문에 스포츠카 등 시판(市販)되는 자동차에 적용되고 있다.

엔진오일에 요구되는 특성은?

광장한 일을 하고 있구나!

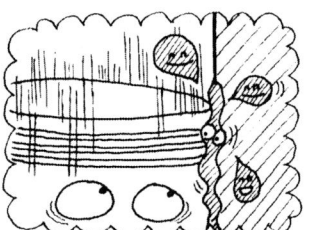

1. 윤활 성능이 우수할 것

2. 열에 의한 열화가 적을 것

3. 산화되기 어려울 것

4. 기포 발생이 어려울 것

< 엔진오일의 품질분류 >

심벌 기호	요구되는 품질 레벨
SD	블로바이 가스 환원장치를 설치한 가솔린 엔진용
SE	산화, 고온 침전물 녹, 부식에 대해 SD 이상
SF	SE보다 산화 안정성, 내마모성이 우수하다.
SG	SF보다 좋지 않은 조건에서 더 잘 견딘다.

엔진 오일의 기능에는 「마찰력을 작게 하여 마모를 적게 한다, 피스톤 및 실린더 헤드 등을 냉각한다, 피스톤과 실린더의 틈을 밀봉한다, 응력(應力)을 분산(分散)한다, 엔진 내부를 좋게 한다, 녹의 발생을 방지한다」 등 여러 가지가 있다.

이러한 역할을 하는 엔진 오일에 요구되는 특성으로는 점도가 사용 조건에 매칭(Matching) 될 것, 윤활 성능이 우수할 것, 열에 의한 열화(劣化)가 적을 것, 산화(酸化)하기 어려울 것, 기포(氣泡)의 발생이 어려울 것 등 여러 가지가 있지만 가장 중요한 특성은 점도(粘度)이다. 따라서 엔진 오일은 점도에 의한 분류와 품질에 의한 분류의 2가지 분류로 이루어져 있다.

엔진 오일은 1ℓ, 4ℓ 또는 20ℓ의 케이스에 넣어 판매되고 있는데 메이커명, 브랜드명, 오일명과 함께 점도 분류와 품질 분류가 표시되어 있는 것이 일반적이다. 우선 점도의 분류는 SAE(미국자동차공학회)가 정한 규격으로 점도가 낮은 것에 작은 수치(數値)를, 높은 것에 큰 수치를 부여하고 한랭지용에는 W를 표기한다. 예를 들면 30은 일반용, 20은 동절기용이라는 방식의 한 가지 숫자만 사용한 오일을 **싱글 그레이드 오일(Single Grade Oil)**이라고 한다.

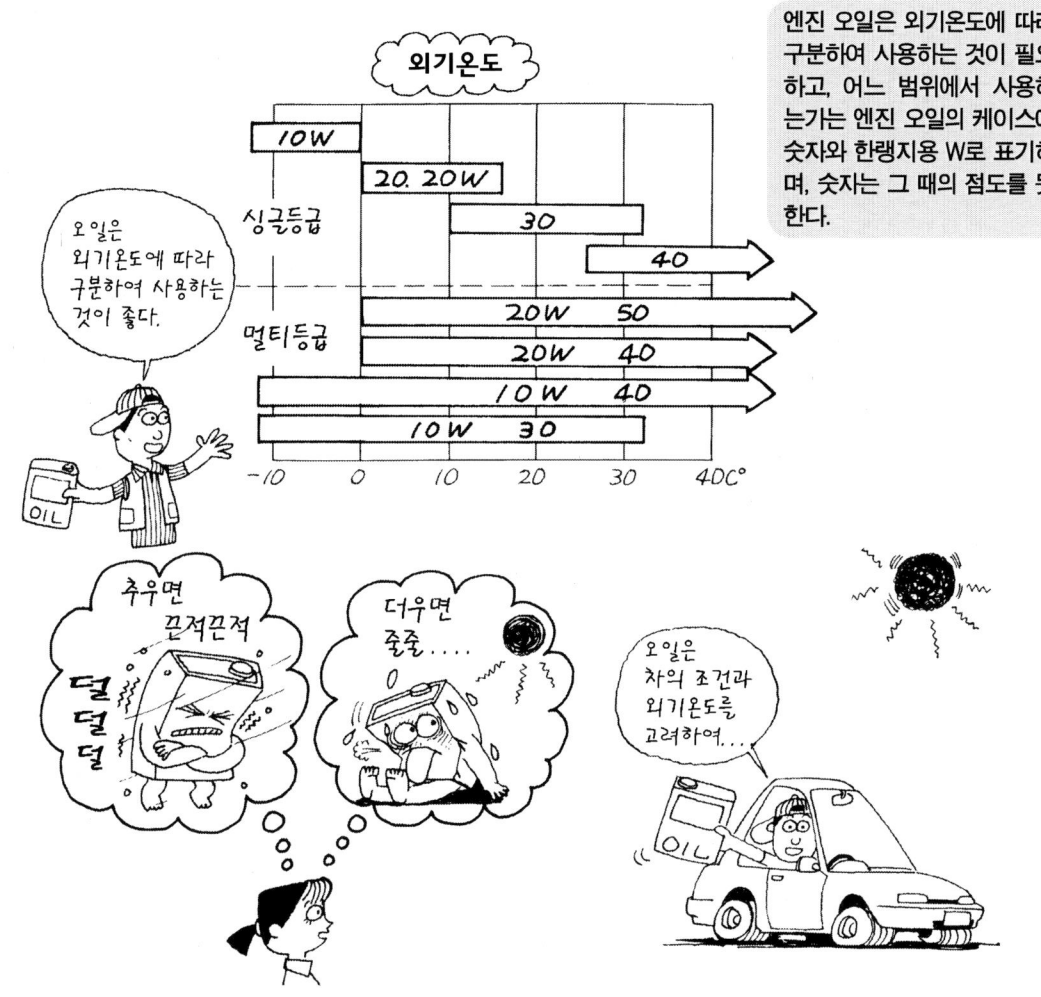

5W-30이나 10W-30과 같이 범위가 표시되어 있는 것은 **멀티 그레이드 오일(Multi Grade Oil)**이라 불리며, 이 경우 5W-30과 10W-30을 비교하면 5W-30은 저온시 점도가 10W-30 보다 낮지만 고온에서는 같은 정도라는 것을 나타내고 있다.

온도가 높으면 오일의 점도가 낮아지는데 온도에 따라 점도가 어떤 식으로 변화하는가를 **점도지수(Viscosity Index)**라고 하며, 점도가 변화하기 어려운 오일을 점도지수가 크다고 한다. 점도지수가 큰 오일이 사용하기 쉽다는 것은 두말할 나위가 없다.

오일의 **품질 분류**로는 API(미국석유협회)에서 정한 것이 사용되고 있으며, 가솔린 엔진용에는 S의, 디젤 엔진용에는 C의 뒤에 A부터 알파벳순으로 명기하는데 최근의 가솔린 엔진용으로는 SD로부터 SG까지 제정되어 있다.

엔진 오일은 **자동차, 운전 조건, 외기 온도**의 3가지에 의해 선별하는 방법과 교환 시기가 결정되어 있기 때문에 차량을 구입했을 때 취급 설명서를 잘 읽고 적당한 것을 사용해야 한다. 교환 시기는 가솔린 엔진의 경우 SD 10,000km, SE, SF 15,000km 정도가 보통이고, 터보 엔진의 경우 오일 사용 조건이 가혹하기 때문에 5,000km 정도마다 교환하는 것이 하나의 기준으로 되어 있다.

1. 냉각시스템

● 냉각시스템 내의 냉각수 흐름

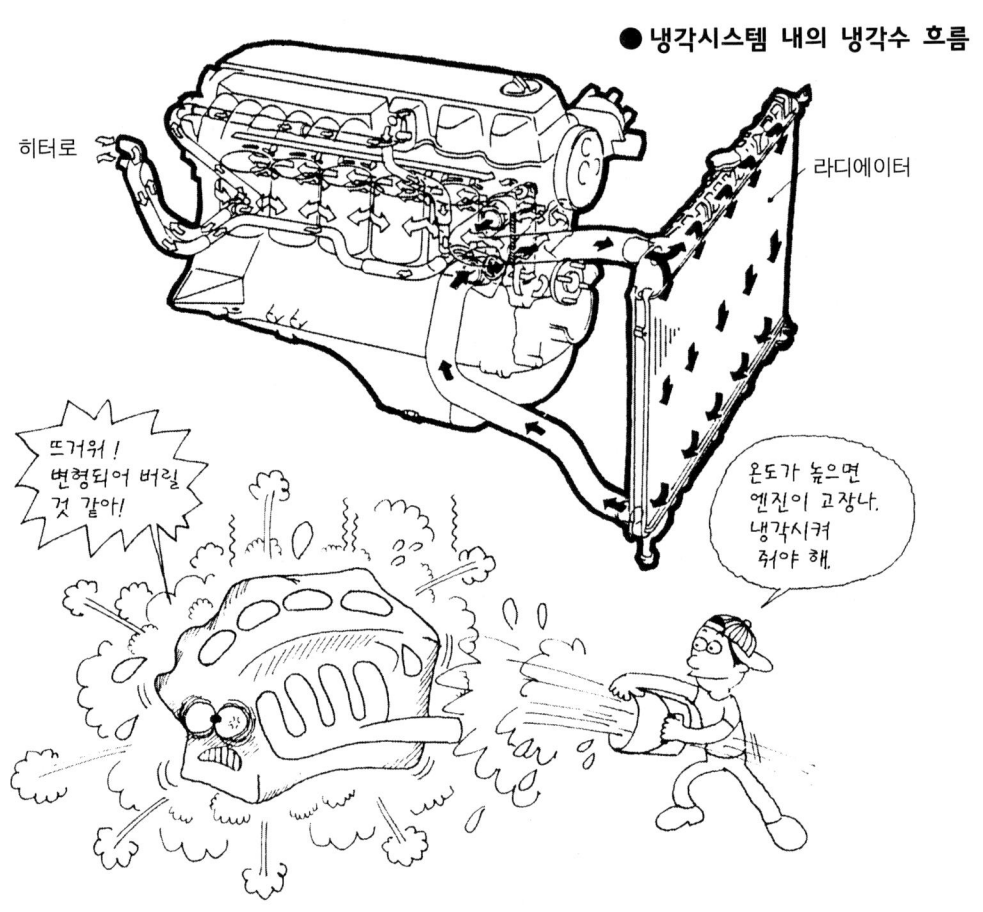

히터로

라디에이터

뜨거워!
변형되어 버릴
것 같아!

온도가 높으면
엔진이 고장나.
냉각시켜
줘야 해.

　연소실에서 혼합기가 연소됨에 따라 발생한 열에너지 중 대략적으로 피스톤을 누르는 운동에너지가 되는 것은 30%, 배기와 함께 배출되는 것은 30%, 연소실을 형성하는 피스톤 및 실린더 헤드에 열로서 전달되는 것은 30%, 나머지 10%는 기계적인 마찰 등에 의해 손실된다.

　이 중에 연소실 벽에 전달된 열은 신속(迅速)하게 냉각시키지 않으면 피스톤 및 실린더 헤드에 잔류(殘留)하여 그 부분의 온도가 높아지기 때문에 실린더 헤드가 변형되거나 윤활유의 유막이 끊어지는 등 엔진을 손상(損傷)시키게 된다.

　그렇다고 해서 지나치게 냉각시키면 연소에 의한 열에너지의 많은 부분이 연소실 벽에 전달되어 열효율이 나빠지거나 혼합기의 기화(氣化)가 충분히 이루어지지 않는 등 트러블이 생긴다. 따라서 엔진을 운전상태에 맞추어 적당한 온도로 유지하는 것이 냉각계통의 역할이다.

　자동차 엔진의 냉각시스템에는 냉각수를 사용하는 **수냉식(Water Cooled Type)**과 외기에 의해서 엔진을 냉각하는 **공랭식(Air Cooling Type)**이 있다. 공랭식은 구조가 간단하지만 엔진을 균일하게 냉각하기 어렵고 소음도 크기 때문에 오늘날에는 거의 사용되지 않게 되었다.

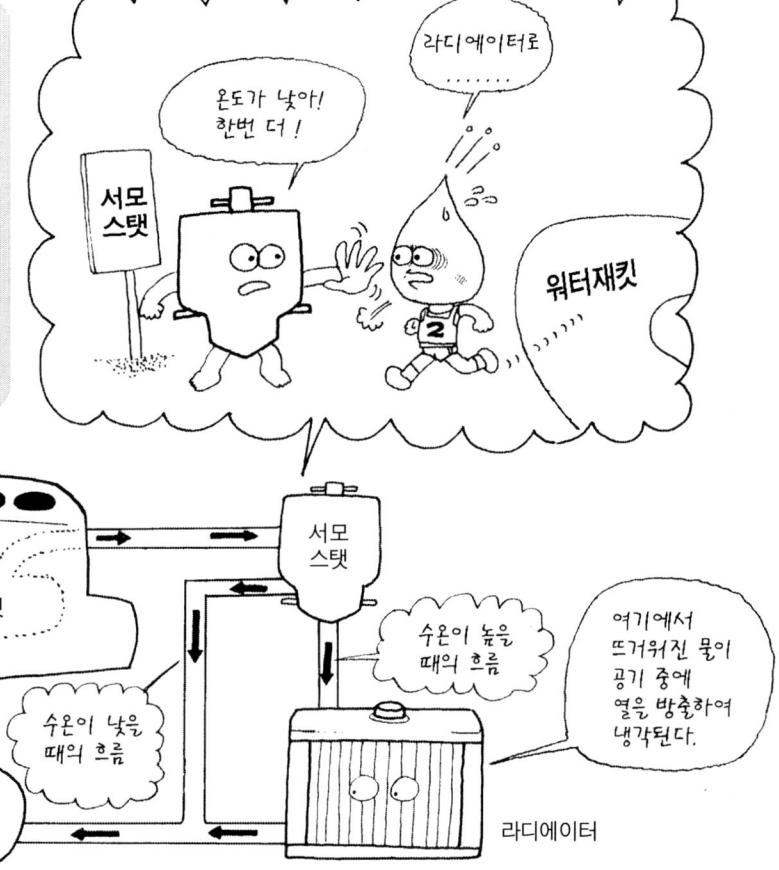

서모스탯(Thermostat)은 라디에이터로 향하는 실린더 헤드의 수로(水路) 출구에 설치되어 있는 밸브로 냉각수 온도를 감지하여 자동적으로 개폐(開閉)된다. 엔진의 시동 직후나 한겨울의 주행시 냉각수온이 낮을 때에는 닫혀서 라디에이터로 물이 흐르지 않게 하고, 수온의 상승과 함께 조금씩 열리도록 되어 있다.

수냉식은 냉각수의 흐름 방식에 따라 엔진의 한쪽에 냉각수를 넣어 같은 쪽으로 내보내는 **U턴 플로식(U-Turn Flow)**과 다른 쪽으로 내보내는 **크로스 플로식(Cross Flow)**으로 분류되며, 냉각수의 흐름이 엔진의 세로방향 또는 가로방향으로 흐르는가에 따라 **세로흐름 방식**과 **가로흐름 방식**으로 나누어진다.

수냉식은 냉각수가 **워터 펌프(Water Pump)**에 의해 실린더와 실린더 헤드를 둘러싼 워터 재킷의 밑에서부터 보내지고, 뜨거워진 냉각수는 회수되어 **라디에이터(Radiator)**로 유입된다. 주행 중에는 라디에이터에 통풍이 충분하기 때문에 문제가 없지만 서행 및 정차 중에는 라디에이터를 **팬**으로 강제 송풍하여 냉각시키고, 온도가 낮아진 냉각수는 다시 펌프로 되돌려진다.

또한, 워터 재킷과 라디에이터 사이에는 냉각수의 온도를 감지하는 **서모스탯(Thermostat)**이 설치되어 있어 회수된 냉각수의 온도가 낮을 때는 라디에이터로 흐르지 않고 워터 재킷 내로 환류(還流)시키는 구조로 되어 있다. 서모스탯은 캡슐 속에 왁스를 봉입하고 왁스가 열에 의해 팽창되거나 냉각되어 수축하는 것을 이용하여 밸브를 개폐하는 왁스식 서모스탯이 주류를 이루고 있다. 서모스탯이 작동하는 냉각수의 온도는 일반적으로 80℃ 전후가 적당하다.

2. 라디에이터

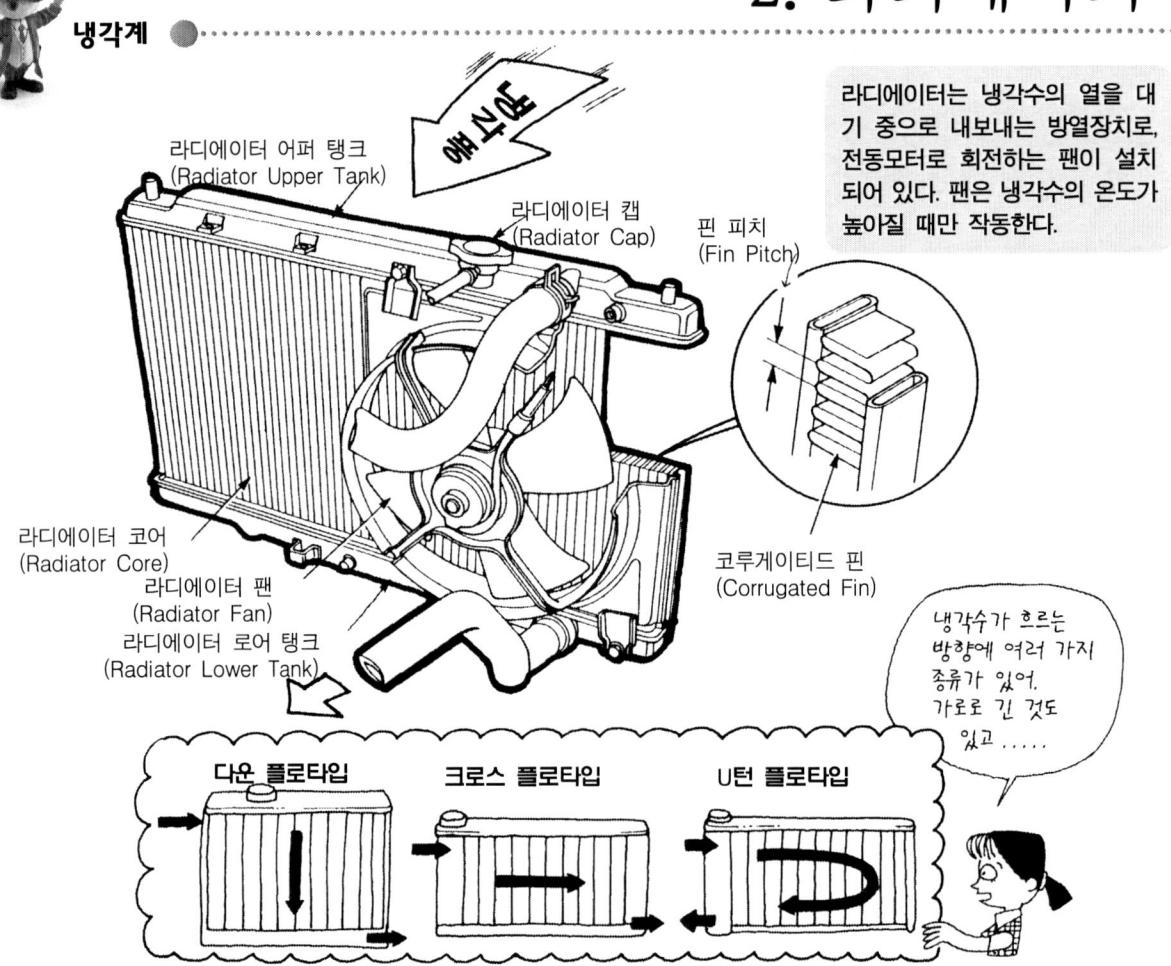

라디에이터 어퍼 탱크
(Radiator Upper Tank)

냉각수

라디에이터 캡
(Radiator Cap)

핀 피치
(Fin Pitch)

라디에이터는 냉각수의 열을 대기 중으로 내보내는 방열장치로, 전동모터로 회전하는 팬이 설치되어 있다. 팬은 냉각수의 온도가 높아질 때만 작동한다.

라디에이터 코어
(Radiator Core)

라디에이터 팬
(Radiator Fan)

라디에이터 로어 탱크
(Radiator Lower Tank)

코루게이티드 핀
(Corrugated Fin)

냉각수가 흐르는 방향에 여러 가지 종류가 있어. 가로로 긴 것도 있고.....

다운 플로타입   크로스 플로타입   U턴 플로타입

라디에이터는 열이나 빛 등의 방사체(放射體)를 뜻하는 단어로 열을 대기 중에 방산(放散)하는 장치이다. 방의 난방기구 방열부도 라디에이터라 불리고 차량의 난방장치에 설치되어 있는 방열기도 라디에이터이지만 이것은 히터 코어(Heater Core)라 불린다.

냉각효율(冷却效率)을 높이기 위해서는 방열 면적이 가능한 한 넓은 것이 좋으므로 라디에이터는 편평(扁平)한 튜브에 열을 전달하기 쉬운 성질을 가진 금속판(핀)을 용접한 **라디에이터 코어**의 양측에 냉각수를 저장하는 탱크가 설치되어 있는 구조로 되어 있다.

라디에이터는 탱크를 상하로 배치하여 뜨거운 물은 위로, 차가운 물은 아래로 흐르는 대류의 원리를 이용하여 냉각수를 위에서 아래로 흐르게 하는 **다운 플로식**이 주류를 이루고 있지만, 좌우에 탱크를 배치하여 냉각수를 가로로 흐르게 하는 **크로스 플로식**이 점차 증가하고 있다.

크로스 플로의 경우 라디에이터의 높이를 낮게 가로로 길게 만들기 때문에 방열 면적이 넓어져 차량의 프런트 그릴에 디자인의 자유도가 커진다는 장점이 있지만 유동(流動) 저항이 크다. 크로스 플로식은 라디에이터 코어를 중앙에서 상하로 구분하여 한쪽 위에서 냉각수를 넣고

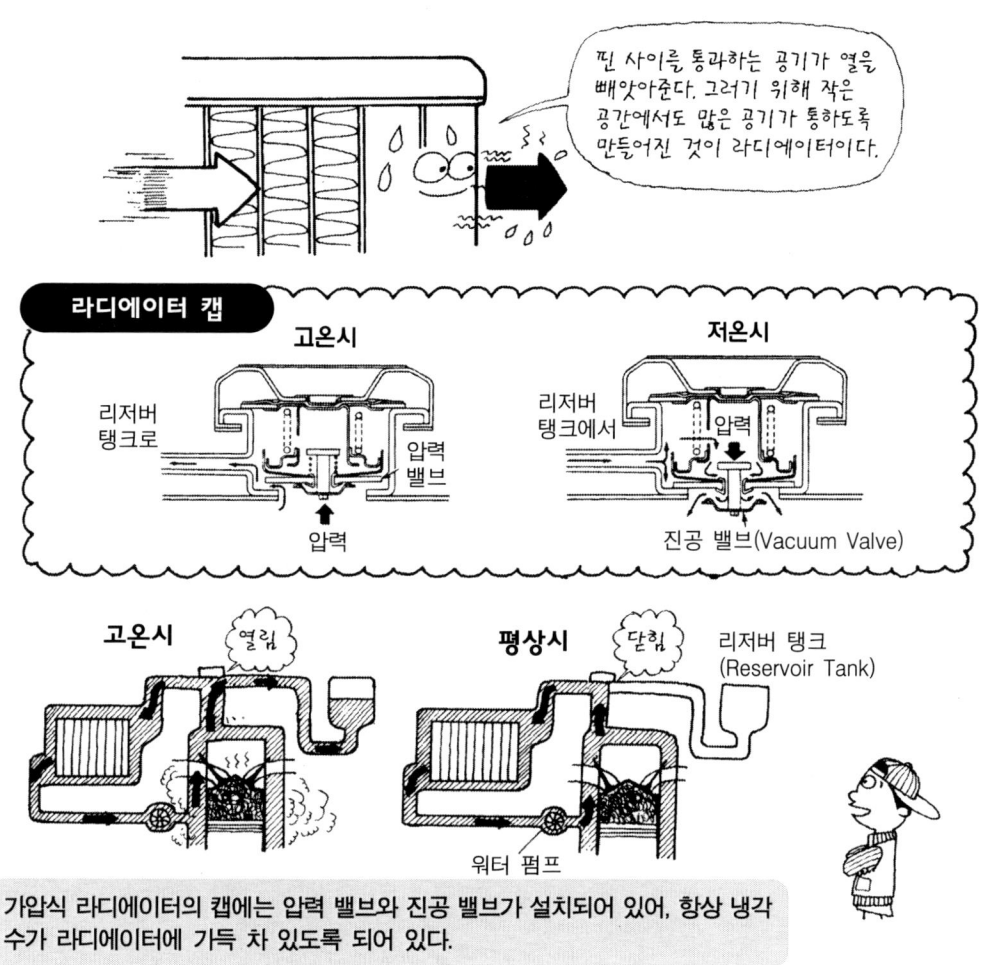

핀 사이를 통과하는 공기가 열을 빼앗아준다. 그러기 위해 작은 공간에서도 많은 공기가 통하도록 만들어진 것이 라디에이터이다.

라디에이터 캡

고온시

저온시

리저버 탱크로

압력 밸브

압력

리저버 탱크에서

압력

진공 밸브(Vacuum Valve)

고온시   열림

평상시   닫힘

리저버 탱크 (Reservoir Tank)

워터 펌프

가압식 라디에이터의 캡에는 압력 밸브와 진공 밸브가 설치되어 있어, 항상 냉각수가 라디에이터에 가득 차 있도록 되어 있다.

같은 쪽의 아래에서 회수하는 **U턴 플로**라 불리는 방식도 있다.

코어의 소재는 황동 튜브에 구리 핀을 납땜한 것이 일반적이었지만 냉각수를 통과시키는 튜브, 공기와 접하는 핀 모두 비중이 가벼운 알루미늄을 사용한 **알루미늄 라디에이터**가 증가하고 있다. 탱크도 경량화하기 위해 황동이나 알루미늄 대신에 유리섬유를 넣은 나일론 등의 **수지 탱크**의 적용이 증가하고 있다.

라디에이터에는 냉각수를 보충하기 위한 라디에이터 캡이 설치되어 있다. 이 캡은 예전에는 간단한 마개로 냉각수가 외기(外氣)와 통하고 있었지만 현재는 캡이 내부를 밀폐하는 **가압식 라디에이터(Pressurized Type Radiator)**로 되어 있다. 대기압에서 물은 100℃에서 비등하며, 밀폐시킨 상태에서는 압력이 상승하고 비점(沸點)이 높아져 외기 온도와의 차이가 커지기 때문에 냉각효과를 높이는 것이 가능하다.

가압식 라디에이터의 캡은 **압력 밸브(Pressure Valve)**와 진공 **밸브(Vacuum Valve)**가 설치되어 있으며, 압력 밸브는 냉각수의 비점을 110~120℃ 높이고, 내부 압력이 0.9~1.0 kgf/cm² 정도로 높이지면 열려 여분의 냉각수를 내보내고, 진공 밸브는 반대로 온도가 낮아져 내부가 부압이 될 때 냉각수를 공급하여 항상 라디에이터에 냉각수가 차 있도록 한다.

3. 실린더 헤드의 냉각

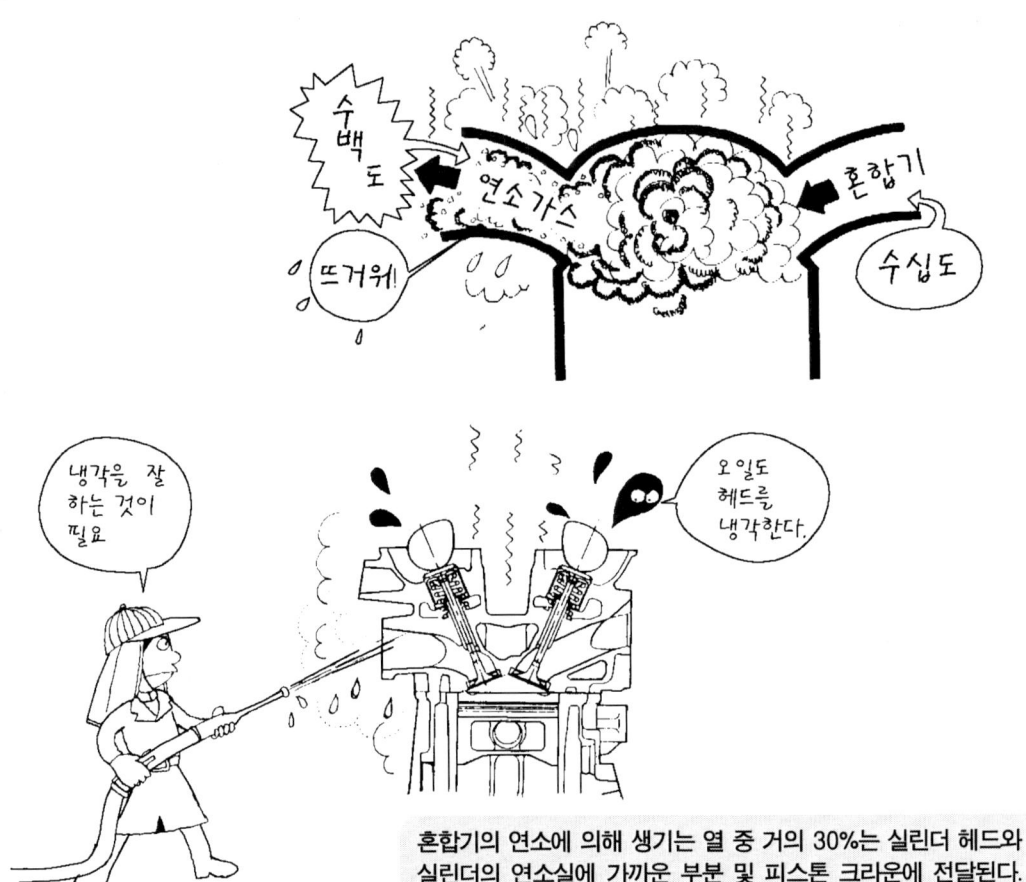

혼합기의 연소에 의해 생기는 열 중 거의 30%는 실린더 헤드와 실린더의 연소실에 가까운 부분 및 피스톤 크라운에 전달된다.

엔진에서 가장 고온이 되는 부분은 물론 연소실이다. 뜨거워진 실린더 헤드와 실린더는 주로 냉각수에 의해, 피스톤은 그에 더하여 엔진 오일에 의해 냉각된다.

이 부분의 온도는 흡입되는 혼합기 온도, 그 연소 상태, 배기온도에 영향을 미치므로 엔진의 성능을 결정한다고 해도 좋을 정도이기 때문에 그 온도를 좌우하는 실린더 헤드의 냉각을 어떻게 하느냐가 가장 중요한 문제이다.

또한, 실린더 헤드의 대부분은 가볍고 열전도성이 좋은 알루미늄 합금으로 주조에 의해 만들어져 있지만 외기와 거의 같은 온도로 혼합기가 유입되는 흡기 포트와 고온의 연소가스를 내보내는 배기 포트가 근접되어 있으므로 온도 차이에 따른 열팽창 차이로 인하여 흡·배기 밸브와 이것을 구동하는 시스템에 트러블이 발생되지 않도록 냉각을 잘하는 것도 필요하다.

냉각수는 실린더 블록의 워터 재킷에서 실린더 헤드로 유입되어 배기가스로 가열된 배기 포트 주변을 냉각한 뒤 흡기 포트 측으로 유출시키는 것이 일반적이다. 이렇게 함에 따라 실린더 헤드의 온도가 높은 배기 포트 측과 온도가 낮은 흡기 포트 측의 온도 차이가 작아져 그만큼

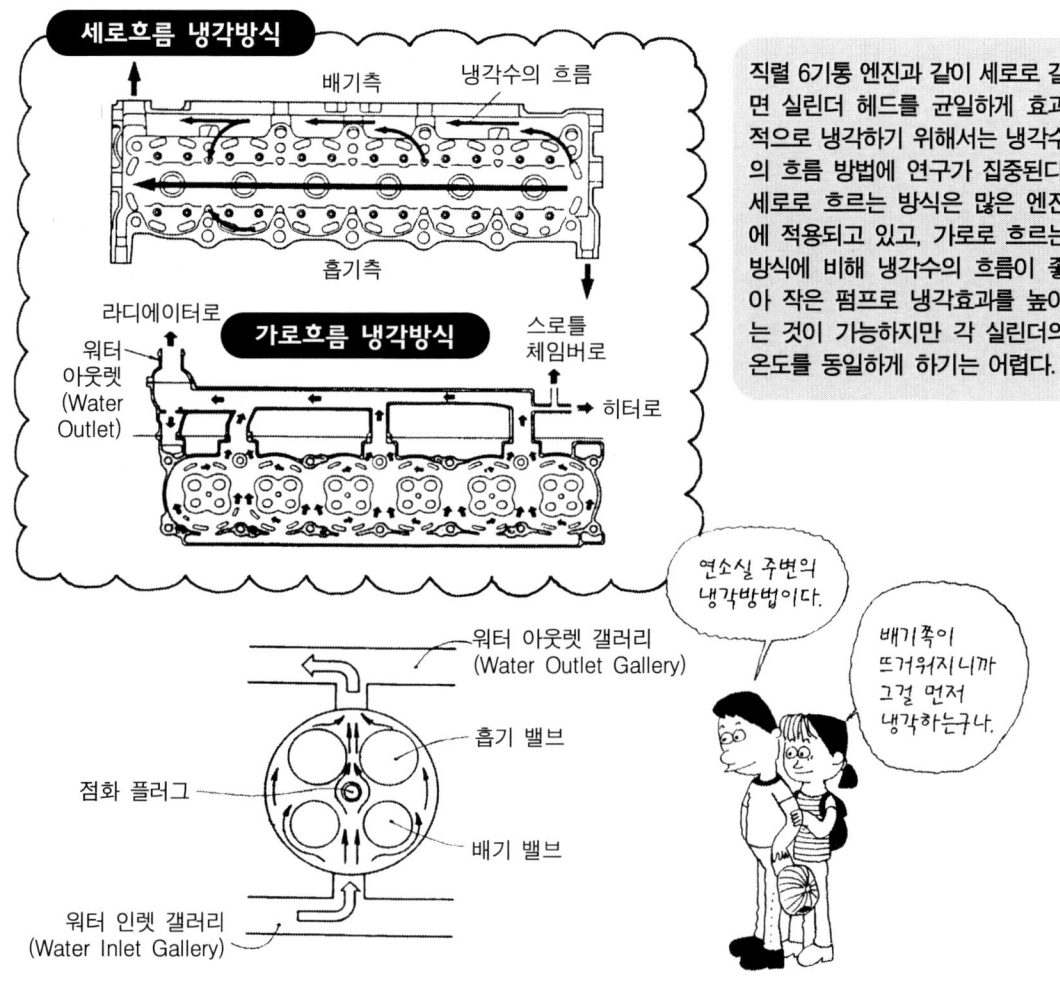

세로흐름 냉각방식

배기측　　냉각수의 흐름

흡기측

라디에이터로

워터
아웃렛
(Water
Outlet)

가로흐름 냉각방식

스로틀
체임버로

히터로

직렬 6기통 엔진과 같이 세로로 길면 실린더 헤드를 균일하게 효과적으로 냉각하기 위해서는 냉각수의 흐름 방법에 연구가 집중된다. 세로로 흐르는 방식은 많은 엔진에 적용되고 있고, 가로로 흐르는 방식에 비해 냉각수의 흐름이 좋아 작은 펌프로 냉각효과를 높이는 것이 가능하지만 각 실린더의 온도를 동일하게 하기는 어렵다.

워터 아웃렛 갤러리
(Water Outlet Gallery)

흡기 밸브

점화 플러그

배기 밸브

워터 인렛 갤러리
(Water Inlet Gallery)

연소실 주변의 냉각방법이다.

배기쪽이 뜨거워지니까 그걸 먼저 냉각하는구나.

열팽창의 차이에 따른 실린더 헤드의 비틀림을 작게 하는 것도 가능하다는 뜻이다.

또한 배열된 각각의 실린더 헤드 주변의 온도에 큰 차이가 있어도 좋지 않다. 혼합기의 연소 방법은 점화될 때의 온도에 좌우되므로 각 실린더의 온도가 동일한 것이 이상적이다. 따라서 직렬 6기통과 같이 세로로 긴 엔진은 양 끝과 중앙 쪽에 있는 실린더의 온도가 많은 차이가 나지 않도록 냉각수의 흐름 방법에 대한 연구가 집중되고 있다.

예를 들면, 냉각수가 전방(前方)의 실린더부터 냉각시켜 가는 경우 후방(後方)의 실린더는 뜨거워진 냉각수에 의해 냉각이 이루어지게 된다. 따라서 처음부터 냉각수를 각 실린더로 배분하여 똑같이 냉각하는 방법이 사용되기도 한다.

흡·배기 밸브를 구동하는 캠 및 로커 암, 캠 샤프트 등의 부품은 오일로 윤활되고 있지만 이 오일도 실린더 헤드를 냉각하는 역할을 한다. 단, 윤활유에 의한 냉각효과는 20% 정도로 대부분의 열은 워터 재킷의 냉각수 쪽으로 간다.

4. 오버히트

오버히트하고 있는 것 아냐 ? 그대로 달리면 큰일 나.

오버 히트의 원인에는 여러 가지가 있지만 라디에이터의 작동이 충분치 않아서 또는 냉각수의 부족으로 인한 경우가 많다.

- 협로 등에서의 코어 틈 막힘

- 연속된 악조건에서의 주행

- 라디에이터에 바람이 잘 통하지 않는다.

- 팬 벨트의 느슨함

엔진의 냉각수 온도는 엔진에서 발생하는 열량과 라디에이터로부터 방열되는 열량의 밸런스에 의해 결정된다. 냉각이 충분히 이루어지지 않아 온도가 높아지면 냉각수가 비등(沸騰)하여 라디에이터 캡에서 증기가 뿜어져 나오는 현상을 **오버 히트(Over Heat)**라 하며, 그대로 주행을 계속하면 엔진의 성능이 저하되어 결국에는 엔진이 작동을 멈춘다.

엔진에 특별한 이상이 없고 수온계가 왔다 갔다 할 경우의 오버 히트 원인으로는 크게 「라디에이터를 통과하는 공기량이 적다, 또는 송풍(送風)의 온도가 높다, 냉각수량이 적다, 연속된 가혹한 운전」 등 4가지가 의심된다.

라디에이터를 통과하는 공기의 흐름을 방해할 수 있는 에어로 파트(Aero Parts) 및 대형 포그 램프(Fog Lamp)를 설치한 경우 또는 험한 길을 오랫동안 주행하여 라디에이터가 막힌 경우에는 냉각수의 온도가 높아지기 쉽다. 팬 벨트가 느슨해지거나 끊어지면 냉각 팬에서 라디에이터로 보내는 풍량(風量)이 적어져 오버 히트가 된다.

- 방해물이 있어
  냉각되지 않는다.

- 냉각수 부족

터보를 탑재한 자동차를 튠 업(Tune-up)하여 라디에이터 앞에 대형 인터쿨러를 설치하면 풍량이 적어짐과 동시에 온도가 높아져 냉각 효과가 나빠지는 것은 당연하다. 그러한 차량을 억지로 주행하면 금방 오버 히트 현상이 발생된다.

오래된 냉각수 파이프의 누수(漏水)로 냉각수가 부족하거나 워터 펌프를 구동하는 벨트가 느슨해지면 순환하는 냉각수량이 적어지기 때문에 오버 히트한다. 이것은 주행하기 전 일상점검(日常點檢)으로 충분히 방지할 수 있다.

일반적으로 엔진에 오버 히트가 발생된 경우 운전자는 당황하여 차량을 세우고 엔진의 시동을 끄는 경우가 자주 있는데 이것은 가장 좋지 않은 방법이다. 이렇게 하면 불충분하지만 작동하고 있던 냉각계통이 모두 정지된다. 오버 히트의 기미(氣味)가 있어도 엔진은 금방 손상(損傷)되지 않기 때문에 우선 안전한 장소를 찾아서 차량을 세운다. 그리고 엔진을 아이들링 상태로 유지하고 후드를 열어 통풍을 잘 되도록 하여 수온계의 바늘이 내려가기를 기다린다.

라디에이터 캡을 열면 빨리 온도가 낮아질 것 같지만 뜨거운 수증기가 뿜어져 나와 위험할 뿐만 아니라 그나마 있던 냉각수마저도 분출되어 없어지기 때문에 이것은 자제하는 쪽이 좋다. 충분히 엔진이 냉각되면 앞에 서술한 것과 같은 이상이 없는지를 점검한다.

1. 과급시스템의 종류

과급기의 원리

터빈

공기를 압축해 넣어 출력과 토크를 향상시키는 것이 과급기이다.

배기로 회전

컴프레서

피스톤 하강시의 흡인력을 이용하여 공기를 흡입하는 보통의 것을 NA엔진이라고 한다.

과급기가 설치되어 있지 않네.

엔진은 흡입되는 공기량이 많으면 그만큼 많은 가솔린을 연소시키는 것이 가능하기 때문에 큰 출력을 얻을 수 있다. 공기를 엔진에 보다 많이 압축하여 넣음으로 인하여 적은 배기량으로 큰 출력을 얻게 하는 것이 과급시스템이고 과급기의 타입에 따라 터보차저나 슈퍼차저로 나눌 수 있다.

엔진의 출력과 토크를 높이려 할 때의 기본은 『얼마나 많은 산소를 엔진에 흡입되도록 하는가』이다. 흡입되는 공기의 밀도가 높고 양이 많다면 그만큼 많은 연료를 연소시키는 것이 가능하기 때문에 엔진의 출력과 토크도 커지게 된다. 흡·배기계통과 연소실을 개선하여 조금이라도 많은 공기가 흡입되도록 하는 가장 손쉬운 방법은 공기를 강제적으로 압축하는 것으로 이것을 수행하는 엔진의 보조 장치가 과급기(過給機)이다.

과급기는 영어로 **슈퍼차저(Super Charger)**라 하며, 몇 가지 타입이 있지만 현재는 배기 터빈으로 과급기를 구동하는 **터보차저(Turbo Charger)**와 엔진 동력의 일부(크랭크샤프트의 회전)를 사용하여 과급기를 기계적으로 구동하는 **슈퍼차저**가 주류를 이루고 있다. 슈퍼차저에 두 가지 의미가 있어 혼동하기 쉽지만 일반적으로는 기계 구동식을 이렇게 부르는 경우가 많다.

터보차저(Turbo Charger)는 정식적으로 **배기 터빈구동식 과급기**라 부르며, 엔진에서 배출되는 가스의 힘을 이용하여 터빈을 회전시켜 같은 회전축에 설치되어 있는 컴프레서(Compressor)

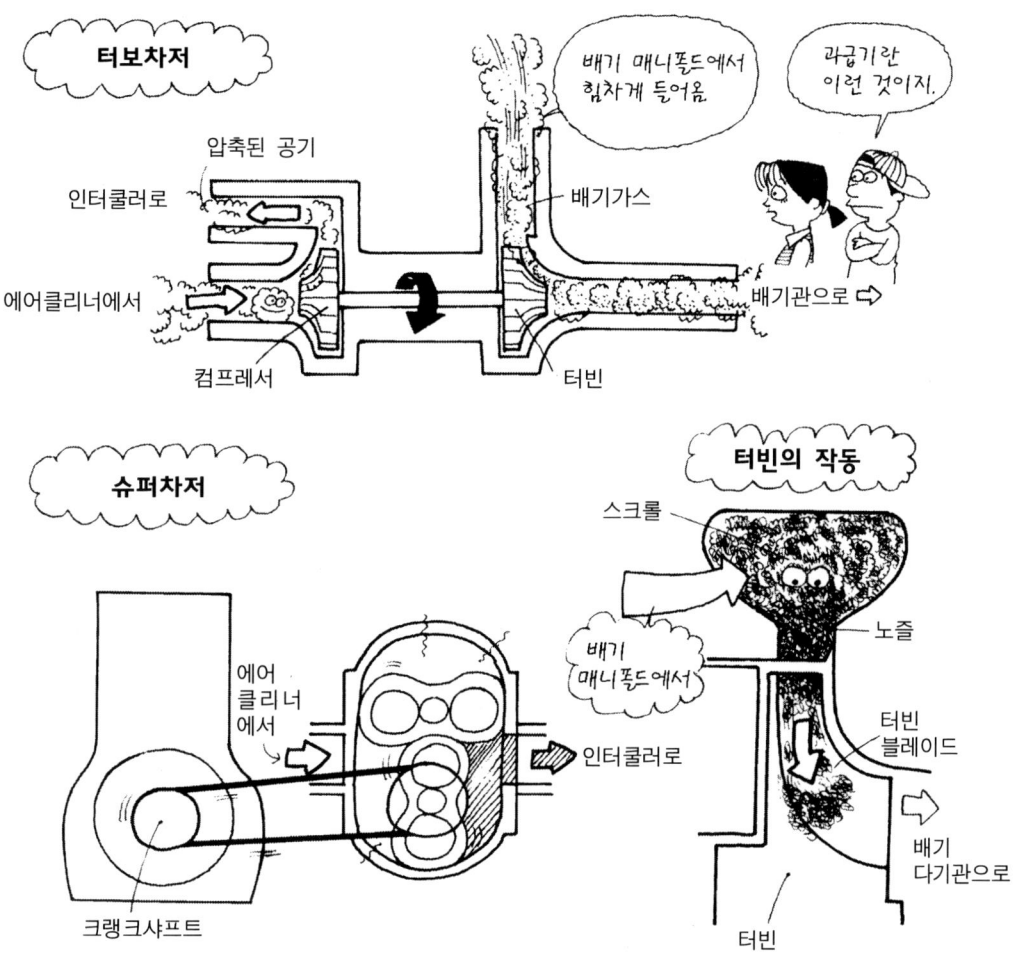

에 의해 공기를 압축하여 실린더로 보내는 시스템이다. 작은 장치를 설치하는 것만으로 엔진의 출력이 대폭 증가하지만 엔진의 회전속도가 낮을 때는 배기 에너지가 적기 때문에 터빈의 회전 속도를 순간적으로 높이는 것이 불가능하여 회전속도의 상승이 지연(遲延)되는 경향이 있다. 이 때문에 액셀러레이터 페달을 밟아도 곧바로 회전속도가 상승되지 않아 엔진의 응답성이 나빠지는 경우가 있는데 이것을 **터보 래그(Turbo Lag)**라 한다. 래그(Lag)는 시간의 어긋남, 지연을 뜻한다.

　기계 구동식 과급기인 **슈퍼차저(Super Charger)**는 크랭크샤프트에서 기어 또는 벨트로 구 동되기 때문에 엔진의 회전속도에 비례하여 회전하며, 응답성이 좋다. 그러나 특히 저속회전에 서 로터와 하우징의 틈새로부터 새는 공기량이 많아 효율이 나빠지는 것과 회전속도가 상승됨 에 따라 동력손실이 커진다는 것이 단점이다. 이러한 과급기의 단점을 보완하기 위해 시스템의 구조를 변경하거나 터보차저와 슈퍼차저를 조합하는 등 여러 가지 과급시스템이 개발되고 있 다. 즉, 이러한 과급기 상착 엔진에 비해 과급기가 없는 보통의 엔진을 **자연흡기 엔진**, 영어로 Naturally Aspirate Engine이라 부르고 그 앞 문자를 따서 **NA엔진**이라고 한다.

2. 터보차저

엔진으로

흡기출구

센터 하우징

윤활용 오일 통로

컴프레서 하우징

컴프레서 휠

흡기 입구

터빈 하우징

터빈 휠

스러스트 베어링

배기출구

로터 샤프트

배기 바이패스

배기 입구
엔진에서

터보차저의 구조는
이렇게 되어 있군.

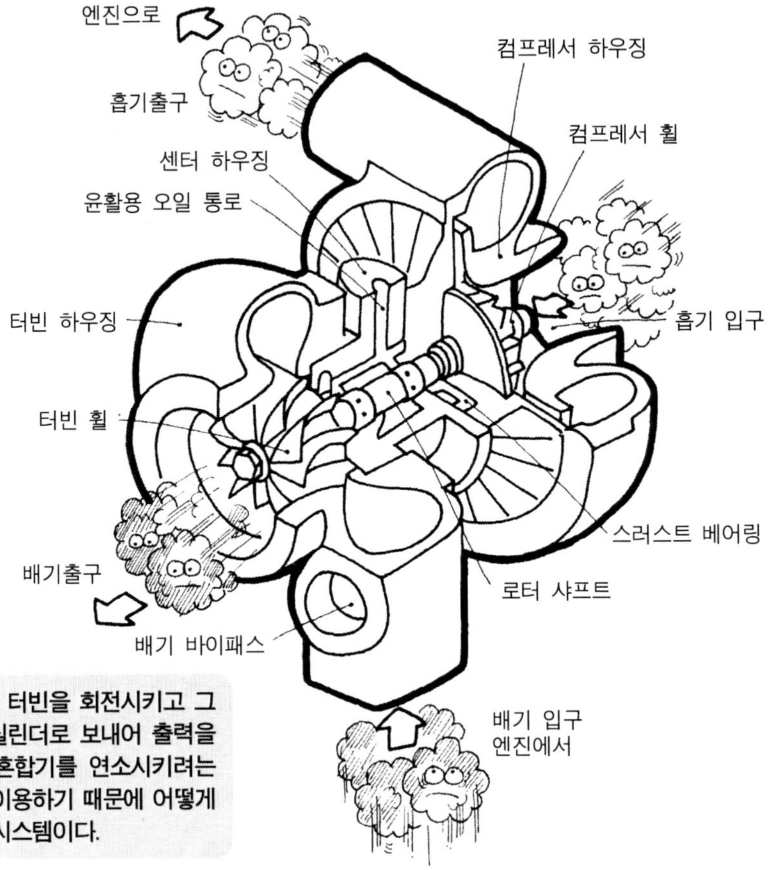

터보차저는 배기가스의 힘으로 터빈을 회전시키고 그
회전력으로 흡기를 압축시켜 실린더로 보내어 출력을
높이는 장치이다. 보다 많은 혼합기를 연소시키려는
목적도 있지만 고온의 배기를 이용하기 때문에 어떻게
열을 컨트롤하는지가 중요한 시스템이다.

터보차저는 터보(Turbine)와 슈퍼차저(過給機)를 합성하여 만든 단어로 **터빈**과 여기에 직결된 **컴프레서**(空氣壓縮機)로 구성되어 있어 배출가스의 에너지로 터빈 휠을 회전시키고 컴프레서에 의해 흡입된 공기를 압축하여 실린더로 보낸다. 터보차저의 본체는 블레이드(Blade)가 설치된 **터빈 휠(Turbine Wheel)**과 **컴프레서 휠(Compressor Wheel)**을 1개의 축에 연결하고 각각을 하우징으로 둘러싼 간단한 구조로 배기 매니폴드 집합부의 근방에 위치한다.

에어클리너로 이물질을 제거한 공기는 터보차저로 이동되어 컴프레서로 압축된 뒤 공기온도가 상승되기 때문에 인터쿨러(Inter Cooler)로 냉각시킨 후 스로틀 밸브를 경유하여 엔진으로 들어간다. 배출가스는 터보차저로 보내져 터빈 휠을 회전시키지만 휠의 회전속도에 의해 과급압(過給壓)이 지나치게 높아지지 않도록 사전에 설정된 압력 이상이 되면 **배기 바이패스 밸브(Waste Gate Valve)**가 열려 여분(餘分)의 배기가스가 배출되도록 한다.

터보 장착이 많은 OHC와 DOHC 엔진은 크로스 플로(Cross Flow)로 되어 있는 것이 일반적이며, 실린더 헤드의 한쪽 방향으로 혼합기가 들어가고 다른 방향으로 배출되기 때문에 공기는

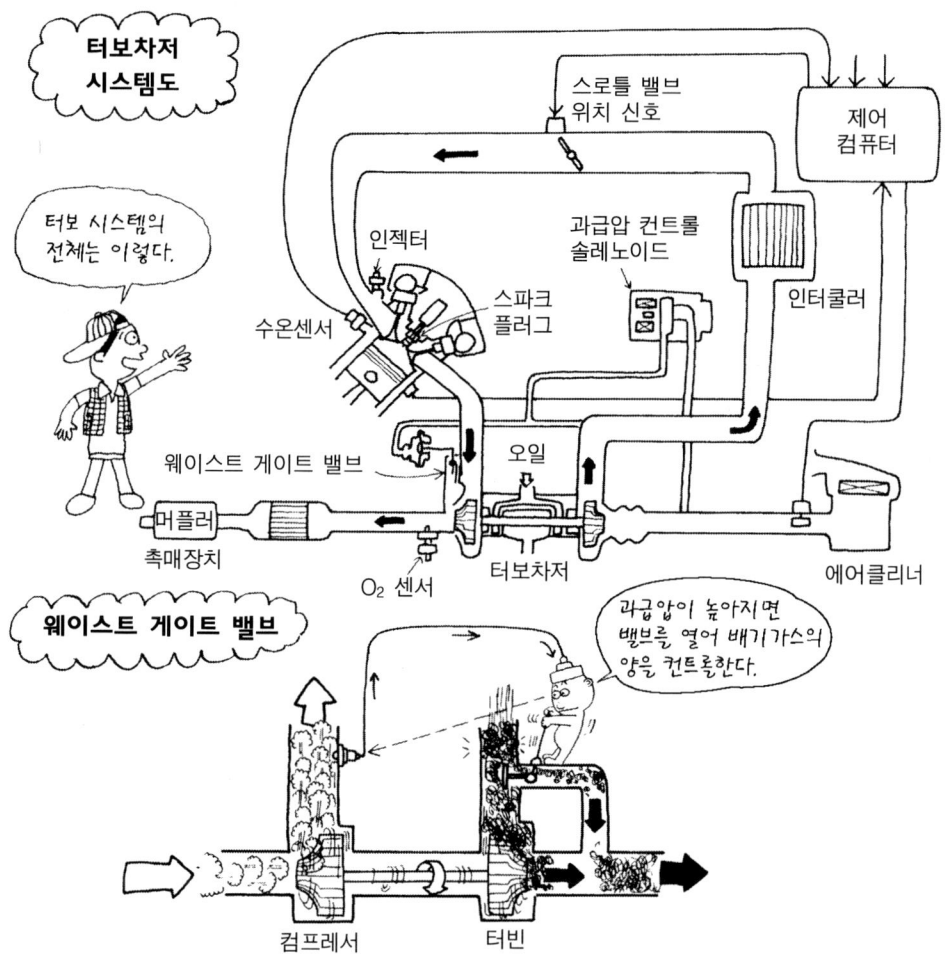

터보차저 시스템도

터보 시스템의 전체는 이렇다.

스로틀 밸브 위치 신호

제어 컴퓨터

인젝터

과급압 컨트롤 솔레노이드

스파크 플러그

수온센서

인터쿨러

웨이스트 게이트 밸브

오일

머플러

촉매장치

O₂ 센서

터보차저

에어클리너

웨이스트 게이트 밸브

과급압이 높아지면 밸브를 열어 배기가스의 양을 컨트롤한다.

컴프레서

터빈

일단 배기 측의 터보차저로 이동되어 그곳에서부터 흡기 측으로 끌려가는 것으로 도중에 인터쿨러까지 추가되면 엔진룸 내는 에어 튜브로 가득하게 된다.

터빈 휠은 최고 900℃라는 고온의 배기가스에 노출되어 있고 1분간 10만~16만 회나 되는 고속으로 회전하기 때문에 튼튼하고 가벼우며, 열에 강한 재료가 사용되는데 세라믹을 적용한 것도 있다. 터빈 휠이 작고 가벼우면 관성력이 그만큼 작아지기 때문에 터보 래그도 작아져 엔진 회전속도의 상하 응답성(應答性)은 좋지만 고속회전시의 과급압(過給壓)이 낮아진다. 또한 터빈 휠이 커지게 되면 반대의 현상이 발생하기 때문에 엔진의 배기량에 알맞은 크기가 선정되고 있다. 컴프레서 휠은 알루미늄으로 만들어진 것이 일반적이다.

두 개의 휠을 연결한 **로터 샤프트**는 고온이 된 터빈 휠을 지지하여 초고속으로 회전하므로 엔진 오일을 다량으로 보내어 냉각과 윤활을 동시에 한다. 고속으로 회전하고 있는 엔진을 갑자기 정지시키면 이 부분이 과열하여 소착(燒着)되는 경우도 있다. 따라서 터보 엔진을 잠시 아이들링 상태로 유지한 후 정지시키는 것이 좋은 것은 이 때문이다.

3. 과급압과 압축비

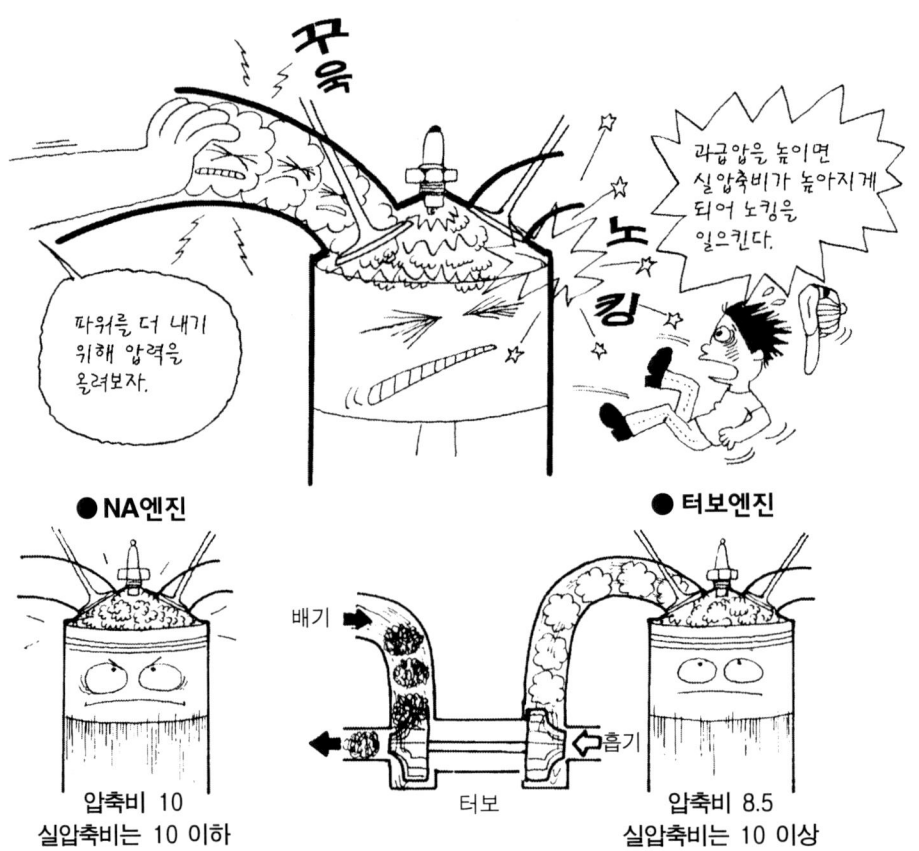

● NA엔진 | ● 터보엔진

압축비 10
실압축비는 10 이하

배기

흡기

터보

압축비 8.5
실압축비는 10 이상

과급기에 의해 엔진에 공급되는 공기의 압력을 **과급압(Boost Pressure)**이라고 한다. 이 압력이 높아지게 됨에 따라 실린더에 흡입되는 공기량이 많아지고 연소 가능한 연료량이 증가하여 출력이 높아지게 된다. 그렇다고 해서 과급압을 어디까지라도 높일 수 있는 것은 아니다. 과급압(過給壓)을 높이면 실압축비(實壓縮比)가 높아져 어느 지점에서 노킹(Knocking)이 발생될 수도 있기 때문이다. 실압축비는 실제로 실린더에 흡입된 공기가 어디까지 압축되었는지를 표시하는 수치(數値)이며, 흡입된 공기량에 비례하여 커진다.

노킹은 스파크 플러그의 불꽃에 의해 압축된 혼합기의 연소가 시작되어 화염(火焰)이 확산되고 있을 때 최후로 연소되어야 할 엔드존에 있는 가스가 그 압력과 온도에 견뎌내지 못하고 충격파를 동반하여 폭발적으로 연소되는 현상이다. 따라서 노킹은 압축비가 높아져서 혼합기의 온도가 높아질수록, 연소실 벽의 온도가 높아질수록, 가스의 유동이 더 늦어질수록 일어나기 쉽다.

이 때문에 터보 엔진은 NA엔진보다 압축비가 작게 만들어져 있다. 예를 들면, 외견(外見)상 압축비가 10인 엔진을 1기압으로 과급하게 되면 공기량은 2배가 되기 때문에 실압축비는 20이

노크 센서로 노킹의 발생을 감지하여 점화타이밍을 적정하게 하는 노크 제어시스템은 터보 엔진에 필수 불가결한 장치이다. 노킹이 발생하기 직전의 연소실은 혼합기가 가장 연소하기 쉬운 상태에 있어, 노킹을 이용하여 이 상태를 만든 것이다.

되어 갑자기 노킹이 발생된다. 또한 외견(外見)상 압축비까지 작게 하면 최고출력을 내는 엔진 회전수도 어느 정도의 회전수에 묶이게 된다. 시판(市販)되는 터보 엔진의 압축비는 출력·토크·연비가 균형을 이룬 NA엔진보다 낮게 설정되어 있는 것이 일반적이다.

노킹은 NA엔진의 경우와 같이 그 발생을 감지하여 점화시기를 지각(遲角)시킴에 따라 방지가 가능하지만 터보 엔진은 과급압의 영향을 크게 받기 때문에 진각장치와 같이 간단한 장치로 점화시기를 제어하는 것은 어렵다.

한편, 압축된 혼합기는 노킹이 발생되기 직전 상태에서 화염속도(火焰速度)가 가장 빠르기 때문에 이 때의 출력, 연비는 모두 최상의 상태에 있다. 따라서 노킹이 발생할 때의 충격에 의한 진동(振動)을 감지하여 컴퓨터에 의해 점화시기를 필요한 만큼 늦추는 장치가 개발되었다. 이 진동을 검지하는 센서를 **노크 센서(Knock Sensor)**라고 한다.

노크 센서는 7kHz 부근의 진동을 전기신호로 변환시키는 장치로 이것을 흡기 매니폴드 및 실린더 블록 등에 장착하여 엔진 회전수 및 크랭크각, 흡입공기량 등의 신호와 함께 컴퓨터로 처리하여 노킹의 방지를 위해 점화시기가 제어된다.

터보차저는 엔진의 기본인 『얼마나 많은 공기를 흡입하는가』를 달성하기 위해 공기를 압축하여 실린더에 밀어 넣는 장치이다. 피스톤이 내려갈 때 부압(負壓)에 의해 공기가 흡입되고 흡기 관성 등을 이용하여도 충전효율이 65~95% 정도인 NA엔진에 비해, 터보차저는 같은 배기량 엔진의 1.2~1.5배나 되는 공기를 넣어 그에 알맞은 토크를 발생시키므로 차량에는 같은 동력 성능에 작은 엔진을 탑재하는 것이 가능하다. 그러나 터보 래그에는 약점이 있다.

터보 래그는 액셀러레이터 페달을 밟아 스로틀 밸브를 열었을 때 실린더에 흡입되는 공기량이 신속하게 증가하지 않고 스로틀 밸브가 열리는 정도에 알맞은 양의 공기가 실린더로 흡입되기까지 시간이 지연(遲延)되는 현상으로 특히 발진(發進) 가속할 때나 천천히 주행하다가 가속할 때에 발생되는 경우가 많다.

이 현상이 발생되는 과정을 살펴보면 우선 스로틀 밸브를 열면 흡입 공기량이 증가하고, 연소가스가 증가하여 그 온도가 높아진다. 그러면 이 연소가스에 의해 터빈의 회전수가 상승하여

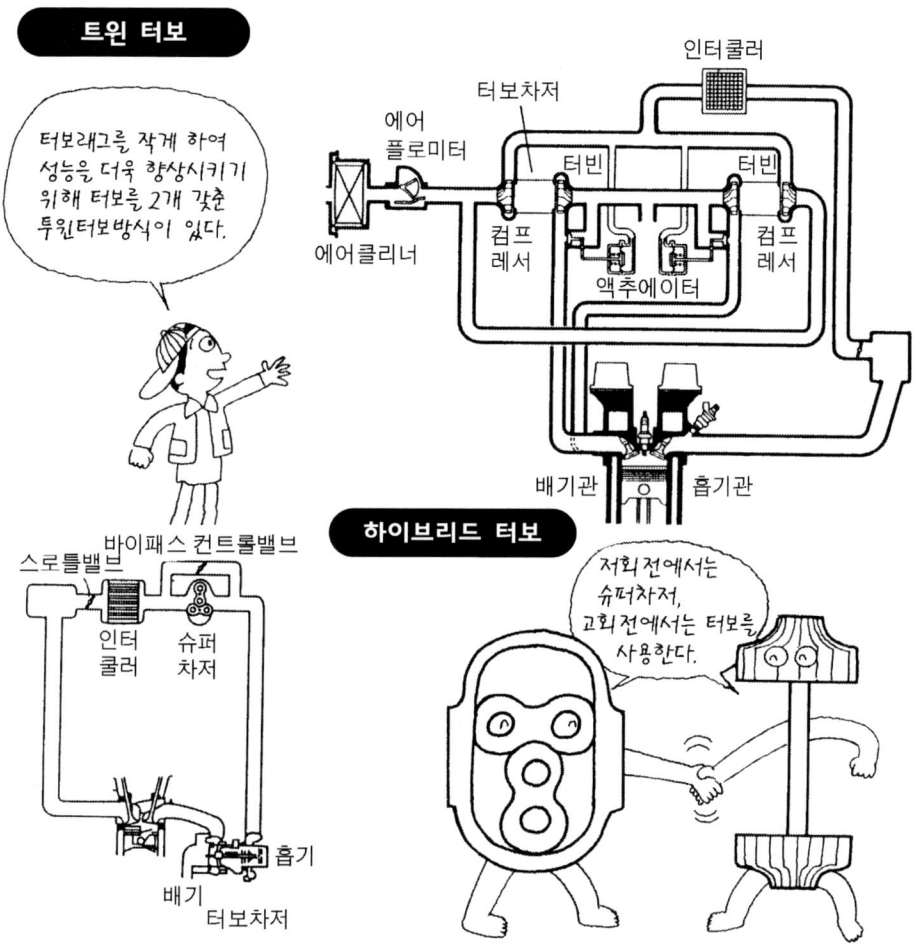

트윈 터보

터보래그를 작게 하여 성능을 더욱 향상시키기 위해 터보를 2개 갖춘 투윈터보방식이 있다.

인터쿨러

터보차저

에어 플로미터

터빈

터빈

에어클리너

컴프 레서

컴프 레서

액추에이터

배기관

흡기관

바이패스 컨트롤밸브

스로틀밸브

인터 쿨러

슈퍼 차저

흡기

배기

터보차저

하이브리드 터보

저회전에서는 슈퍼차저, 고회전에서는 터보를 사용한다.

컴프레서에서 실린더로 보내는 공기량이 증가한다. 이에 의해 흡입 공기량이 증가하는 것으로 이 사이클이 일정 상태가 되기까지는 몇 초 정도의 시간이 소요되기 때문에 지연이 된다.

따라서 터보 래그를 작게 하기 위해 여러 가지 방법에 대한 연구가 진행되고 있다. 예를 들면 비교적 간단한 방법으로 터빈 휠에 유입되는 배기 속도를 상승시키는 방법이 있다. 배기가 뿜어내는 노즐을 작게 하면 같은 배기량이라도 가스가 힘차게 분출되기 때문에 터보 래그는 작아진다. 그러나 이렇게 하면 최고출력이 작아지는 문제가 발생한다.

1개의 큰 터빈 휠 대신에 2개의 작은 터보를 장착하면 터보 래그를 작게 하는 것이 가능하다. 예를 들어 6기통 엔진은 3기통씩 나누어 2개의 터보를 장착한다. 이렇게 하면 배기의 간섭을 방지함과 동시에 파워 업도 가능하다. 이 방식을 **트윈 터보(Twin Turbo) 방식**이라 한다. 또한 **투웨이 트윈 터보(Two Way Twin Turbo) 방식**은 같은 방법으로 2개의 터보를 사용하지만 저속회전에서는 한 개의 터보만을 구동하여 응답성을 좋게 하고, 고속회전에서는 양쪽을 사용하여 도크를 높인다. 세다가 터보 래그가 큰 저속에서는 슈퍼차저를 사용하고, 고속에서는 터보차저를 사용하는 양쪽의 장점을 이용하는 **하이브리드 터보(Hybrid Turbo) 방식**도 있다.

5. 과급시스템과 열

　과급기가 장착된 엔진은 노킹이 발생하지 않도록 특히 실린더 헤드의 주변에 냉각수가 충분히 흐르도록 연구되고 있다. 또 터보차저의 터빈 샤프트(Turbine Shaft)에는 윤활과 동시에 냉각도 이루기 위해서 다량의 엔진 오일이 공급된다. 이 때문에 터보 엔진은 엔진 오일의 열화(劣化)가 NA엔진보다 빠르다.

　과급 시스템은 많은 혼합기를 연소하므로 연소실의 온도가 높아지는 것은 피하지 못한다. 또 터보차저는 배기에너지를 이용하여 과급을 하기 때문에 배기 온도가 높을수록 과급 효율은 좋은 것으로 예를 들면 배기 밸브에 나트륨을 넣는다든지, 배기 매니폴드를 스테인리스로 하는 등 부품의 내열성(耐熱性) 및 과급기도 내열성이 좋은 재료를 사용하여 성능을 향상시키는 방법이 이용되고 있다. 한편, 엔진으로 흡입되는 쪽의 공기는 가능한 한 온도가 낮을수록 좋다. 공기밀도는 온도가 높을수록 작아지기 때문에 동일 체적이라면 온도가 높은 만큼 실압축비가 작아지고 함유되어 있는 산소량이 작아지기 때문이다. 또 흡기 온도가 높으면 압축된

공랭식 인터쿨러

공랭식은 이렇게 되어 있다.

스로틀밸브
인터쿨러
외기
터보차저
물

공기는 압축되면 뜨거워지는 성질이 있다. 온도가 높은 공기는 밀도가 낮고 함유된 산소량이 적으므로 과급 효과가 감소된다. 따라서 압력을 높인 공기를 엔진 냉각계통의 라디에이터와 통일한 구조의 인터쿨러를 통해 냉각한다. 인터쿨러에 외기(外氣)가 직접 순환토록 하여 냉각시키는 것이 공랭식이다.

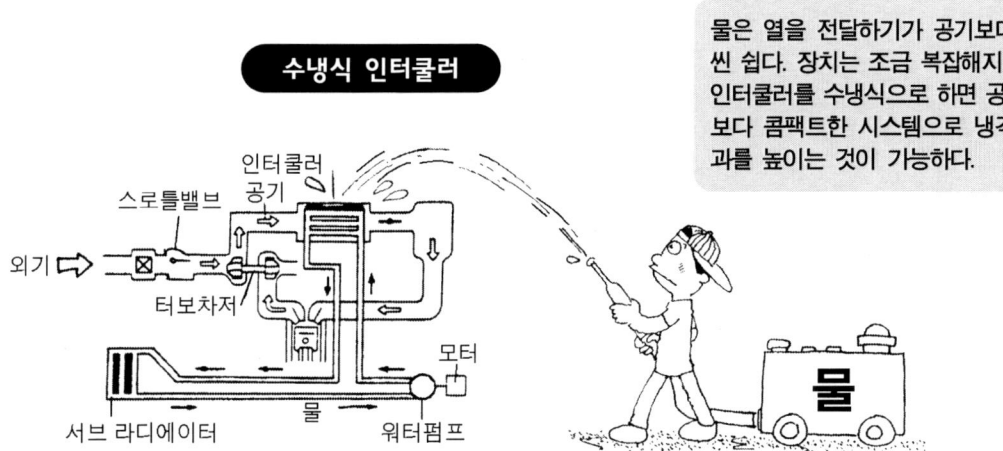

수냉식 인터쿨러

인터쿨러
스로틀밸브 공기
외기
터보차저
모터
서브 라디에이터
물
워터펌프
물

물은 열을 전달하기가 공기보다 **훨씬** 쉽다. 장치는 조금 복잡해지지만, 인터쿨러를 수냉식으로 하면 공랭식보다 콤팩트한 시스템으로 냉각 효과를 높이는 것이 가능하다.

후의 혼합기 온도도 그만큼 높아져 노킹이 발생되기 쉽다.

자동차의 타이어에 공기를 넣을 때 펌프를 접촉시켜보면 알 수 있듯이 공기를 압축하면 뜨거워진다. 과급기(過給機)로 공기를 압축하는 것도 같은 식으로 발열하여 공기 온도가 높아지므로 과급 효과(過給效果)가 그만큼 작아진다. 따라서 과급기를 지나 압축되어 뜨거워진 공기가 스로틀 밸브로 이동하는 사이에 방열기(放熱器)를 통해서 냉각된다. 이 장치가 **인터쿨러(Inter Cooler)**로 공랭식(空冷式)과 수냉식(水冷式)이 있다.

공랭식 인터쿨러(Air Cooling Type Inter Cooler)는 인터쿨러에 직접 외기가 순환되도록 하여 주행에 의해 차량이 받는 바람으로 흡기 온도를 낮추는 방식으로 인터쿨러는 라디에이터 (Radiator) 앞이나 옆 등 바람에 잘 닿는 곳에 장착되어 있다. 구조는 라디에이터와 거의 같고 냉각수(冷却水) 대신에 과급기로 압축된 공기가 흐르고 있는 것이다.

수냉식 인터쿨러(Water Cooling Type Inter Cooler)는 엔진의 냉각 계통과는 별개로 설치된 냉각 계통으로 냉각수를 순환시켜 압축되어 뜨거워진 공기를 냉각시키는 방식이다. 물은 공기에 비해 열용량이 크므로 공랭식보다 작은 상자도 냉각효과를 높이는 것이 가능하지만 부품이 많아져서 코스트 및 관리 면에서는 불리하다.

6. 슈퍼차저

● 루츠 블로어
(Roots Blower)

슈퍼차저는 엔진의 동력 일부를 이용하여 과급을 이루는 시스템이다. 현재 적용되고 있는 과급기로 는 루츠 블로어와 리숄므 컴프레서가 있다.

루츠 블로어는 크랭크샤프트의 회전에 의해 작동한다.

작동은 이렇게 되어 있다.

흡입   토출

　　슈퍼차저(Supercharger)는 엔진의 동력으로 **블로어(Blower)** 및 **컴프레서(Compressor)**를 구동하여 과급을 이루는 것으로 터보차저에 비해 저속에서 높은 토크를 얻을 수 있고 터보 래그와 같은 응답(應答)의 지연(遲延)이 거의 없다는 특징이 있다. 그러나 슈퍼차저를 구동하는 동력은 크랭크샤프트의 회전을 이용하기 때문에 그만큼 출력의 손실이 있다. 그 때문에 최고 출력 면에서는 불리하다.

　　슈퍼차저에는 몇 가지 종류가 있지만 **루츠 블로어(Roots Blower)**와 **리숄므 컴프레서 (Lysholm Compressor)**가 잘 알려져 있다. **루츠 블로어**는 이전부터 자동차용으로 사용되고 있고, Toyota MR2의 4A-GZE 등에 적용되고 있다. 과급 조절은 컴퓨터에 의해 제어되며, 가속 및 고속 주행시와 같이 높은 출력이 필요할 때에만 작동되도록 하고 있다.

　　루츠 블로어의 구조는 타원형의 하우징 속에 특수 수지를 코팅한 알루미늄제 로터 2개가 설치되며, 로터가 회전할 때 한쪽에서 흡인된 공기를 다른 쪽으로 토출시킨다. 과급압(過給壓) 이 필요 이상으로 높아질 경우 밸브가 열려 과급 공기의 일부를 리턴시켜 과급압을 조절한다.

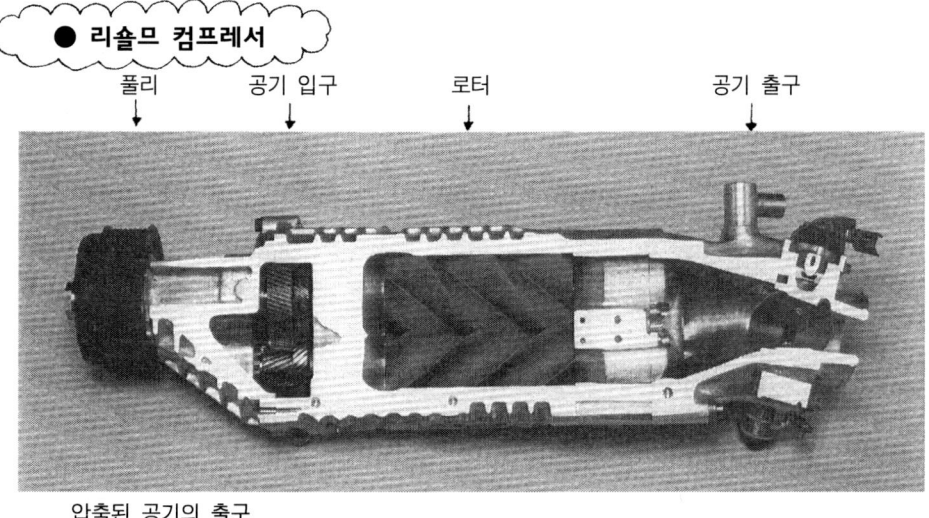

● 리숄므 컴프레서

풀리　　공기 입구　　　　로터　　　　　　　　공기 출구

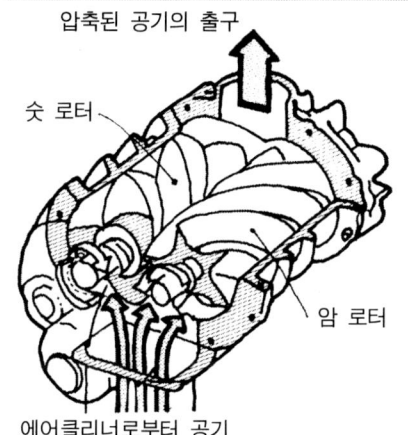

압축된 공기의 출구

숫 로터

암 로터

에어클리너로부터 공기

리숄므 컴프레서는 알루미늄제 케이싱 내에 3개의 둥그스름한 삼각형 돌기를 가진 숫 로터와 여기에 맞물린 5장의 날개를 가진 암 로터로 구성되어 있다. 에어클리너로부터의 유입된 공기는 암수로터 사이의 공간에 끼워져 로터의 회전에 의해 출구로 진행함에 따라 압축되어 가고, 흡기의 2배로 압축된다.
이 컴프레서는 그 구조상의 특징에 의해 회전이 낮은 상태에서도 컴프레서로서 구동하는 것이 가능하며, 터보 래그가 작다는 것도 장점 중의 하나이다.

　　리숄므 컴프레서(Lysholm Compressor)는 산업용으로 사용되던 것을 Mazda의 밀러 사이클 엔진(Miller Cycle Engine)용으로 개량하여 자동차에 적용시킨 것이다. 그 구조는 스크루와 같이 비틀린 날개가 각각 3장과 5장이 설치된 2개의 로터를 조합하여 누에고치 형상의 단면을 가진 하우징 사이에 넣은 것으로 엔진의 크랭크샤프트에서 V벨트를 통하여 구동된다.

　　로터(Rotor)는 테플론(Teflon)계의 수지를 코팅한 알루미늄 합금으로 제작되며, 로터를 회전시키면 한쪽에서 흡입된 공기는 로터 사이에 끼어 다른 쪽으로 이동함에 따라 공간이 조금씩 좁아지면서 압축되어 나가는 구조로 되어 있다. 그 결과 흡기는 최고 2배까지 압축된다.

　　모두 슈퍼차저이지만 그 명칭으로 알 수 있듯이 루츠 블로어(Roots Blower)는 송풍기(送風機)로서 컴프레서(Compressor)가 아니다. NA엔진은 피스톤이 내려갈 때의 부압에 의해 흡입될 뿐인 실린더에 블로어로 공기를 적극적으로 내보냄에 따라 충전 효율을 높이는 장치이다. 이에 비해 리숄므 컴프레서(Lysholm Compressor))는 압축기(壓縮機)이며, 터보차저와 같은 방법으로 압력을 높인 공기를 실린더에 내보내는 것이 특징이다.

1. 밀러 사이클 엔진

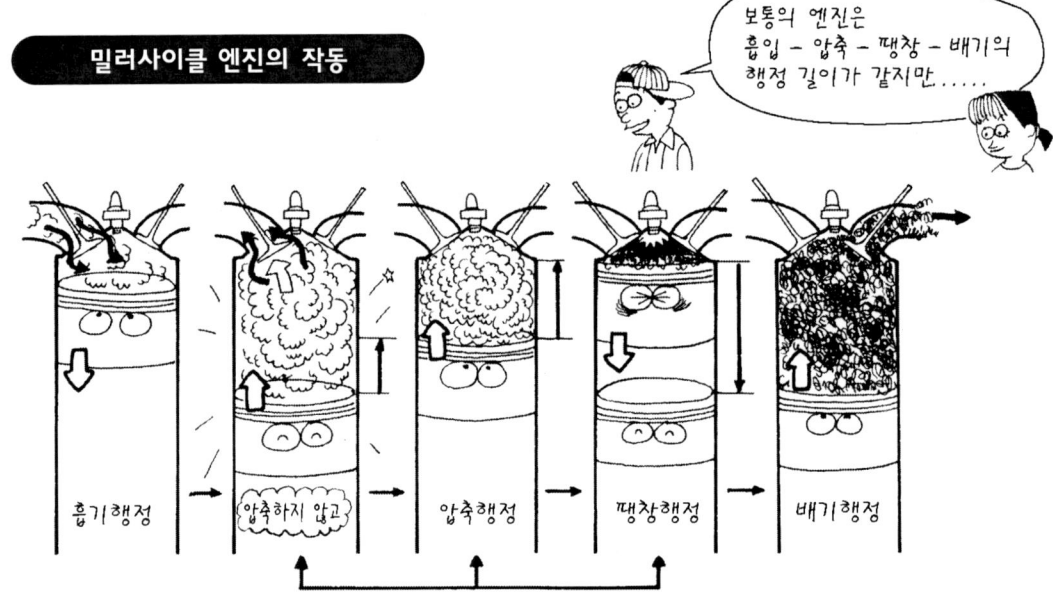

보통의 엔진은 흡입 - 압축 - 팽창 - 배기의 행정 길이가 같지만……

밀러사이클 엔진의 작동

흡기행정 → 압축하지 않고 → 압축행정 → 팽창행정 → 배기행정

밀러 사이클은 흡기 밸브가 늦게 닫히기 때문에 압축행정이 팽창행정보다 짧다.

리숄므 컴프레서에 의해 압축된 공기가 공급되어, 실린더 용적의 약 2배나 되는 공기가 실린더에 흡입된다.

피스톤이 상승하기 시작하여 하사점에서 스트로크의 1/5까지는 압축되지 않고, 혼합기의 일부가 흡기포트로 밀려나가 공기량은 1.5배 정도로 적어진다.

혼합기는 스트로크의 나머지 4/5로 압축된다. 이 때문에 압축비 10의 엔진이지만, 외견상은 압축비 8로 낮아진다. 실압축비는 과급 때문에 꽤 크다.

팽창행정은 오토 사이클의 보통 엔진과 동일하고 팽창비는 10이기 때문에 연소가스는 충분히 피스톤을 누를 수 있다.

배기행정도 오토 사이클 엔진과 같은 방법으로 이루어지며, 변한 곳은 없다.

1993년 Mazda에서 발표한 **밀러 사이클 엔진(Miller Cycle Engine)**은 과급기로 리숄므 컴프레서를 사용하고 있으며, 엔진의 분류는 슈퍼차저를 장착한 4사이클 가솔린 엔진이지만 연소 사이클에 보통 엔진인 오토 사이클과 조금 다른 밀러 사이클을 적용하는 것이 특징이다.

일반 4사이클 엔진인 오토 사이클과 이 밀러 사이클의 차이는 밀러 사이클의 압축 행정이 오토 사이클보다 짧다는 것이다. 오토 사이클은 흡입-압축-연소·팽창-배기 각 행정의 피스톤 스트로크가 모두 같은 사이클이다. 이에 비해 밀러 사이클은 압축 행정이 흡기 밸브가 열려 있는 상태로 시작하여 피스톤이 스트로크의 1/5 정도 상승한 시점에서 닫히는 것이다.

과급 엔진의 약점은 노킹을 발생시키기 쉽다는 것이다. 많은 공기를 실린더에 압축하여 넣으면 압축된 공기가 고온이 되어 노킹이 발생되므로 압축비를 높이는 것이 불가능하다. 따라서 흡기 밸브를 닫는 것을 지연(遲延)시켜 압축비를 낮게 하므로 노킹의 발생을 방지한다. 이 경우에는 압축비가 10에서 8로 된다.

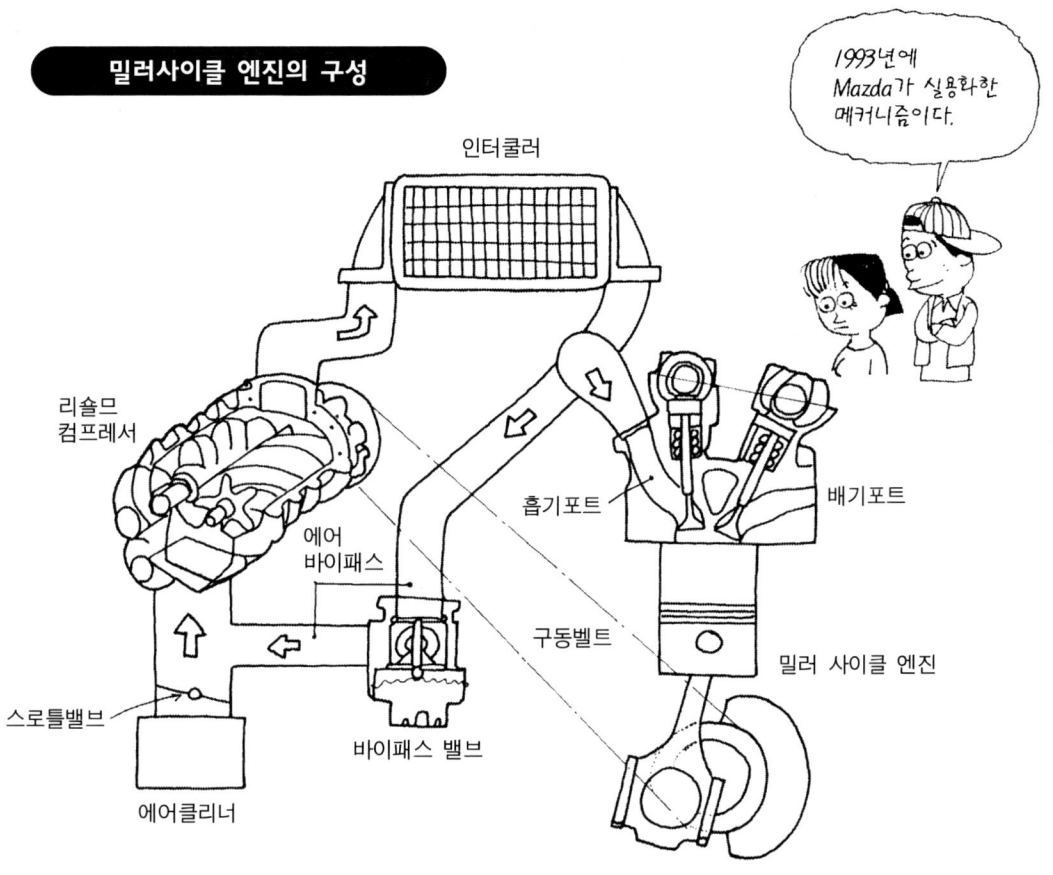

밀러사이클 엔진의 구성

1993년에 Mazda가 실용화한 메커니즘이다.

인터쿨러

리숄므 컴프레서

에어 바이패스

흡기포트

배기포트

구동벨트

밀러 사이클 엔진

스로틀밸브

바이패스 밸브

에어클리너

밀러 사이클 엔진은 리숄므 컴프레서에 의해 압축한 공기를 인터쿨러로 냉각시켜 엔진에 공급한다. 과급압이 규정압 이상이 되면 바이패스 밸브가 열려 압축 공기를 컴프레서로 되돌린다.

그 후는 오토 사이클과 같아 점화, 연소·팽창 행정으로 진행되지만 팽창 행정은 원래 압축 비가 10인 엔진이므로 연소가스는 충분히 피스톤을 누를 수 있다. 압축비의 역수, 즉 연소실의 체적을 실린더 체적으로 나눈 것을 팽창비(膨脹比)라고 하는데 이 엔진에서는 팽창비가 오토 사이클의 경우와 같다.

정리하여 서술하면 압축 행정에서 흡기 밸브가 닫히는 것을 지연시켜 실질적인 압축비를 낮추어 노킹의 발생을 방지하지만 팽창비는 크게 설정하여 연소가스의 팽창에너지를 유효하 게 활용한다. 이에 따라 연비의 향상을 꾀할 수 있게 된다. 이 엔진을 개발한 Mazda는 그 적용 에 의해 같은 배기량의 NA엔진에 비하여 약 1.5배의 토크를 발생하는 것이 가능하고 같은 주행 성능으로 비교하면 10~15%의 연비의 향상이 가능하다고 한다.

이 밀러 사이클 엔진의 또 한 가지 특징은 최초로 자동차용으로 개발된 스크루(Screw) 형상 의 로터를 사용한 **리숄므 컴프레서**를 사용하여 과급을 하고 있다는 것이다. 이 콤팩트하고 응 답성이 좋은 과급기는 향후에 다른 엔진에도 사용될 것이다.

1. 포인트식 점화

포인트식 점화시스템 배선도

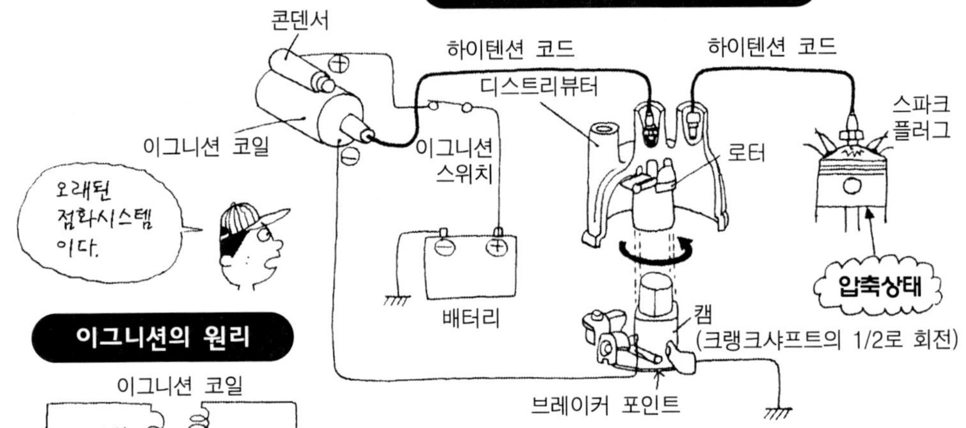

콘덴서
하이텐션 코드
하이텐션 코드
디스트리뷰터
이그니션 코일
이그니션 스위치
스파크 플러그
로터
배터리
압축상태
캠
(크랭크샤프트의 1/2로 회전)
브레이커 포인트

오래된 접화시스템이다.

이그니션의 원리

이그니션 코일
1차 코일
2차 코일
콘덴서
단속기 (포인트)

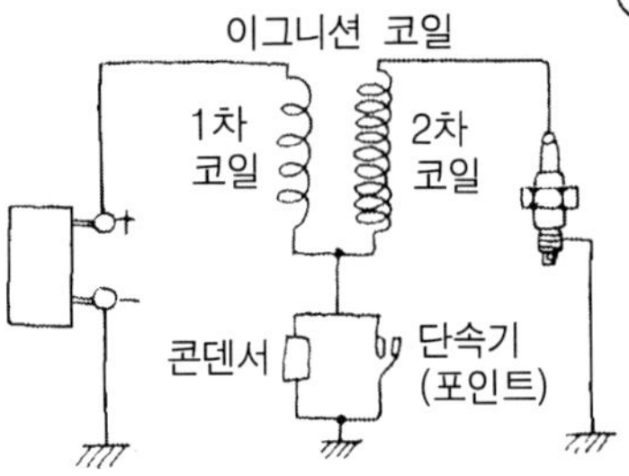

이그니션(점화)은 배터리에서 1차 코일로 흐르는 전류를 단속기로 끊으면 그 순간에 전자유도에 의해 2차 코일에 고전압이 발생하는 현상을 이용하여 고압전류에 의해 스파크 플러그에서 불꽃을 튀기는 것이다.

콘택트 포인트

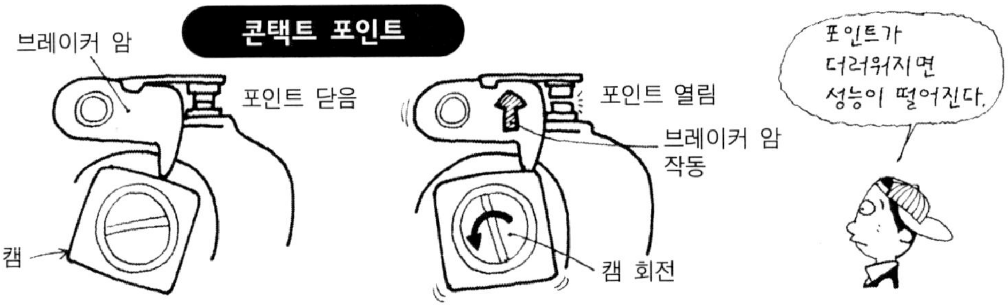

브레이커 암
포인트 닫음
포인트 열림
브레이커 암 작동
캠
캠 회전

포인트가 더러워지면 성능이 떨어진다.

스파크 플러그(Spark Plug)에서 불꽃을 발생시켜 연소실 내의 압축된 혼합기에 불을 붙이는 장치가 **점화시스템(Ignition System)**이다.

배터리의 12V 전압으로도 플러스(+)와 마이너스(−)가 접촉하면 불꽃이 발생되지만 이 불꽃은 혼합기를 착화(着火)시키기 위해서는 너무 약하기 때문에 전압을 2만~3만V까지 높여서 스파크를 발생시킨다. 점화시스템은 전압을 높이기 위한 장치, 점화 타이밍을 제어하는 장치, 각 플러그에 전기를 배분하는 장치와 스파크 플러그로 이루어져 있다.

전압을 높이기 위해서는 **이그니션 코일(Ignition Coil)**의 전자유도(電磁誘導)가 이용된다. 이그니션 코일은 봉 형태의 철심 주변에 머리카락 정도의 가는 구리선을 2만~3만회 감은 2차 코일과 그 위에 0.5~1mm 정도의 구리선을 동일한 방향으로 150~300회 겹쳐서 감은 1차 코일로 이루어져 있다. 1차 코일에 전류를 흐르도록 하거나 차단하면 철심이 전자석(電磁石)이 되며, 전류를 차단하는 순간 전자유도에 의해 2차 코일로 고전압의 전류가 흐른다.

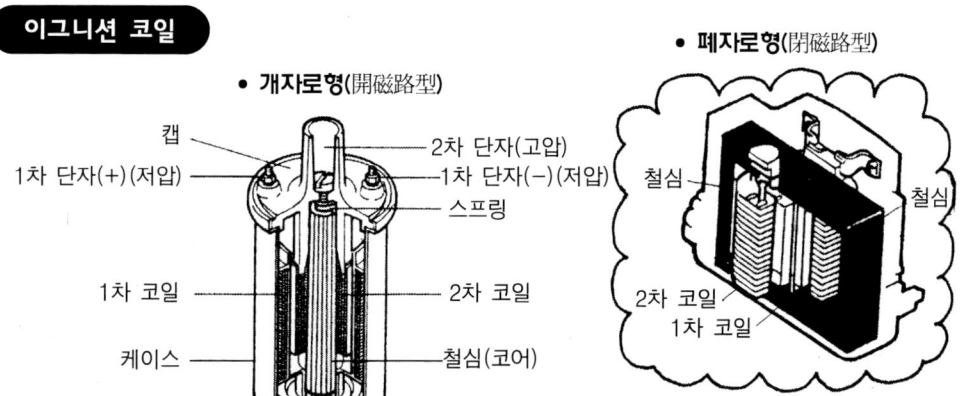

이그니션 코일

• 개자로형(開磁路型)

캡
1차 단자(+)(저압)
1차 코일
케이스

2차 단자(고압)
1차 단자(-)(저압)
스프링
2차 코일
철심(코어)

• 폐자로형(閉磁路型)

철심
철심
2차 코일
1차 코일

이그니션 코일에는 철심에 코일을 감은 구조의 개자로형(開磁路型)과 그 주변을 철심으로 에워싸 자속(磁束)의 통로를 적게 하여 효율을 개선시킨 폐자로형(閉磁路型)이 있으며, 현재는 폐자로형을 적용하는 추세이다.

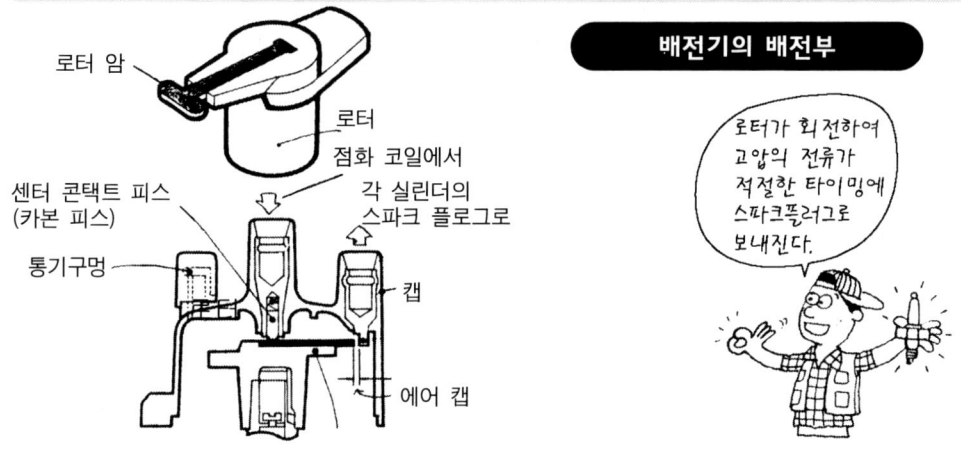

로터 암
로터
점화 코일에서
각 실린더의
스파크 플로그로
센터 콘택트 피스
(카본 피스)
통기구멍
캡
에어 캡

배전기의 배전부

로터가 회전하여 고압의 전류가 적절한 타이밍에 스파크플러그로 보내진다.

1차 코일에 흐르는 전류를 단속(斷續)하는 장치는 **디스트리뷰터(Distributor ; 배전기)** 내의 한 가운데에 실린더 수와 동일한 캠(Cam)이 있으며, 이 캠이 회전하여 포인트(Point)가 설치된 브레이커 암을 누르면 포인트가 열려 1차 코일의 전류를 차단하는 방식으로 되어 있다. 이 장치에 2차 코일의 고압 전류를 각 플러그에 배분하는 장치를 포함시킨 것이 디스트리뷰터이다.

단속기(Contact Breaker)의 캠에는 엔진 회전수가 높아졌을 때 점화시기를 빠르게 하는 진각 장치가 설치되어 있어 적절한 타이밍에 고압의 전류를 **스파크 플러그(Spark Plug)**로 보낸다. 캠은 스파크 플러그의 점화시기에 맞도록 엔진 회전수의 1/2로 회전하여야 하기 때문에 동일한 회전수의 캠 샤프트 끝에 설치되어 있는 것이 일반적이다.

이렇게 하여 이그니션 코일에서 발생한 고전압의 전류는 **하이텐션 코드(High-tension Cord)**에 의해 각 실린더의 스파크 플러그로 보내진다.

위에서 설명한 점화시스템은 접점식 또는 포인트식 점화장치라 한다. 이 장치의 단속기를 트랜지스터(Transistor)로 구동할 경우 풀 트랜지스터 점화장치(Full Transistor Ignition Module)라 하며, 현재는 시스템을 더욱 발전시켜 디스트리뷰터의 역할을 센서와 컴퓨터가 대신하는 디스트리뷰터리스 점화장치(Distributor-less Ignition)가 주로 이용되고 있다.

2. 풀 트랜지스터식 점화

● 풀 트랜지스터식 점화시스템 배선도

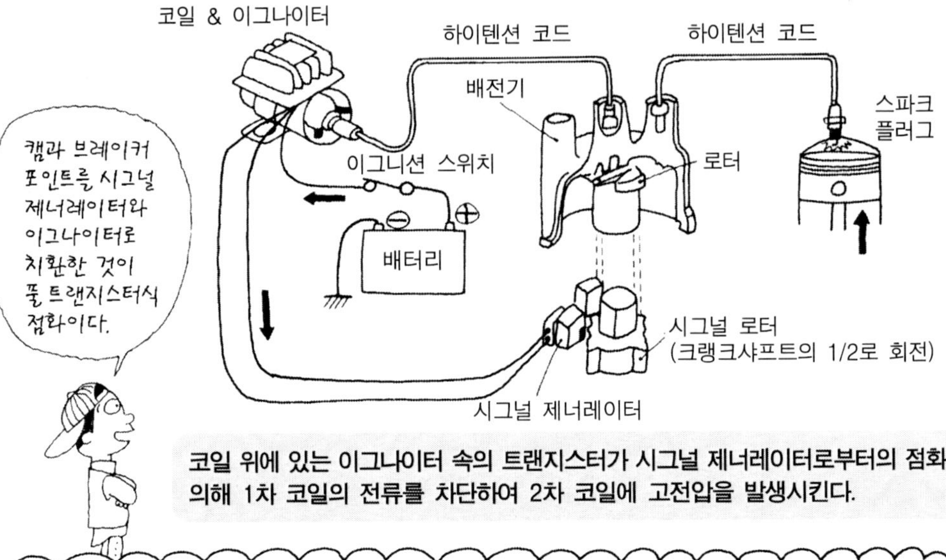

코일 & 이그나이터

하이텐션 코드

하이텐션 코드

배전기

스파크
플러그

이그니션 스위치

로터

캠과 브레이커
포인트를 시그널
제너레이터와
이그나이터로
치환한 것이
풀 트랜지스터식
점화이다.

배터리

시그널 로터
(크랭크샤프트의 1/2로 회전)

시그널 제너레이터

코일 위에 있는 이그나이터 속의 트랜지스터가 시그널 제너레이터로부터의 점화신호에
의해 1차 코일의 전류를 차단하여 2차 코일에 고전압을 발생시킨다.

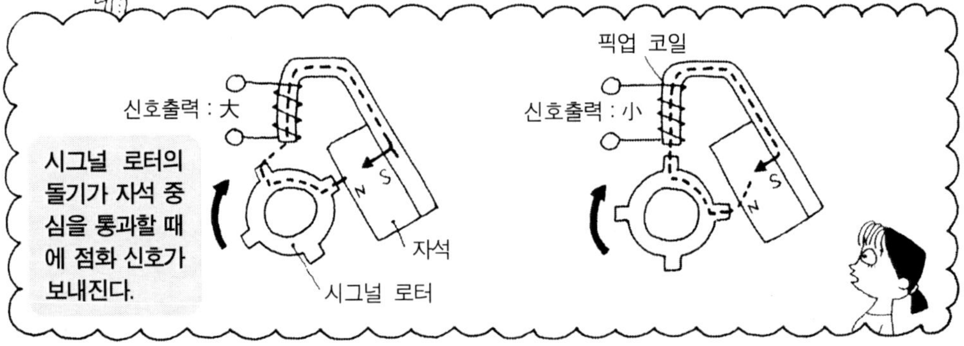

픽업 코일

신호출력 : 大

신호출력 : 小

시그널 로터의
돌기가 자석 중
심을 통과할 때
에 점화 신호가
보내진다.

자석

시그널 로터

포인트식 점화장치(Point Type Ignition System)는 캠에 의해 포인트를 열어 1차 코일에
흐르는 전류가 차단되는 순간에 2차 코일에 고전압이 유도된다. 우리가 자주 경험하는 것이지
만 전기 스위치를 OFF시킬 때 접점에 작은 불꽃이 튀는 경우가 있다. 이것은 운동하고 있는
물체에 발생하는 관성과 같아서 전기에도 흐름을 계속하려는 성질이 있기 때문에 회로에는
일시적으로 전기를 축적시키는 콘덴서를 설치하여 이 불꽃의 발생을 방지한다. 그래도 포인트
의 접촉면이 타거나 고속회전일 때 잘 작동하지 않는 등의 불량이 발생되기 쉽기 때문에 1차
코일의 전류를 차단하기 위해 기계식 포인트 대신 트랜지스터를 사용하는 장치가 개발되었다.

트랜지스터(Transistor)에는 여러 가지 타입이 있어 사용 방법도 여러 가지이지만 스위치로
서 이용하는 경우로는 NPN형이 사용된다. 이것은 P형 반도체의 양측을 N형 반도체에 끼운
듯한 샌드위치 구조로 P형 반도체를 베이스(Base), N형 반도체의 한쪽을 컬렉터(Collector),
다른 쪽을 이미터(Emitter)라 부르고 있다.

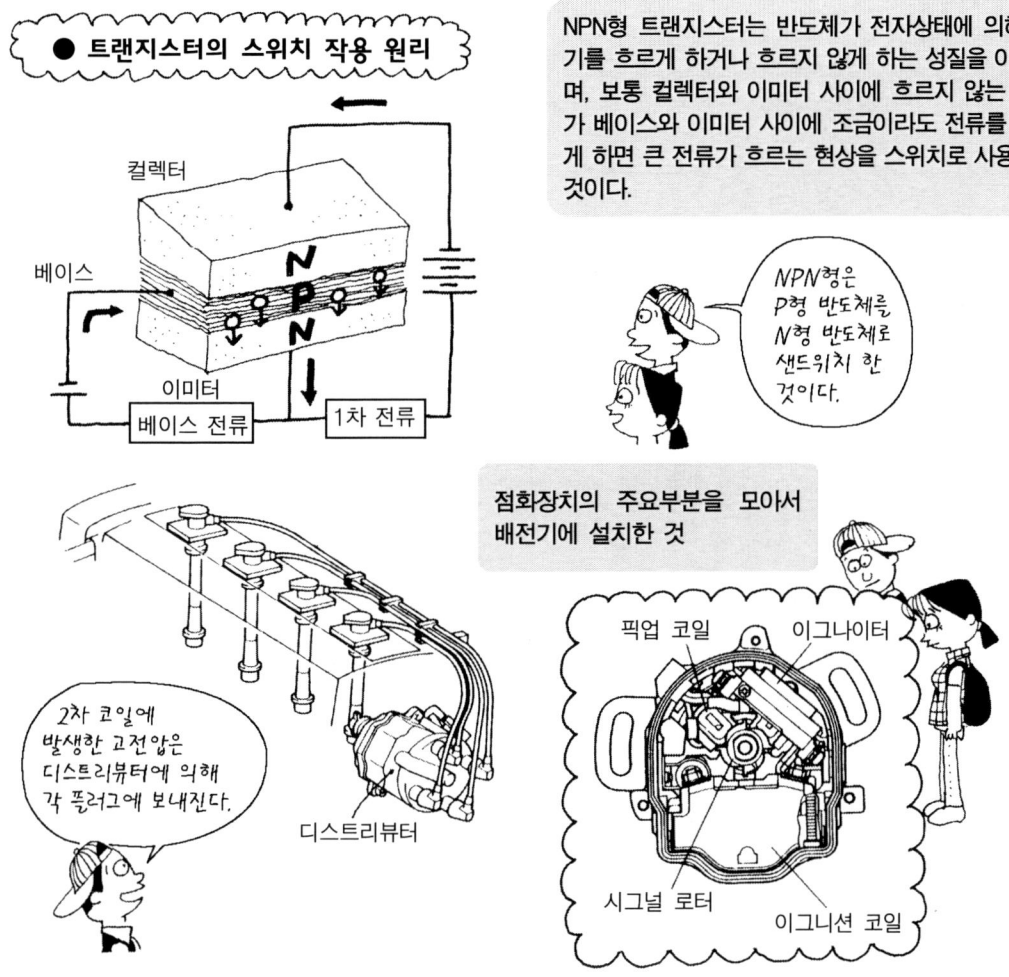

● 트랜지스터의 스위치 작용 원리

컬렉터

베이스

N
P
N

이미터

베이스 전류   1차 전류

NPN형 트랜지스터는 반도체가 전자상태에 의해 전기를 흐르게 하거나 흐르지 않게 하는 성질을 이용하며, 보통 컬렉터와 이미터 사이에 흐르지 않는 전류가 베이스와 이미터 사이에 조금이라도 전류를 흐르게 하면 큰 전류가 흐르는 현상을 스위치로 사용하는 것이다.

NPN형은 P형 반도체를 N형 반도체로 샌드위치 한 것이다.

점화장치의 주요부분을 모아서 배전기에 설치한 것

2차 코일에 발생한 고전압은 디스트리뷰터에 의해 각 플러그에 보내진다.

디스트리뷰터

픽업 코일   이그나이터

시그널 로터   이그니션 코일

NPN형 트랜지스터의 컬렉터와 이미터 사이에는 보통 전류(電流)가 흐르지 않는다. 그렇지만 베이스와 이미터 사이에 약간이라도 전류(베이스 전류)가 흐르면 순간적으로 컬렉터와 이미터 사이에 큰 전류가 흐르는 성질이 있어 이 성질을 스위치로 사용하는 것이다.

즉, 디스트리뷰터의 캠과 포인트 대신에 점화신호 발생기구 **시그널 제너레이터(Signal Generator)**를 설치하여 점화 타이밍을 감지하고 전기신호는 트랜지스터를 내장한 **이그나이터(Igniter)**로 보낸다. 그리고 트랜지스터의 베이스와 이미터 사이에 시그널 제너레이터에서 발생한 베이스 전류가 흐르면 컬렉터와 이미터 사이에 큰 전류가 흐른다. 이 전류에 의해서 1차 코일에 흐르는 전류를 차단하여 2차 코일에 고전압의 전류를 얻게 되는 것이다.

시그널 제너레이터는 실린더 수 만큼 돌기(突起)를 가진 **시그널 로터(Signal Rotor)**와 **영구자석(永久磁石)**, 자기(磁氣)의 변화를 감지하는 **픽업 코일(Pick-up Coil)**로 구성되어 있다. 시그널 로터가 엔진 회전수의 1/2로 회전하여 점화시기에 맞춰 돌기가 픽업 코일 근처를 통과하면 영구자석에 의해 만들어져 있는 자기의 세기가 변화하여 코일에 전류가 흐른다. 이 전류를 트랜지스터의 베이스 전류로 증폭시켜 트랜지스터의 베이스 전류로 사용한다는 뜻이다. 이렇게 하여 **단속기 포인트(Contact Breaker Point)**에 의해 발생하는 트러블을 해소시킨 것이다.

3. 디스트리뷰터리스 점화

● **점화타이밍 검출장치**

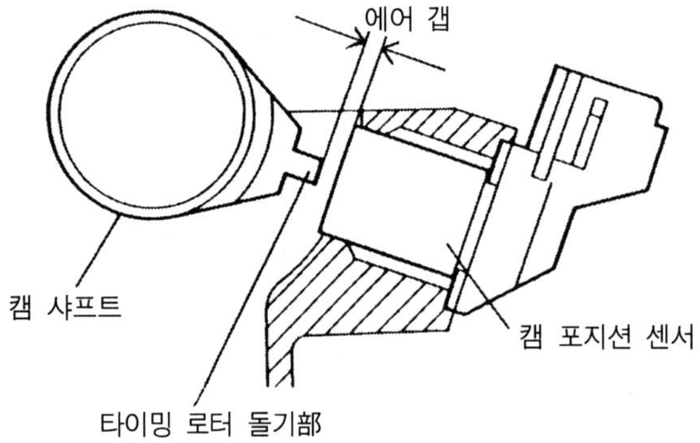

에어 갭

캠 샤프트

캠 포지션 센서

타이밍 로터 돌기部

디스트리뷰터리스 점화장치의 특징은 고전압 배선이 아니라 각 실린더의 스파크 플러그에 각각 이그니션 코일이 부착되어 고압의 유도전류를 발생하여 플러그에 불꽃을 발생시킨다는 점에 있다. 피스톤의 위치 검출은 캠 샤프트에 설치되어 있는 캠 포지션 센서에 의해 이루어진다.

더 진화된 점화시스템 이다.

● **디스트리뷰터리스 점화시스템 배선도**

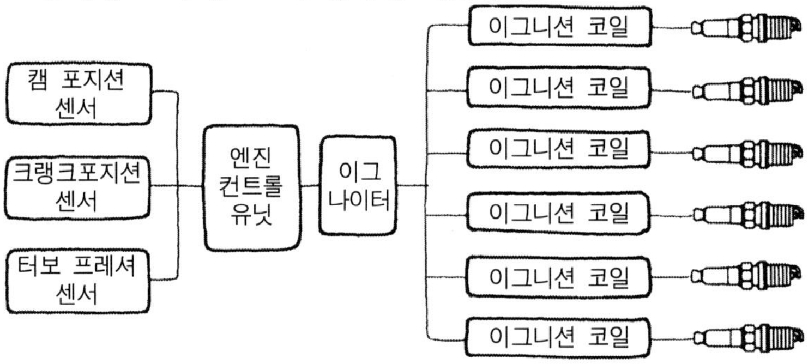

이그니션 코일

캠 포지션 센서

크랭크포지션 센서

터보 프레셔 센서

엔진 컨트롤 유닛

이그 나이터

이그니션 코일

이그니션 코일

이그니션 코일

이그니션 코일

이그니션 코일

이그니션 코일

이그니션 코일에는 전압이 낮은 1차 전류가 보내지므로 고압의 전기에 의해 발생될 수 있는 대부분의 트러블이 없어져, 점화장치가 보다 콤팩트해진다.

풀 트랜지스터식 점화시스템(Full Transistor Type Ignition System)은 포인터식 점화시스템에서 접점을 사용하여 1차 전류를 차단하던 역할을 시그널 제너레이터와 트랜지스터로 하고 진각과 고전압의 2차 전류 분배는 동일한 구성의 장치를 사용하고 있다. **디스트리뷰터리스 점화시스템**(Distributor-less Ignition System)은 진각장치와 2차 전류의 분배장치를 사용하지 않고 점화시기를 감지하는 센서의 전기신호를 컴퓨터로 보내 진각을 하고 이그니션 코일을 스파크 플러그의 바로 옆에 설치하여 고전압의 2차 전류를 발생시키는 점화하는 시스템이다.

이 디스트리뷰터리스 점화시스템을 줄여서 **DLI**(Distributor-less Ignition)라고 하는 것은 Toyota에서 만든 명칭으로 동일한 점화시스템을 Nissan에서는 **NDIS**(Nissan Direct Ignition System), Mazda에서는 **ESA**(Electronic Spark Advance)라 부르고 있으며, 실제의 장치는 조금 다르지만 그 구성은 거의 동일하다.

이 점화장치의 특징은 이그니션 코일−디스트리뷰터−스파크 플러그를 연결한 하이텐션 코드지만 스파크 플러그와 바로 옆에 설치된 이그션 코일을 연결하는 짧은 것이지만 경우에 따라서는 없어지거나, 고압의 전류에 의해 일어나기 쉬운 전파 장해나, 코드의 전기저항에 따른

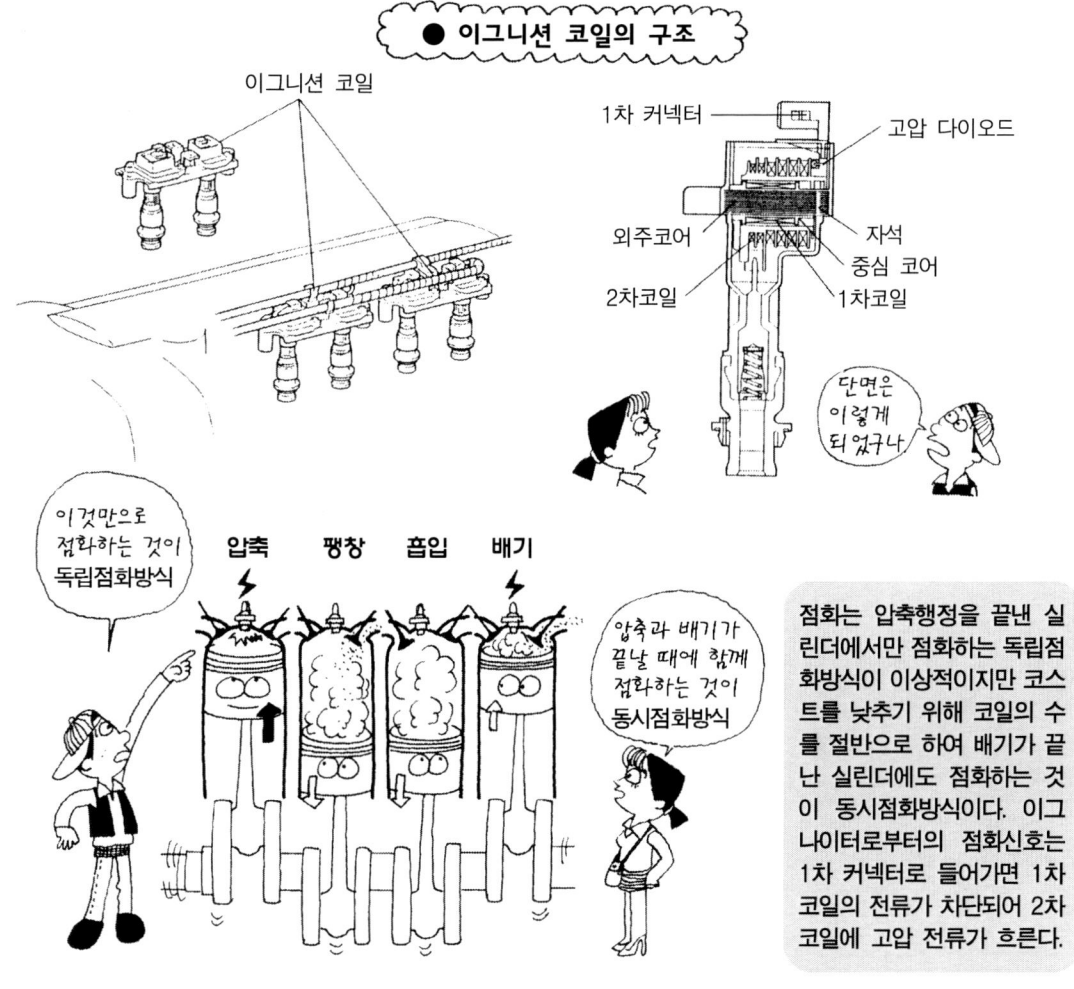

● 이그니션 코일의 구조

이그니션 코일

1차 커넥터

고압 다이오드

외주코어

자석

중심 코어

2차코일

1차코일

단면은 이렇게 되었구나

이것만으로 점화하는 것이 독립점화방식

압축 **팽창** **흡입** **배기**

압축과 배기가 끝날 때에 함께 점화하는 것이 동시점화방식

점화는 압축행정을 끝낸 실린더에서만 점화하는 독립점화방식이 이상적이지만 코스트를 낮추기 위해 코일의 수를 절반으로 하여 배기가 끝난 실린더에도 점화하는 것이 동시점화방식이다. 이그나이터로부터의 점화신호는 1차 커넥터로 들어가면 1차 코일의 전류가 차단되어 2차 코일에 고압 전류가 흐른다.

점화 불량(Missfire) 등 전기에 의한 트러블이 적다. 또한 기계적인 진각장치가 전자식으로 됨에 따라 점화장치가 보다 콤팩트해진다는 장점이 있다.

점화시기를 감지하기 위한 센서는 **크랭크각 센서(Crank Angle Sensor)** 또는 **캠 포지션 센서(Cam Position Sensor)**라 하며, 캠 샤프트로 구동되는 타이밍 로터와 전자적으로 로터의 위치를 검출하는 픽업을 조합시킨 방식과 캠 샤프트로 구동되는 로터 플레이트(Rotor Plate)에 발광 다이오드를 설치하고 수광 다이오드로 점화시기를 감지하는 방식 등이 있다.

또한 점화방식으로는 실린더마다 이그니션 코일을 설치하고 엔진을 컨트롤하는 컴퓨터에 의해 점화 순서에 따라서 점화시키는 **독립점화방식(獨立点火方式)**과 2개의 실린더에 1개의 이그니션 코일로 압축행정과 배기행정을 하는 실린더에 동시 점화시키는 **동시점화방식(同時点火方式)**이 있다. 동시 점화의 경우 압축 행정에서 발생하는 불꽃은 유효하게 작동하지만 배기 행정에서 발생하는 불꽃은 무의미해진다. 그러나 여기에 사용되는 트랜지스터와 코일은 절반이면 충분하기 때문에 장치가 간단하여 제작비용의 상승을 조금이나마 낮출 수 있다.

4. 스파크 플러그

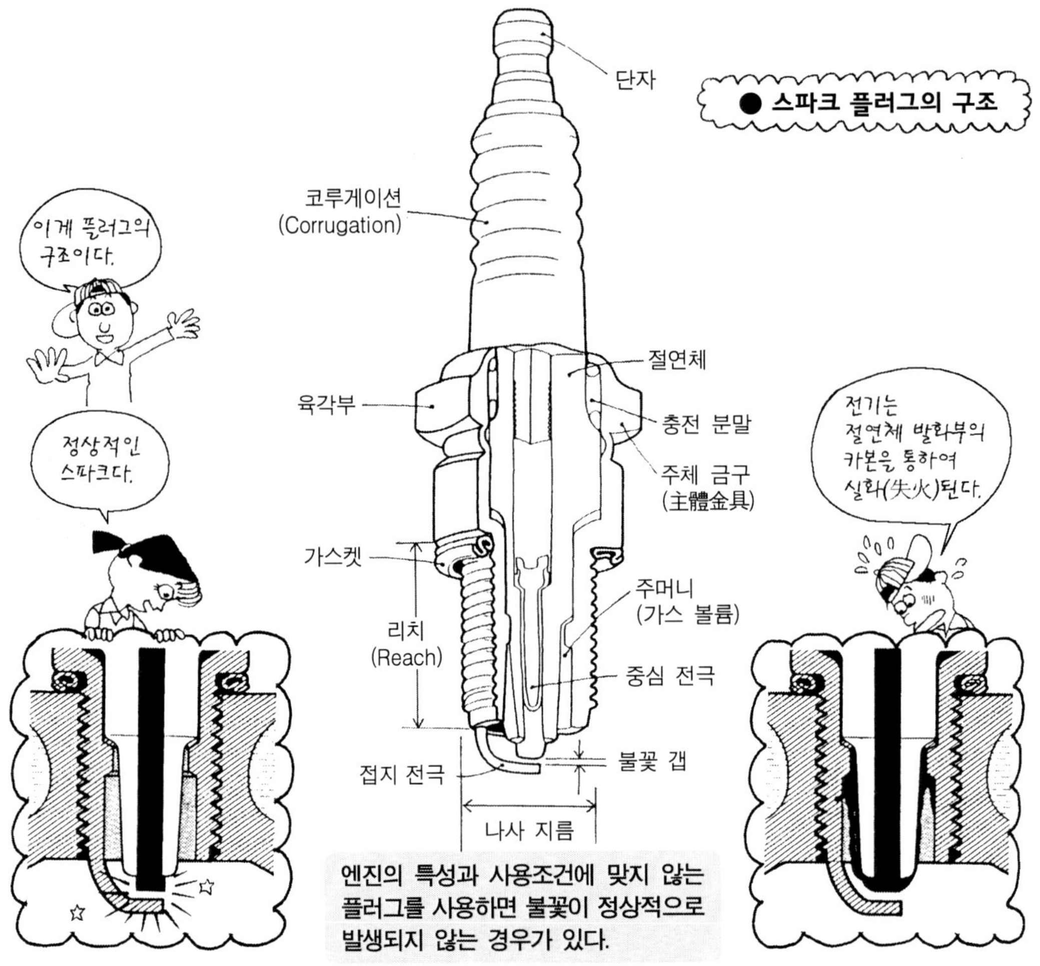

● 스파크 플러그의 구조

이게 플러그의 구조이다.

정상적인 스파크다.

단자

코루게이션
(Corrugation)

절연체

육각부

충전 분말

주체 금구
(主體金具)

가스켓

주머니
(가스 볼륨)

리치
(Reach)

중심 전극

접지 전극

불꽃 갭

나사 지름

엔진의 특성과 사용조건에 맞지 않는
플러그를 사용하면 불꽃이 정상적으로
발생되지 않는 경우가 있다.

전기는 절연체 발화부의 카본을 통하여 실화(失火)된다.

스파크 플러그(Spark Plug)는 이그니션 코일에서 발생한 고전압의 전류에 의한 불꽃 방전에 의해서 압축된 혼합기에 점화시키는 역할을 한다. 외기온도에 가까운 혼합기에 접촉한 다음 순간적으로 2,000℃ 이상의 연소가스에 노출되며, 2만V 이상의 높은 전압으로 강한 불꽃을 발생시키는 것이 요구되기 때문에 엔진 중에서 가장 가혹한 조건에 노출되어 있는 부품이다.

많은 엔진에 공용(共用)으로 사용되고 있으며, 세계 어디에서나 부품을 교환할 수 있도록 국제규격으로 표준화되고 있지만 치수, 구조, 성능 특성[특히 열가(熱價)] 등에 따라 많은 종류가 있다. 알파벳과 숫자를 조합한 번호에 의해 구별되고 있지만 메이커에 따라 다르고 교환할 때에는 그 엔진에 지정된 것을 사용하여야 한다.

일반적으로 설치 나사의 크기에 따라 14mm, 12mm, 10mm로 나뉘며, 14mm가 일반적이다. 콤팩트한 연소실을 형성하기 위해서는 작은 쪽이 좋지만 작아지면 그만큼 열의 영향을 크게 받게 된다. 스파크 플러그를 잘 사용하기 위해서는 온도 문제를 잘 알아 두는 것이 중요하다.

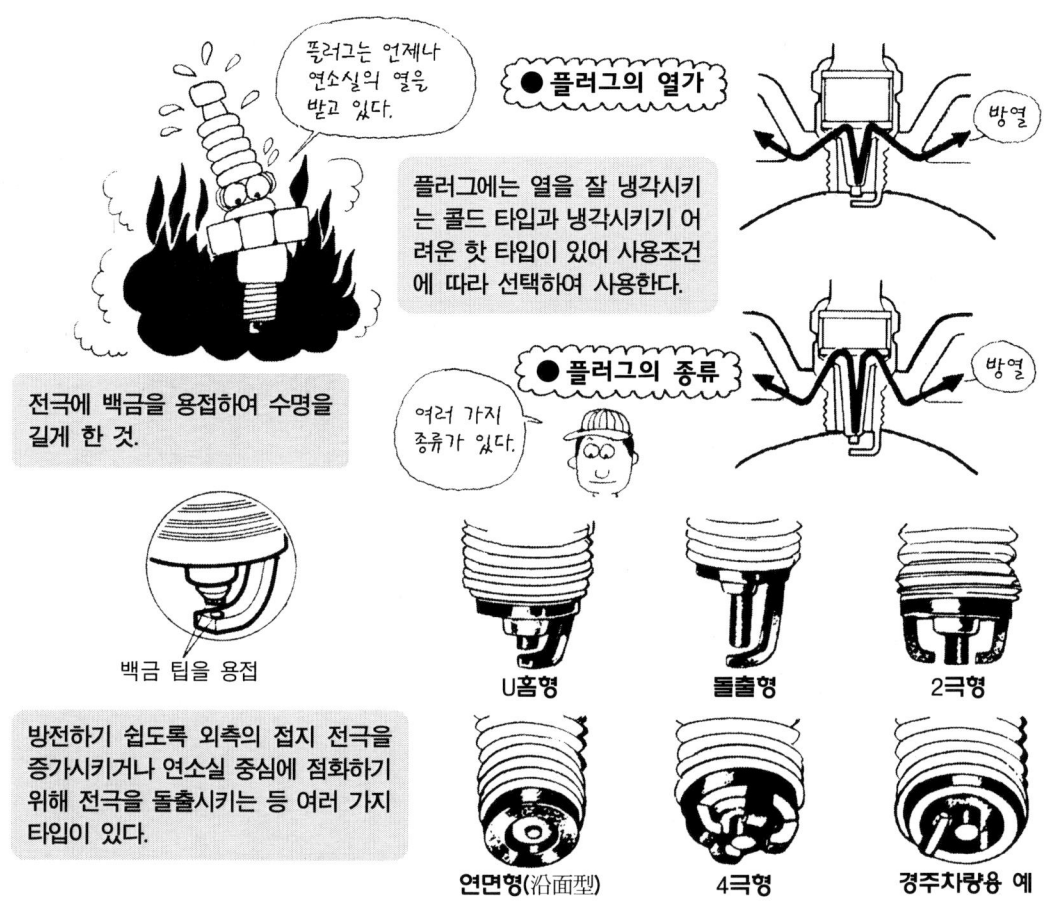

의 내부 구성:

플러그는 언제나 연소실의 열을 받고 있다.

● 플러그의 열가

플러그에는 열을 잘 냉각시키는 콜드 타입과 냉각시키기 어려운 핫 타입이 있어 사용조건에 따라 선택하여 사용한다.

방열

● 플러그의 종류

여러 가지 종류가 있다.

방열

전극에 백금을 용접하여 수명을 길게 한 것.

백금 팁을 용접

방전하기 쉽도록 외측의 접지 전극을 증가시키거나 연소실 중심에 점화하기 위해 전극을 돌출시키는 등 여러 가지 타입이 있다.

U홈형 돌출형 2극형

연면형(沿面型) 4극형 경주차량용 예

스파크 플러그는 엔진의 운전 중 항상 온도가 변화하고 있지만 그 온도에 가장 큰 영향을 미치는 것은 단위 시간당 연소하는 혼합기량이다. 엔진의 회전속도가 상승하여 짧은 시간에 많은 혼합기를 연소시키면 그만큼 스파크 플러그의 온도는 높아진다. 이때 동일한 운전 상태에서도 스파크 플러그의 **열가(熱價)**에 따라 온도가 달라진다.

열가라는 것은 스파크 플러그가 연소실에서 받은 열의 방열(放熱) 정도, 즉 냉각시키는 정도를 나타내는 것으로 냉각이 잘 되는 스파크 플러그일수록 열가가 높다. 경주용 자동차와 같이 엔진을 고속회전으로 연속 운전할 경우에는 열가가 높은 **냉형 플러그(Cold Type Spark Plug)**를 사용하며, 반대로 엔진을 저속회전에서 사용하는 구간이 많은 경우에는 열가가 낮은 **열형 플러그(Hot Type Spark Plug)**를 사용하는 것이 바람직하다.

열가는 스파크 플러그에 숫자로 표시되고 있지만 메이커에 따라 다르므로 그 엔진에 표준적으로 사용되고 있는 스파크 플러그를 기준으로 하여 선택한다. 엔진의 특성 및 사용 조건에 맞지 않는 스파크 플러그를 사용한 경우, 예를 들면 항상 낮은 온도 상태에서 사용되면 스파크 플러그의 끝에 카본이 부착되어 점화가 잘 되지 않는 경우가 있고, 반대로 온도가 지나치게 높으면 전극에서 불꽃이 발생되기 이전에 압축된 혼합기에 자연 착화하는 프리 이그니션(Pre-ignition) 등의 문제가 발생하는 경우가 있다.

1. 스타터와 올터네이터

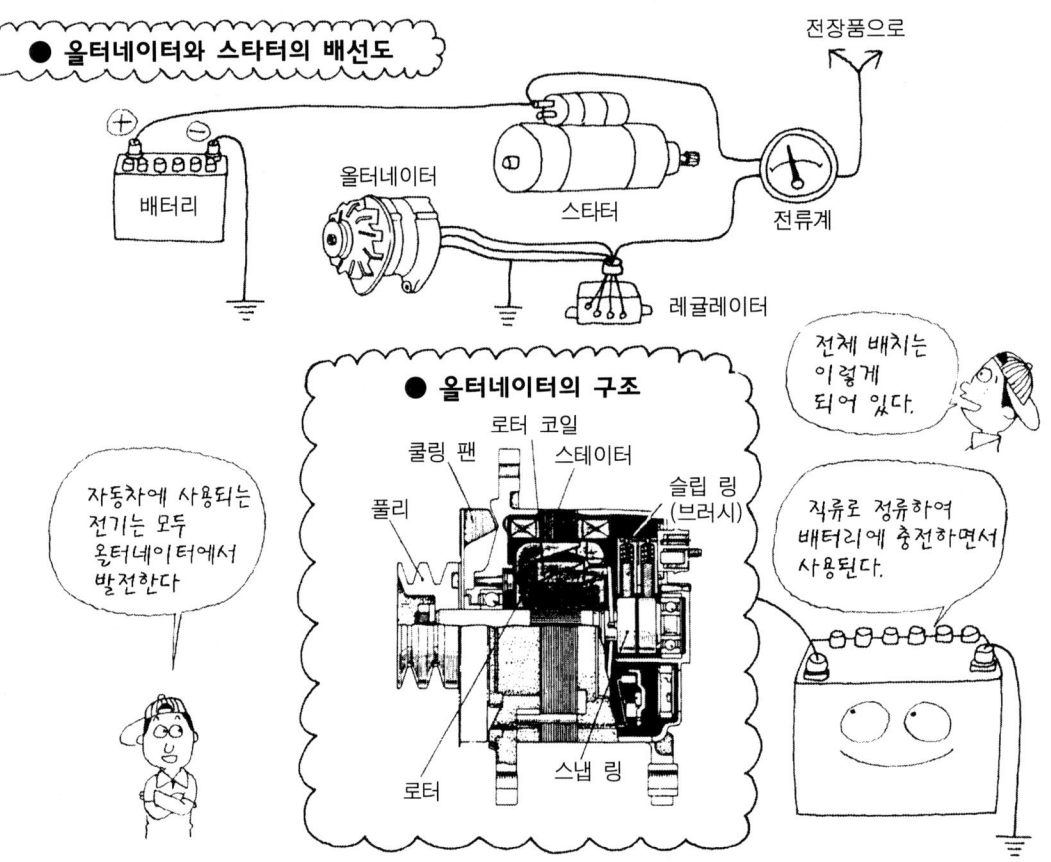

● 올터네이터와 스타터의 배선도

전장품으로

배터리

올터네이터

스타터

전류계

레귤레이터

전체 배치는 이렇게 되어 있다.

● 올터네이터의 구조

로터 코일

쿨링 팬

스테이터

풀리

슬립 링 (브러시)

자동차에 사용되는 전기는 모두 올터네이터에서 발전한다

직류로 정류하여 배터리에 충전하면서 사용된다.

로터

스냅 링

내연기관(Internal Combustion Engine)의 엔진이 운전을 시작하기 위해서는 외부로부터 힘을 받아 크랭크샤프트를 회전시켜야 한다. 이 시동을 위한 모터와 그 부속되는 부품(部品)을 **스타터(Starter)**라 한다. 모터는 시동할 때에 회전력이 큰 **직류 직권모터(DC Motor, 直流直卷)**가 사용되며, 이그니션 스위치를 회전시켜 START에 위치시키면 이 모터에 부착되어 있는 피니언 기어가 플라이휠 외주에 있는 링 기어와 맞물려 크랭크샤프트를 회전시킨다. 모터의 피니언 기어를 링 기어에 맞물리는 방법에는 몇 가지가 있지만 **전자석(電磁石 ; Electromagnet)**을 이용하여 스위치가 ON이 되는 사이에 피니언 기어를 플라이휠의 링 기어 쪽으로 밀어내는 방식이 일반적이다.

엔진이 회전하기 시작하여 링 기어가 피니언 기어를 회전시키는 경우 모터가 고속으로 회전하여 파손될 우려가 있으므로 피니언 기어에는 모터가 링 기어를 회전시킬 때에만 회전력이 전달되도록 **오버러닝 클러치(Over Running Clutch)**가 설치되어 있다. 엔진이 회전을 시작하였는데 계속하여 스타터의 스위치를 넣고 있는 경우 엔진의 회전력이 링 기어에서 피니언 기어로 전달되므로 오버러닝 클러치는 공회전(空回轉)하고 소음이 발생한다.

자동차 시동을 할 때 먼저 엔진 키를 꽂아 스타터 모터를 회전시킨다.

● 스타터의 구조

마그네틱 스위치

시프트 레버

클러치
피니언

아마추어

플라이휠

이 기어로 플라이휠을 회전시켜....

오버러닝 클러치

레버

링 기 어

피니언

스타터 모터

회전하면서 진행하여 맞물린다.

　스타터는 대량의 전기(電氣)를 소모하고 연속하여 사용하기에 적합한 모터(Motor)가 아니므로 일반적으로 수초, 길어도 십수초의 사용으로 멈추고 그래도 엔진이 시동되지 않을 때에는 무엇이 원인인가 점검하여야 한다.

　올터네이터(Alternator)는 교류발전기(交流發電機)로 자동차에서 사용하는 전기를 발전하는 역할을 하며, 발전된 전기는 직류로 정류(整流)하여 배터리에 충전된다. 배터리나 주요 전장품에 사용하는 전기가 직류임에도 교류발전기를 사용하는 이유는 발전 효율이 우수하기 때문이다. 이전에는 직류발전기(直流發電機)가 사용되었지만 회전속도가 저속일 때 발전 능력이 작고 전기를 한쪽으로만 흐르도록 하는 정류자(Brush ; 整流子)라고 하는 소모품이 설치되어 있어 오래 사용할 경우 마모되어 교환이 필요한 점도 올터네이터로 대체된 이유이다.

　올터네이터의 발전 전압(電壓)은 회전수에 따라 증감하지만 배터리 및 전장품(電裝品)에 공급되는 전압은 일정하여야 한다. 이렇게 공급 전압을 일정하게 유지하는 것이 **레귤레이터 (Regulator)**이다. 올터네이터는 크랭크샤프트의 회전을 풀리와 벨트로 전달받고 있어 벨트가 느슨해지지 않았는지 수시로 점검이 필요하다.

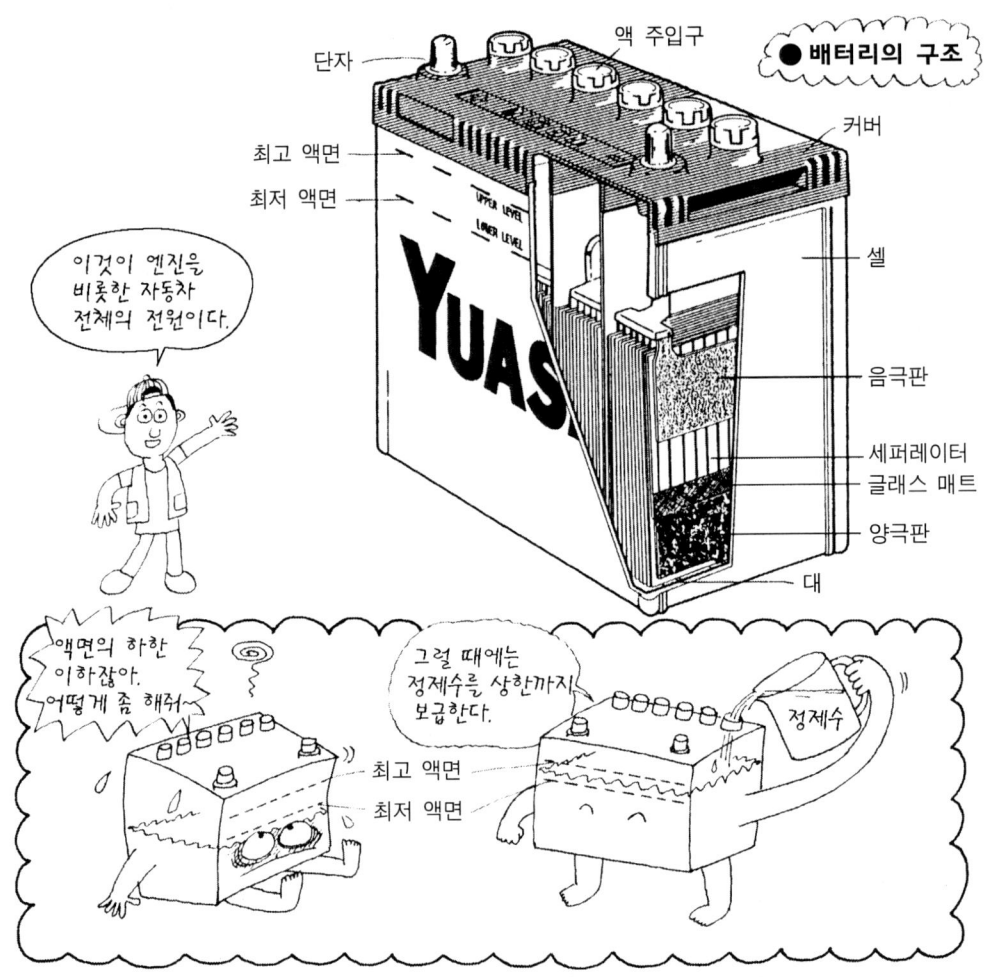

● 배터리의 구조

단자
액 주입구
커버
최고 액면
최저 액면
셀
음극판
세퍼레이터
글래스 매트
양극판
대

이것이 엔진을 비롯한 자동차 전체의 전원이다.

액면의 하한 이하잖아. 어떻게 좀 해줘~

그럴 때에는 정제수를 상한까지 보급한다.

정제수

최고 액면
최저 액면

배터리(Battery)는 시동 전원(始動電源)으로 필요함과 동시에 이그니션을 시작하는 여러 가지 제어 시스템의 전원으로서 엔진에 없어서는 안 되는 중요한 역할을 하는 부품이다.

그 구조는 플라스틱제의 용기 안에 플러스(+)와 마이너스(−)의 극판(極板)을 배치하여 전해액(電解液)에 침전시킨 **셀(Cell)**이라는 것을 조합시켜 이루어져 있다. 한 개의 셀로 약 2.1V의 전압을 발생하므로 승용차용의 12V(실제로는 12.6V) 배터리인 경우 6조의 셀을 직렬로 연결하고 양 끝에 단자(端子)가 설치되어 있다.

플러스 극판(陽極板)에는 납 합금의 기판(基板)에 과산화납이, 마이너스 극판(陰極板)에는 납이 각각 전해액에 용해되기 쉽도록 스펀지 모양으로 가공하여 메우고 있다. 플러스와 마이너스의 단자가 전기회로를 사이에 두고 연결되면 과산화납과 납이 유산(硫酸)과 화학반응을 일으켜 함께 유산납(硫酸鉛)으로 변화되고 전해액 속에 물이 증가한다. 이것을 **방전(放電)**이라고 하는데 방전이 길게 지속되면 전해액은 물에 가까워져 전기를 발생하는 것이 불가능해진다.

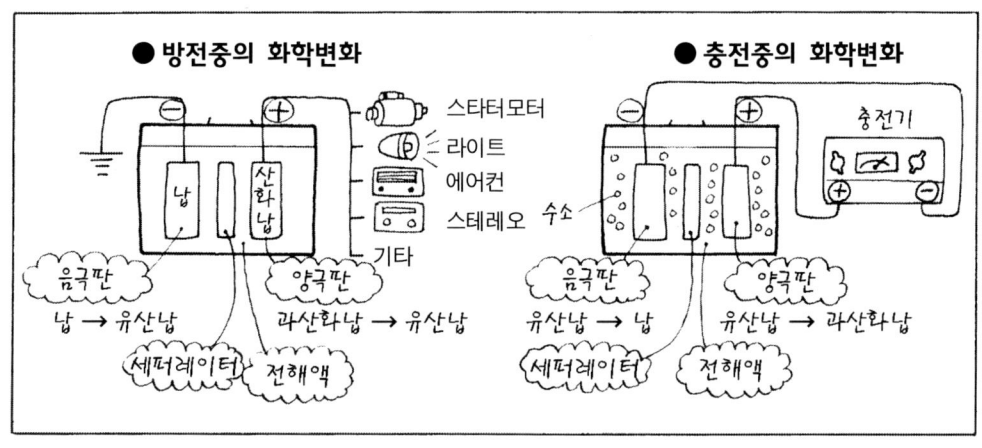

● 방전중의 화학변화

스타터모터
라이트
에어컨
스테레오
기타

음극판
납 → 유산납

양극판
과산화납 → 유산납

세퍼레이터 전해액

● 충전중의 화학변화

충전기

수소

음극판
유산납 → 납

양극판
유산납 → 과산화납

세퍼레이터 전해액

배터리의 전기량은 전해액의 비중으로 조절한다.

측정개소

1.260
1.280
1.300

배터리는 고온이면 반응이 활발하지만 온도가 낮아지면 힘이 약해진다. 한랭지에서는 고성능 배터리를 장착하는 경우가 많다.

배터리의 방전량은 전해액의 농도를 비중에 의해서 확인할 수 있다.

반대로 올터네이터에 의해 발전된 전기를 배터리에 공급하면 방전에 의해 형성된 유산납이 각각 원래 과산화납(過酸化鉛)과 납(鉛)으로 복귀되어 전해액 속에 유산이 증가한다. 이것을 **충전(充電)**이라 한다. 이 때 전해액 중의 물은 전기분해 되어 양극에 산소 가스, 음극에 수소 가스가 생긴다. 배터리를 사용하고 있으면 전해액이 점점 감소하기 때문에 보충이 필요하다.

이러한 표준형 배터리에는 **메인터넌스 프리 배터리**(Maintenance Free Battery), 줄여서 **MF배터리**가 있다. 이것은 충전(充電)할 때 전해액이 전기분해 및 자연방전을 어렵게 하여 물의 보충과 충전의 수고를 적게 또는 없도록 한 것이다.

배터리는 화학반응에 의해 전력을 얻기 때문에 온도가 높아지면 반응이 활발해져 전기용량이 증가하고, 낮아지면 감소한다. 표준형 배터리는 −10℃ 이하에서는 급속히 시동 능력이 저하하므로 한랭지에서는 −30℃에서도 시동 능력이 있는 **고성능 배터리**가 장착되는 경우가 많다.

엔진은 엔진 오일의 양이 줄지 않았는지, 냉각수가 충분히 들어 있는지(라디에이터 또는 리저버 탱크), 팬 벨트의 장력(張力)은 적당한지 등 일상점검을 정확히 해두면 거의 고장이 없지만 특히, 자주 발생하는 문제가 배터리 방전이다. 최근의 자동차는 에어컨을 비롯하여 윈도 및 시트에 이르기까지 전기를 사용한 자동화가 진행되고 있어 배터리가 혹사되고 있다. 무심코 램프류를 점등시킨 상태로 방치하면 전압이 극단적으로 낮아져 스타터 모터를 회전시켜도 엔진이 시동되지 않는 경우가 발생한다.

수동변속기(Manual Transmission) 차량의 경우에는 뒤에서 밀면 엔진이 회전하여 올터네이터를 통해 발전되면 시동이 되지만 자동변속기 차량은 이 방법으로는 시동을 걸 수가 없기 때문에 부스터 케이블(Booster Cable)에 의해 다른 자동차로부터 전기를 공급 받아야 된다.

이 때, 대부분의 사람이 자차(自車)와 타차(他車)의 배터리를 연결하는 경우 플러스와 플러스, 마이너스와 마이너스를 부스터 케이블로 연결한다. 이 작업에서 실제 문제가 발생하는 경

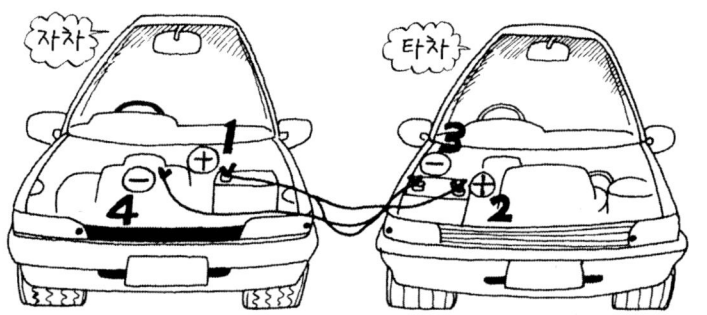

다른 차량으로부터 전기를 받을 때에는 부스터 케이블의 클립이 바디에 접촉되지 않도록 하여 번호 순서대로 설치한다.

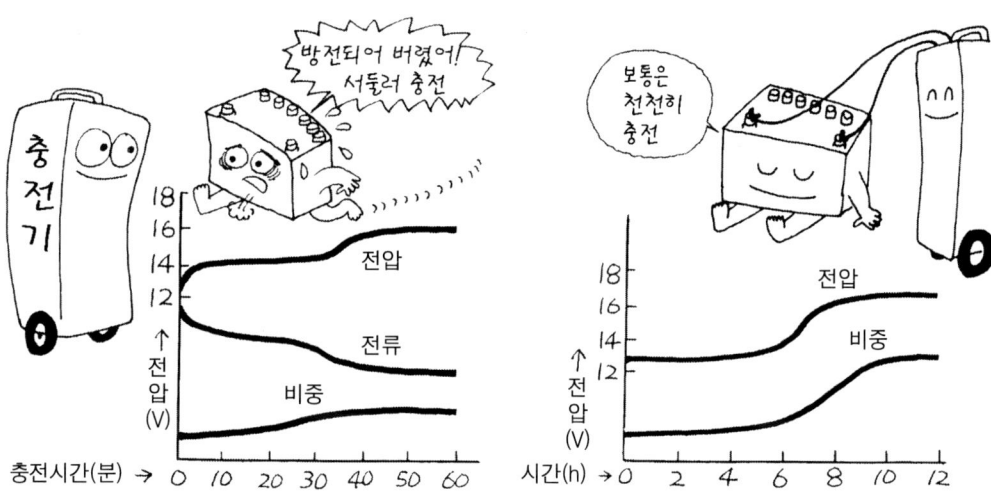

우는 적지만 사실 이것은 대단히 위험한 작업이다. 왜냐하면 충전에 의한 물의 전기분해에 의해 배터리 안에 수소 가스와 산소 가스가 동시에 발생하고 있어 이것에 전기 불꽃으로 불이 붙으면 폭발할 가능성이 있기 때문이다. 이 위험을 피하기 위해서는 플러스와 플러스를 함께 연결한 뒤 타차(他車)의 마이너스에 연결한 케이블은 자차(自車)의 배터리로부터 떨어진 엔진의 다른 부분, 예를 들면 엔진을 매달기 위한 후크 등과 연결하는 것이 올바른 방법이다.

　이로써 알 수 있듯이 자동차의 차체는 마이너스의 전극과 직결(접지)되어 있어 플러스의 전극에 연결된 부스터 케이블의 클립이 차체에 접촉하면 쇼트 되어 불꽃이 튄다. 자동차 전장품은 배터리의 플러스 전극으로부터 전기를 받고, 마이너스 극은 차체에 연결되어 있다. 이렇게 하면 전선은 각 전장품에 1개로 충분하기 때문이다. 그러므로 케이블을 연결하는 순서도 위에 서술한 바와 같이 우선 쇼트 되지 않도록 주의하면서 플러스끼리 연결하는 것부터 시작해야 한다. 분리할 때에는 반대로 마이너스부터 탈거한다. 배터리를 교환하거나 충전하기 위해서 자동차에서 탈착할 때에도 같은 방법으로 우선 마이너스 측의 단자로부터 탈거해야 한다.

배출가스 정화시스템

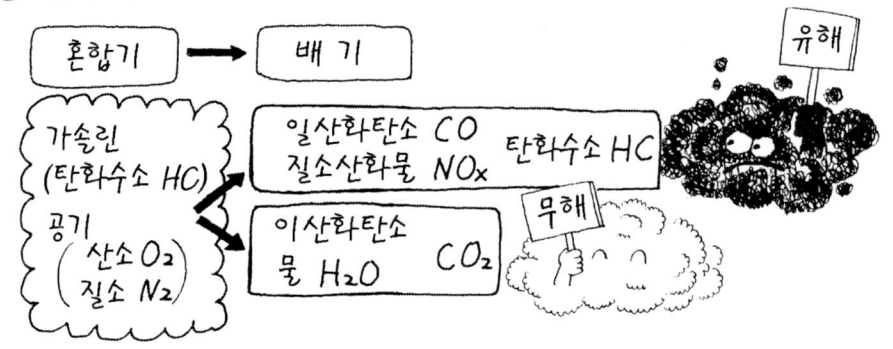

● 배기에 함유된 유해한 성분

혼합기 → 배 기

가솔린
(탄화수소 HC)
공기
(산소 O₂
질소 N₂)

일산화탄소 CO
질소산화물 NOx 탄화수소 HC

이산화탄소
물 H₂O CO₂

유해

무해

탄화수소의 혼합물인 가솔린은 발화성이 높다.

증발
가스

가솔린(탄화수소)이 완전히 연소되면 이산화탄소(탄산가스)와 물이 되지만 연소되지 않으면 일산화탄소와 탄화수소가 조금 남은 상태로 배출되어 이것이 대기를 오염시킨다. 질소산화물은 원래 화학적으로 안정된 질소가 2,000℃이상의 고온에서 산소와 화합하여 생긴 것으로, 혼합기가 잘 연소되는 만큼 많이 발생하는 것이다. 엔진의 배기관으로부터 배출되는 가스는 대부분이 공기로 여기에 수증기, 이산화탄소, 일산화탄소, 탄화수소, 질소산화물 등이 함유되어 있다.

엔진과 연료계통으로부터 대기 중에 배출되는 가스는 배기 파이프로부터의 배기, 크랭크 케이스로부터의 블로바이 가스, 더운 여름의 주차 및 주행 등에 의해 뜨거워진 연료 탱크로부터의 증발가스 등 3가지가 있으며, 모두 대기를 오염시키는 유해한 물질이 함유되어 있기 때문에 자동차에는 이러한 유해 가스를 처리하는 장치가 장착되어 있다. 물론 이러한 배출가스 중에 최고로 문제가 되는 것은 배기이다.

연료가 완전히 연소되면 배기가스에 유해한 성분이 함유되어 있지 않을 것이다. 왜냐하면 연료인 가솔린은 탄소와 수소의 화합물인 탄화수소(HC)로 되어 있고 이것이 연소실에서 공기 중의 산소와 화학반응을 일으켜 열을 발생시키며. 최종적으로는 탄산가스(CO_2, 이산화탄소)와 물(H_2O)로 변화되기 때문이다.

그렇지만 실제 이 화학반응은 탄화수소 분자와 산소가 부딪쳐서 한번에 탄산가스와 물이 되는 것은 아니다. 이 화학반응은 탄화수소 분자가 열에 의해 분해 되기 때문에 작은 불안정한 물질이 되어 산소와 반응한다든지, 반응에 따라 생긴 분자끼리 더욱 더 반응하는 등 매우 복잡

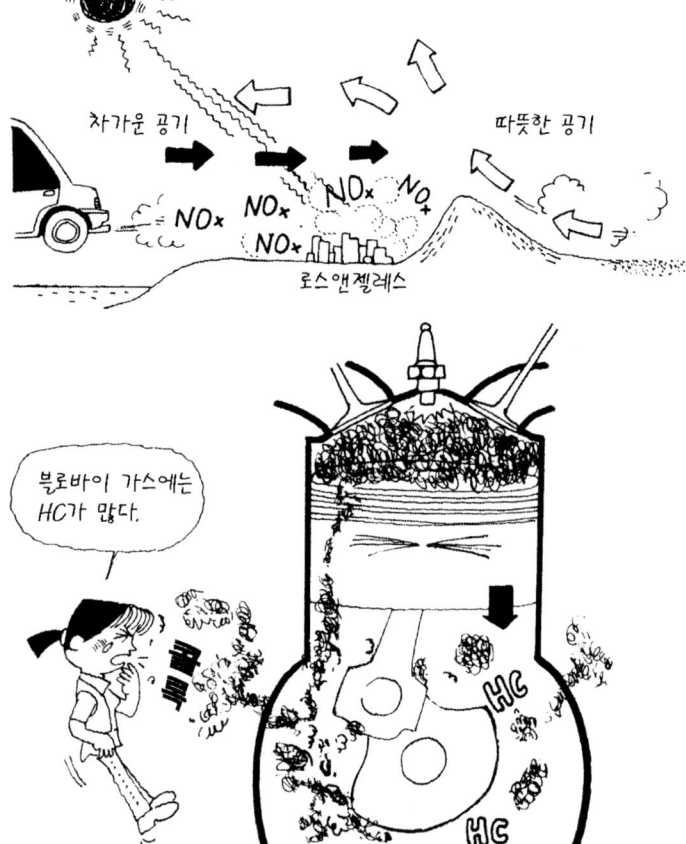

자동차의 배기가스에 의한 대기오염이 사회문제가 되어 최초로 그 규제가 이루어진 것은 미국 캘리포니아주에서 1963년 블로바이 가스 규제로, 그 후 1970년에 성립한 머스키 법에 따라 본격적인 규제가 시작되었다. 원래 캘리포니아는 시에라네바다 산맥을 넘어온 따뜻한 공기가 상공에 머물러 공기가 지상에 정체되기 쉬운 지형으로, 여기에 세계 제일의 자동차 보유율로 인한 배출가스 때문에 문제시되었다.

차가운 공기   따뜻한 공기

NO_x NO_x NO_x NO_x

NO_x

로스앤젤레스

블로바이 가스에는 HC가 많다.

엔진에서 배출되는 가스는 배기관의 배기, 크랭크 케이스로부터의 블로바이 가스, 연료탱크에서 증발하는 가솔린 증발가스의 3가지가 주된 것이다. 이 중에 블로바이 가스는 대부분이 연소하지 않고 가스가 된 가솔린 성분과 그것이 분해 되어 생긴 탄화수소가스이다.

HC

HC

해서 실제 그 실체는 잘 알 수 없는 부분이 있다. 그러한 반응으로 형성되는 가스 중 일산화탄소와 탄화수소, 질소산화물의 3가지가 주된 유해물질이다. **일산화탄소**(CO)는 탄소와 산소가 짝을 이루어 형성되는 불안정한 물질로 반응에 필요한 열과 산소가 있으면 산소 하나가 더 붙어 이산화탄소라는 무해하고 안정된 분자로 변한다. 일산화탄소가 유해한 이유는 혈액 중에 산소를 운반하는 헤모글로빈과 반응하여 인체에 중독 증상을 일으키기 때문이다.

탄화수소가스($Hm \, Cn$: m, n은 정수)는 연료로서의 탄화수소(HC)가 연소되지 않은 상태로 배출되거나, 연소라는 화학반응 도중에 발생된 중간물질이 그대로 배출된 것으로 블로바이 가스 및 연료 탱크로부터의 증발 가스의 주성분이기도 하다. 이 가스는 그대로라면 냄새가 나는 정도의 것이지만 대기중에 산소 및 질소 화합물과 화학반응하면 알데히드라고 하는 자극이 강한 유해한 물질로 변화한다.

질소산화물(NO_x)은 연소실이 2,000℃ 이상의 고온이기 때문에 공기의 78%를 차지하는 질소가 산소와 반응하여 형성된 가스로 일산화탄소(CO)와 탄화수소(HC)는 모두 다른 메커니즘에 의해 형성되는 것으로 이것들을 완전 연소시켜 적게 하면 반대로 증가하게 된다. 연소 온도가 낮으면 적지만 연소 효율이 나빠지기 때문에 발생한 질소산화물(NO_x)은 배기계통에서 처리하는 방법이 취해진다.

2. 공연비와 배기 조성

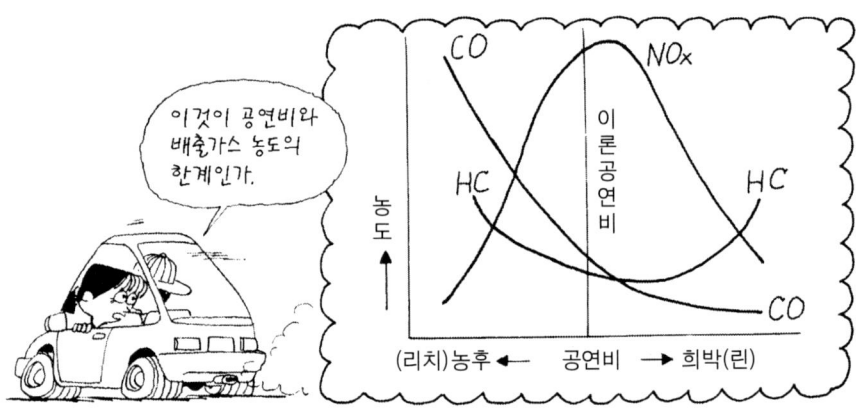

이것이 공연비와 배출가스 농도의 한계인가.

배출가스에 포함된 일산화탄소, 탄화수소, 질수산화물과 혼합기의 공연비와의 관계를 살펴보면...

혼합기가 농후하면 공기의 부족으로 불완전 연소가 되어, 일산화탄소와 탄화수소(가솔린 성분)가 많이 배출된다.

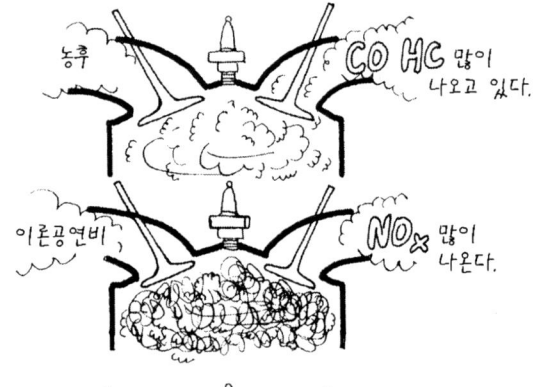

이론공연비 부근에서는 가솔린이 완전 연소되어 온도가 높아져, 질소산화물 발생이 많다. 공기가 충분히 공급되므로 일산화탄소와 탄화수소도 연소되어 배기 중에 함유되는 양은 적다.

혼합기가 희박한 상태라는 것은 공기가 충분히 있어 가솔린이 조금 밖에 없는 상태이나 연소되는 가솔린이 적으므로 연소가 불완전해져 탄화수소 양이 많아진다.

배기 중의 유해 물질은 연소라는 화학반응의 생성물이기 때문에 배기에 얼마만큼 함유되었는지는 공기와 연료의 가솔린 비율인 공연비(空燃比)와 연소할 때의 온도와 가스의 유동 상태 등에 따라 결정된다. 공연비가 이론공연비보다도 농후한 상태, 즉 연료가 많으면(Rich) 불완전 연소가 되어 일산화탄소(CO)와 탄화수소(HC) 및 카본이 많이 발생한다. 이것은 헝겊 조각에 가솔린을 묻혀 불을 붙였을 때를 생각하면 잘 이해가 될 것이다.

반대로 이론 공연비보다 연료가 적으면(Lean) 가솔린은 연소가 잘 되므로 일산화탄소와 탄화수소의 발생량은 적다. 그러나 연소가 잘 이루어져 온도가 높아짐에 따라 질소산화물(NOx)이 증가한다. 특히 연소 온도가 2,000℃ 이상이 되면 급격히 증가된다. 상온에서는 거의 반응하지 않는 질소(N)와 산소(O_2)가 결합하는데 필요한 에너지가 부여되면 먼저 일산화질소(NO)가 되어 배기관으로부터 배출된 뒤 이산화질소(NO_2)가 되기 때문이다.

이 때문에 질소산화물은 연소 온도는 이론공연비(14.5)보다 약간 희박한 공연비 16 정도에서

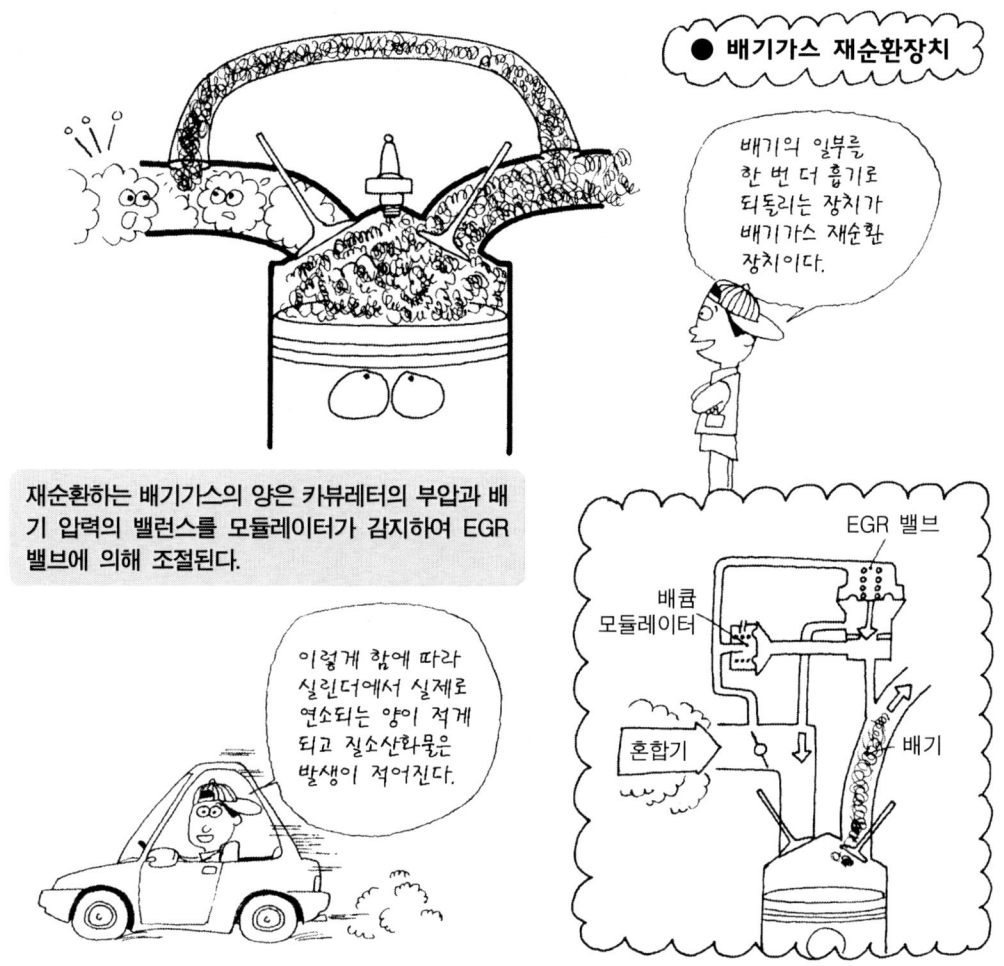

● 배기가스 재순환장치

배기의 일부를 한 번 더 흡기로 되돌리는 장치가 배기가스 재순환장치이다.

재순환하는 배기가스의 양은 카뷰레터의 부압과 배기 압력의 밸런스를 모듈레이터가 감지하여 EGR 밸브에 의해 조절된다.

이렇게 함에 따라 실린더에서 실제로 연소되는 양이 적게 되고 질소산화물은 발생이 적어진다.

EGR 밸브

배큠 모듈레이터

혼합기

배기

최고(最高)가 되고 그 이상 희박해지면 점점 연소 온도가 낮아지면서 생성량이 적어진다. 공연비가 18이상으로 연료가 더욱 적게 되면 이번에는 연료가 불완전 연소에 의해 탄화수소의 양이 증가하게 된다. 이러한 이유에 의해 배기가스 중 유해물질의 발생을 감소시키는 경우 공연비를 어떻게 설정하는가가 중요하지만 이 공연비로 실린더에 흡입되는 혼합기에 연소가스를 넣어 조절하기도 한다. 이 장치를 배기가스 재순환장치(再循環裝置)라고 한다.

배기가스 재순환장치는 영어의 Exhaust Gas Recirculation의 첫 문자를 따서 EGR이라 부르며, 말 그대로 배기가스의 일부를 흡기계통으로 되돌려 혼합기와 함께 한 번 더 실린더에 넣는 장치이다. 이에 따라 실제 연소되는 연료량이 적어져 연소 속도가 늦어지게 되기 때문에 연소실의 최고 온도가 낮아져 질소산화물의 발생이 적어진다. 단, 재순환되는 배기량이 지나치게 많으면 엔진의 출력은 물론 연비도 나빠지기 때문에 그 양을 잘 컨트롤하는 것이 필요하다.

재순환하는 배기가스의 양은 카뷰레터 방식의 경우 흡기 매니폴드의 부압에 의해 컨트롤하고 있는 것이 많지만 전자제어식 엔진은 흡기 및 냉각수 온도, 차속, 부하 상태 등을 센서로 감지하고 컴퓨터로 연산하여 엔진의 운전 상태에 따른 최적의 양을 순환시킨다.

배출가스 정화시스템 ●··

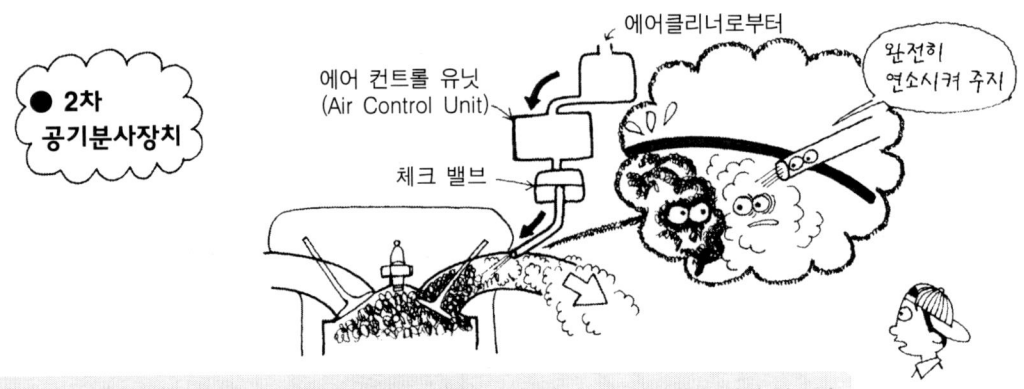

● 2차
공기분사장치

에어클리너로부터

에어 컨트롤 유닛
(Air Control Unit)

체크 밸브

완전히
연소시켜 주지

> 2차 공기분사장치는 주로 카뷰레터식 엔진에 적용되고 있으며, 연소실에서 완전히 연소되지 않은 가솔린 성분인 탄화수소와 불완전연소에 의해 형성된 일산화탄소를 배기포트에 공기를 공급하여 완전히 연소시키는 작용을 한다.

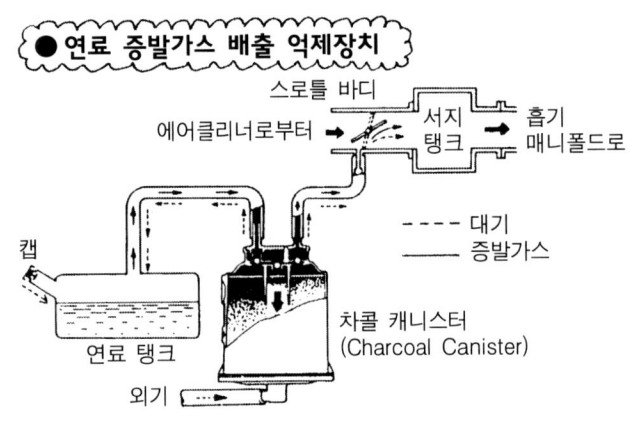

● 연료 증발가스 배출 억제장치

스로틀 바디

에어클리너로부터 →

서지
탱크

→ 흡기
매니폴드로

- - - - 대기
—— 증발가스

캡

차콜 캐니스터
(Charcoal Canister)

연료 탱크

외기

연료 탱크에서 증발한 가솔린 증기는 흡기계통으로 유도되어 새로이 흡입되는 공기와 함께 연소실에 들어가 연소된다. 엔진의 정지 중에 연료 탱크 내에서 증발한 가솔린 증기는 활성탄(차콜)을 넣은 관(캐니스터)으로 유도되어 활성탄에 흡착된다. 엔진이 회전하면 흡착되어 있던 가솔린은 외부에서 흡입되는 공기와 함께 흡기계통으로 들어가 연소되므로 활성탄은 다시 흡착능력을 회복하여 몇 번이라도 사용할 수 있게 되어 있다.

배기가스에서 유해한 가스를 감소시키는 장치는 일산화탄소와 탄화수소를 연소시켜 처리하는 배기의 **산화장치(酸化裝置)**와 일산화탄소(CO), 탄화수소(HC), 질소산화물(NOx)을 촉매를 사용하여 산화환원반응에 의해 한번에 처리하는 **삼원촉매장치(三元觸媒裝置)**가 있다.

일산화탄소와 탄화수소는 연소실에서 연료 성분인 탄화수소(HC)가 산소(O_2)와 반응하여 이산화탄소(CO_2)와 물(H_2O)이 되는 화학반응이 완전히 끝나지 않은 상태로 배출되었기 때문에 배기가스 중에 함유되어 있는 것이다.

이러한 유해가스가 배출되었을 때 배기 포트에 추가로 공기를 보내어 완전히 반응시키는(산화하는) 것이 산화장치로 **2차 공기분사장치**라 부르고 있다. 배기관 도중에 산화촉매를 넣은 용기(**산화촉매 컨버터**)를 설치하여 일산화탄소와 탄화수소를 무해한 이산화탄소와 물로 산화시키는 시스템도 있다. 전자제어 연료분사식 엔진은 더욱 진전된 삼원촉매장치가 사용되고 있다.

질소산화물에는 질소 원자 1개와 산소 원자 1개로 된 일산화질소와 산소 원자가 1개 더 붙은 이산화질소가 있는데, 이들 질소산화물로부터 산소를 빼앗는 반응(환원반응)이 일어나면

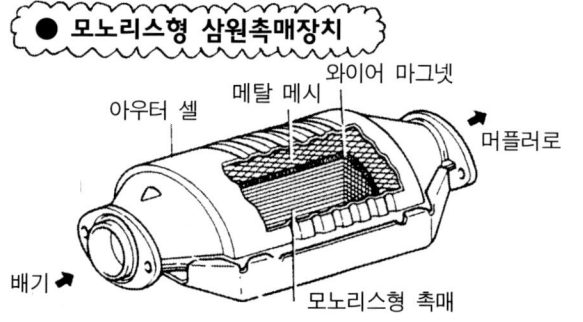

● 모노리스형 삼원촉매장치

와이어 마그넷
메탈 메시
아우터 셀
머플러로
배기
모노리스형 촉매

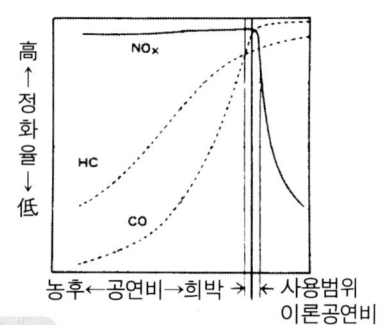

高↑정화율↓低

NOₓ
HC
CO

농후←공연비→희박 → ← 사용범위
이론공연비

삼원촉매의 정화율은 공연비의 영향을 강하게 받고 3가지 유해가스를 동시에 정화하기 위해서는 공연비를 이론공연비의 부근에 오도록 설정할 필요가 있다. 공연비가 이론공연비로 되어 있는지는 배기 중의 산소 농도로 알 수 있다. 여기에서 이용하는 산소 센서는 지르코니아(Zirconia) 소자 전압이 산소의 유무에 따라 급변하는 성질이 이용된다.

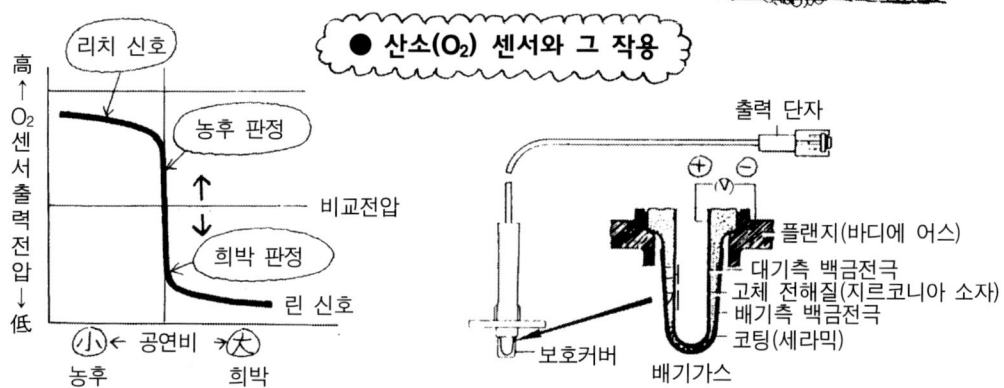

● 산소(O₂) 센서와 그 작용

리치 신호
高↑O₂센서출력전압↓低
농후 판정
비교전압
희박 판정
린 신호
小 ← 공연비 → 大
농후   희박

출력 단자
플랜지(바디에 어스)
대기측 백금전극
고체 전해질(지르코니아 소자)
배기측 백금전극
코팅(세라믹)
보호커버
배기가스

질소산화물은 무해한 질소가스가 된다. 그렇다면 이론상 질소산화물을 환원시켜 그 산소를 일산화탄소와 탄화수소에 부여하는 산화를 이루면 3가지의 유해가스를 한번에 무해가스로 변환하는 것이 가능하다.

이러한 착상으로부터 혼합기 중의 공기와 연료의 비율, 즉 공연비(空燃比)를 연소시킨 뒤의 연소가스에 산소가 남지 않은 상태로 제어하여 질소산화물의 환원반응(還元反應)과 일산화탄소와 탄화수소의 산화반응(酸化反應)을 동시에 이루는 촉매가 개발되었다. 촉매라고 하는 것은 이러한 화학반응이 일어나도록 하는 물질로 배기 정화에 사용되는 것을 **삼원촉매(三元觸媒)**라 한다. 이 촉매는 형상에 따라 입자상의 알루미나 위에 백금과 로듐을 얇은 막 상태로 덮어씌운 **펠릿 타입(Pellet Type)**과 **하니콤 타입(Honeycomb Type)**으로 구분된다.

연료가 완전 연소될 때의 공연비는 **이론공연비(理論空燃比)**라 하며, 레귤러 가솔린은 14.5이다. 삼원촉매는 과잉의 산소가 있으면 작동이 극단적으로 저하되므로 이론 공연비로 유지하는 것이 필요하지만 거기에는 삼원촉매장치 중에 산소의 유무를 감지하는 **산소 센서(Oxygen Sensor)**가 사용된다. 만약 배기 중에 산소가 검출되면 컴퓨터가 흡입되는 공기량 및 EGR 가스량을 재빨리 계산하고 적정량의 연료를 분사하여 항상 이론공연비로 유지하도록 하고 있다.

195

4. 블로바이가스 환원장치

블로바이 가스는 피스톤 링의 링 엔드 등으로부터 크랭크 케이스로 누출된 미연소 및 연소가스를 말한다.

배기도 있지만 블로바이가스 탓도 있다.

쿨릉

링 엔드

블로바이 가스

블로바이 가스는 이러한 악영향이 있다.

녹

녹슬겠어!

오일의 열화

도와줘

오일

블로바이 가스(Blow-by Gas)는 압축 행정 또는 팽창 행정에서 피스톤 링의 링 엔드 등에서 크랭크케이스로 누출된 미연소 및 연소가스를 말하지만 가스화된 엔진오일도 포함되어 있다. 예전의 엔진은 이 가스를 대기 중으로 방출시켰으며, 지금도 경주용 차량의 엔진은 그대로 방출하고 있다. 위밍업을 하고 있는 경주용 차량에 가까이 있으면 오일이 타는 듯한 냄새가 나는 것은 배기가스 때문이기도 하지만 이 블로바이 가스 탓도 있다.

블로바이 가스 성분의 75~80%는 미연소 혼합기와 산화한 탄화수소가스, 나머지 20~25%가 연소가스로 대기오염의 원인이 되기 때문에 연소실로 재순환(환원)하여 완전히 연소시키는 시스템의 장착이 법률로 의무화되어 있다. 이 장치를 **블로바이 가스 환원장치(還元裝置)**라고 하고 영어로 Positive Crank Case Ventilation, 줄여서 PCV라고 부른다.

블로바이 가스에는 1 ℓ 당 0.04~0.05g의 강한 산성 수분이 포함되어 있기 때문에 엔진의 내부를 녹슬게 함과 동시에 엔진 오일을 열화시키므로 엔진의 관리를 위해서도 이 가스를 처리하는 것은 중요하다.

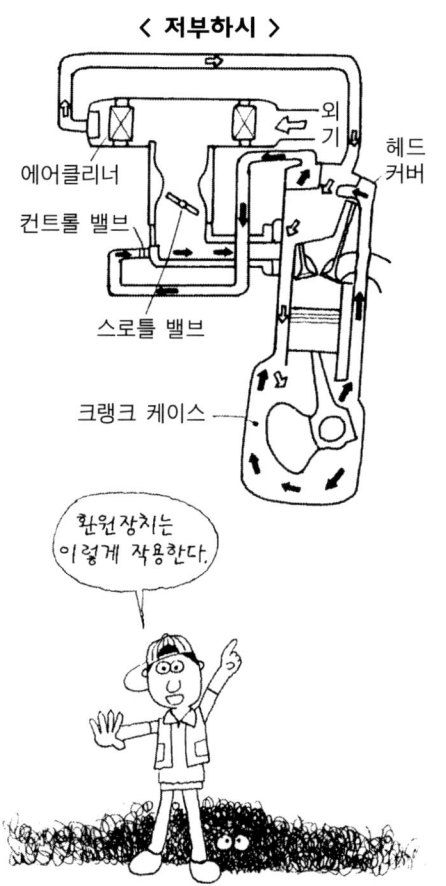

< 저부하시 >

에어클리너
컨트롤 밸브
스로틀 밸브
크랭크 케이스

외기
헤드 커버

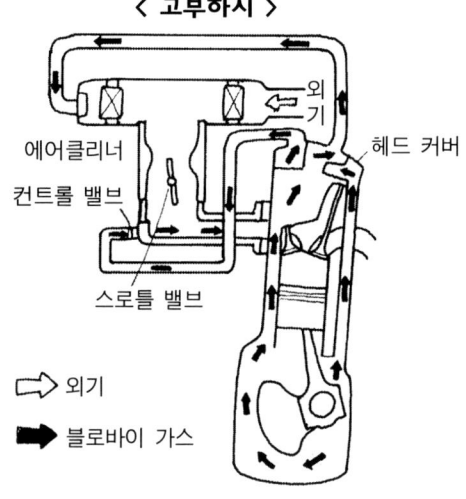

< 고부하시 >

에어클리너
컨트롤 밸브
스로틀 밸브

외기
헤드 커버

⇨ 외기
➡ 블로바이 가스

환원장치는
이렇게 작용한다.

● **블로바이 가스 환원장치의 작동**

블로바이 가스 환원장치는 크랭크 케이스 내의 블로바이 가스를 흡기계통으로 유도하는 장치이다. 엔진의 부하가 작고 낮은 회전수일 때에는 흡기 매니폴드의 부압을 이용하여 에어클리너로부터 외기를 도입하고, 크랭크 케이스 내의 블로바이 가스를 흡기관 내에 흡입시킨다. 엔진의 회전이 높아지면 블로바이 가스가 많아지므로 흡기관뿐만 아니라 에어클리너에서도 블로바이 가스를 흡입시켜 처리한다.

블로바이 가스의 양은 실린더 내의 압력과 크랭크 케이스 내의 압력 차이가 클수록 증가하지만 크랭크 케이스 내의 압력은 엔진의 회전속도가 빨라져도 그다지 변하지 않으므로 엔진의 회전속도와 부하(負荷)가 커질수록 그 양이 증가하게 된다. 따라서 블로바이 가스는 엔진의 부하에 따라 2단계로 처리하는 구조로 되어 있는 경우가 많다.

블로바이 가스 환원장치는 흡기계통의 스로틀 밸브와 흡기 매니폴드 사이에 크랭크 케이스를 연결하는 파이프, 크랭크 케이스와 연결된 헤드 커버, 외기(外氣)를 흡입하는 입구와 스로틀 밸브 사이에 연결하는 파이프로 구성되어 있다.

엔진이 운전되고 있으면 스로틀 밸브와 흡기 매니폴드 사이는 항상 부압(負壓)이 형성되어 있으므로 블로바이 가스는 크랭크 케이스에서 이곳으로 흡출되므로 혼합기와 혼합되어 연소실로 들어간다. 이 때문에 엔진의 부하가 작을 때에는 크랭크 케이스 내에도 부압에 의해 외기가 헤드 커버를 경유하여 크랭크 케이스 내로 들어간다.

엔진의 부하가 커지면 부압도 커지지만 부압에 의해 흡입되는 이상으로 블로바이 가스가 많아지면 가스는 크랭크 케이스에서 헤드 커버를 경유하여 외기가 흡입되는 입구 쪽으로 흘러 2가지의 경로에 의해 처리된다.

1. 희박 연소 엔진

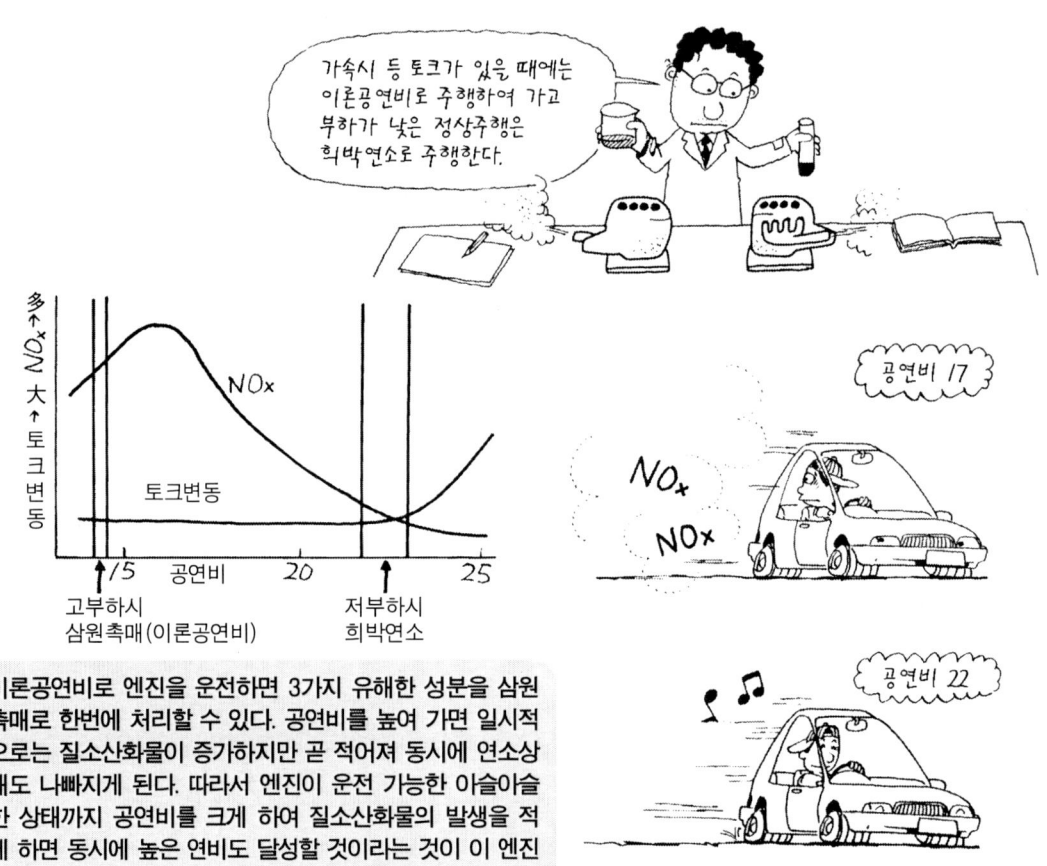

> 가속시 등 토크가 있을 때에는 이론공연비로 주행하여 가고 부하가 낮은 정상주행은 희박연소로 주행한다.

> 공연비 17

> 공연비 22

이론공연비로 엔진을 운전하면 3가지 유해한 성분을 삼원촉매로 한번에 처리할 수 있다. 공연비를 높여 가면 일시적으로는 질소산화물이 증가하지만 곧 적어져 동시에 연소상태도 나빠지게 된다. 따라서 엔진이 운전 가능한 아슬아슬한 상태까지 공연비를 크게 하여 질소산화물의 발생을 적게 하면 동시에 높은 연비도 달성할 것이라는 것이 이 엔진의 목적이다.

삼원촉매에 의한 배기 정화시스템은 공연비를 이론공연비로 유지하여 유해 성분의 산화, 환원반응을 동시에 일으킨다는 것이 특징이다. 그리하면, 이 시스템에 의해 배기 정화를 하는 한 사용되는 연료는 엔진의 운전 상태에 따라 자동적으로 결정된다는 뜻으로 가능한 한 적은 연료로 큰 동력을 얻으려 하는 엔진으로 개량(改良)할 여지(餘地)가 없어진다.

그러한 가운데 배기 정화와 연비의 개선을 동시에 노린 개발이 지속되고 있는 것이 희박연소(稀薄燃燒) 시스템이다. 연비를 좋게 하는 것은 앞으로 중요한 기술이고 이 **희박 연소 엔진(Lean Burn Engine)**은 그 중에서 가장 주목받고 있는 것 중의 하나이다.

혼합기 중의 가솔린을 점점 희박하게 하여 공연비를 높여 가면 배기가스 중 유해성분인 일산화탄소, 탄화수소, 질소산화물의 3가지는 어떻게 될까. 당연히 생각할 수 있는 것이 연료에 비해 산소가 충분히 있다는 뜻이므로 일산화탄소의 발생은 적어지거나 또는 발생하더라도 대부분이 곧 무해한 이산화탄소가 된다. 탄화수소도 대부분 완전히 연소하여 이산화탄소와 물이 되기 때문에 2가지 유해가스는 곧 적어진다. 남는 것은 질소산화물로 이것의 처리만 집중하

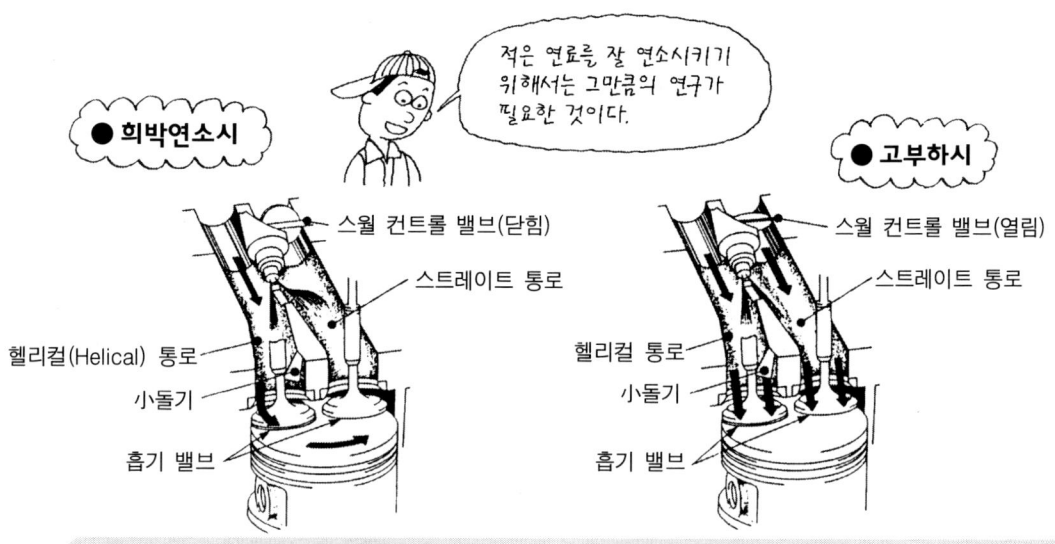

● 희박연소시

적은 연료를 잘 연소시키기 위해서는 그만큼의 연구가 필요한 것이다.

● 고부하시

스월 컨트롤 밸브(닫힘)

스트레이트 통로

헬리컬(Helical) 통로

小돌기

흡기 밸브

스월 컨트롤 밸브(열림)

스트레이트 통로

헬리컬 통로

小돌기

흡기 밸브

희박연소시의 연소상태가 원활하게 이루어지도록 하기 위한 연구로서 흡기포트를 2개로 나누고, 희박연소시에는 한 쪽의 통로로만 공기를 흐르도록 하고 있다. 이렇게 하면 흡입되는 공기가 빠르게 흘러 작은 돌기에 의해 실린더 내에 스월이 형성되어 희박혼합기가 원활하게 연소시키는 것이 가능하다.

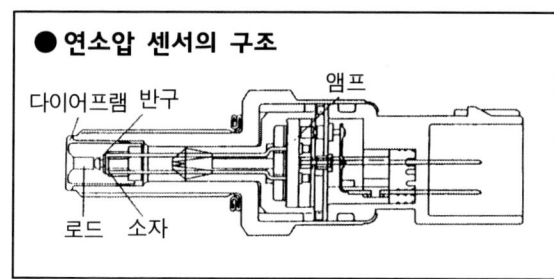

● 연소압 센서의 구조

다이어프램 반구

앰프

로드   소자

공연비가 높아지면 가솔린의 양이 점점 적어지므로 혼합기는 연소가 어려워지고, 연소 방법에 편차가 생긴다. 연소실 내의 압력을 체크하여 연소가 잘 되지 않는 상태가 되었다는 것을 알려주는 것이 연소압 센서이다. 이 센서의 신호를 이용하여 연소 가능한 상태까지 공연비를 크게 한다.

면 되는 것이다. 질소산화물은 공연비가 높아지면 산소가 많음에 따라서 연소 온도가 상승하기 때문에 공연비 16 전후에서 가장 많이 발생되고 그 이상으로 공기 비율이 증가하면 점점 연소 온도는 낮아져 엔진으로부터 발생하는 토크(Torque)도 작아진다. 공연비를 더욱 더 높게 하면 연소가 불안정해져 토크의 변동이 커지며, 결국에는 착화가 어렵게 된다.

Toyota는 이 희박연소(Lean Burn)에 의한 토크 변동에 주목하여 실린더 내의 연소 압력을 검출하는 **연소압 센서(Combustion Pressure Sensor)**를 적용하여 토크 변동이 일어나기 조금 전의 공연비로 엔진을 운전하고, 연소효율은 높이고 질소산화물은 적게 하는 것의 양립성을 도모한 엔진을 신세대 희박 연소 엔진(Lean Burn Engine)으로서 양산하고 있다. 단, 희박연소는 부하가 작고 토크가 작아도 좋은 운전 조건일 때 이루어지고, 가속구간 등 부하가 높은 곳에서는 이론공연비로 삼원촉매를 사용한 배기 정화(排氣淨化)가 이루어지도록 한다.

각 업체는 흡기 시스템과 연소실을 중심으로 일반적인 회전영역에서는 공연비가 16~20 정도인 희박 혼합비(稀薄混合比)로 하여 연비의 개선에 대한 노력을 계속하고 있으며, 이러한 연소를 양호하게 유지하면서 배기 문제를 잘 처리한 엔진이 차례차례 등장하고 있다.

1. 엔진 마운팅

만약 엔진이 허공에 떠 있는 상태라면 크랭크샤프트의 회전과 역방향으로 회전하여 버린다.

하지만 견고하게 장착하면, 엔진진동이 바디에 모조리 전달된다. ~~

● 복합 마운팅의 예

고무로만 된 것보다 진동 흡수성이 좋다.

● 프런트 종치엔진 마운트

액실(液室)
캡
다이어프램
실린더
칸막이 판
고무
스태빌라이저 (Stabilizer)
하금구(下金具)

그래서 가능한 한 진동이 없는 곳에 엔진 마운팅을 설치한다.

브래킷

마운팅

마운팅

    엔진에서는 연소가스의 팽창력과 운동 부분의 관성력에 의해 항상 진동이 발생하고 있다. 그러므로 엔진을 직접 차체(車體)에 장착하면 그 진동이 승차하고 있는 사람에게 전달되어 불쾌하기도 하고 얼마 안 있어 그 진동에 의해 여기저기가 파괴되므로 자동차로서 성립이 되질 않는다. 따라서 이러한 진동을 완화시키거나 흡수하면서 엔진의 중량을 지지하는 것이 **엔진 마운팅(Engine Mounting)**의 역할이다.

    엔진의 지지 방법에는 3개소를 차체에 장착하는 **3점 지지방식**과 4개소를 지지하는 **4점 지지방식**이 있는데 프런트 엔진은 종치식(縱置式)인 경우 3점 지지방식이, 횡치식(橫置式)인 경우 4점 지지방식이 많다.

    3점 지지의 경우 엔진 블록 아래쪽(크랭크 케이스)의 좌우와 트랜스미션 케이스의 뒷부분을 지지하는 것이 보통이지만 4점 지지방식은 크랭크 케이스가 아닌 실린더 워터 재킷 부분에 엔진 마운팅 브래킷이 설치된 경우가 많다. 이것은 이 부분이 크랭크 케이스보다 강성이 높고

● 프런트 횡치 엔진 마운트(Accord)

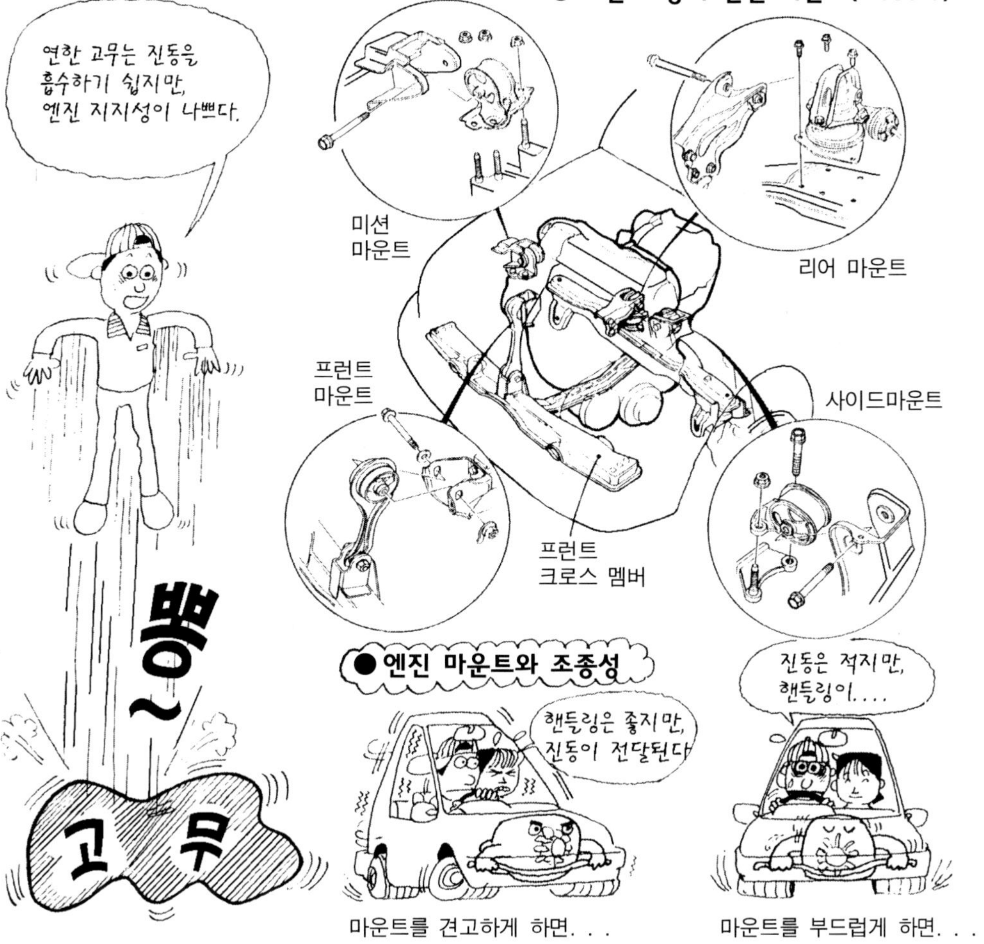

연한 고무는 진동을 흡수하기 쉽지만, 엔진 지지성이 나쁘다.

미션 마운트

리어 마운트

프런트 마운트

사이드마운트

프런트 크로스 멤버

~뿅

고무

● 엔진 마운트와 조종성

핸들링은 좋지만, 진동이 전달된다

진동은 적지만, 핸들링이....

마운트를 견고하게 하면...

마운트를 부드럽게 하면...

진동하기 어렵기 때문으로 이처럼 높은 위치에 엔진 마운팅을 설치하는 방식을 **하이 마운트 브래킷 방식(High Mount Bracket)**이라고 한다.

이렇게 엔진 마운팅을 엔진의 진동이 가장 적은 부분을 선택하여 설치하면 진폭이 작아져 승차감이 좋아지고 설치 부분의 부담도 가벼워진다.

마운팅에는 고무로 엔진과 바디를 연결하고 그 압축(壓縮), 인장(引張), 비틀림 등의 작용에 의해 진동을 흡수하는 타입이 많다. 일반적으로 고무는 부드러울수록 진동을 흡수하기 쉽지만 엔진 마운팅의 고무를 부드럽게 하면 엔진의 지지성이 나빠져 제멋대로 움직이거나 바디의 움직임을 따라가지 못하게 되어 자동차의 조종성이 나빠지게 된다. 그렇다고 견고하게 지지하면 엔진의 움직임이 작아져 조종성은 좋아지지만 불쾌한 진동을 느끼게 된다. 그 균형을 잘 맞추어 마운팅의 재질이 결정되며, 내열성과 내구성이 중요하다는 것은 두말할 나위 없다.

고급 승용차는 엔진의 지지성과 진동 흡수성의 양립을 도모할 목적으로 고무 가운데에 액체를 봉입한 **복합 마운팅**이 적용되고 있다. 이것은, 액체가 그 점성에 의해 빠르게 움직이는 것에 저항하고 진동을 흡수하기 쉽다는 성질을 이용한 것이다.

전문기술교육 과정

NGV ㈜엔지비 NGVTEK.com

기초공학

엔진 / 변속기
- 연소공학
- 디젤엔진
- 엔진윤활 및 냉각시스템
- 변속기 제어기술
- 변속기시스템 개론
- 변속시스템 성능이론

차체 / 섀시
- 유한요소 해석
- 구동 및 제동역학
- 차량내구 분석
- 차량안전도 설계
- 현가장치 설계
- 능동섀시 설계
- 차체구조
- 섀시구조

NVH
- 차량진동소음학 기초
- 차량진동소음 실습
- 차량 NVH 설계
- 엔진구조 및 NVH

전기 / 전자
- 전기전자공학이론
- 디지털회로 및 응용
- 마이크로 컨트롤러 응용
- 센서 및 계측공학
- 유압시스템 제어
- 자동차 전자제어 [고급]
- 블루투스 이론 및 응용
- 전자회로 및 응용
- C프로그래밍 기초
- 차량용 안테나 설계
- CAN시스템 설계 기초
- 엔진모델링 · 제어기
- 유압시스템 제어
- JAVA프로그래밍 기초
- 자동차 전동기 기초
- 자동차용 전력변환시스템
- RTOS 이론
- 실시간 운영체계

통계 / 품질공학
- 통계적 품질관리
- 기초 및 다변량 통계학
- 실험계획법
- 내구수명분석법
- 요인·직교표 실험법
- 가속 내구실험법
- 설계 시뮬레이션법

인 간 공 학
- 인간공학 및 설계
- 감성공학
- 고급 감성공학
- 디자인과 감성공학
- 디자인 트렌드 및 실무
- User Interface

환 경
- 가솔린 EM Control
- 디젤 EM Control
- 자동차 촉매공학 개론

R&D관리 / 선행개발
- 하이브리드 자동차 개론
- 디지털 영상처리 (기초)
- 디지털 영상처리 (심화)
- 연료전지 이해
- 플라스틱 성형 이해
- 자동차용 금속재료
- 자동차용 비금속재료
- 파손분석
- 최적설계 기초
- 최적설계 응용
- 하이브리드 자동차 개론
- 공학회계
- 고객지향적 제품개발
- 린방식 신제품 개발
- R&D 특허 교육
- TRIZ 초급
- TRIZ 중급
- 소프트웨어 형상관리
- FMEA

메카트로닉스
- 동역학
- 자동차공학
- 기계설계 입문
- 유압제어
- 마이크로프로세서
- 회로이론
- 디지털회로
- 제어공학

R&D핵심기술

충돌안전 전문가 과정
인간공학

연료전지
- 연료전지 운전 및 분석
- 분리판 및 스택제작

하이브리드
- 전기동력 및 에너지 저장장치 개발
- HEV시스템 및 차량개발

생산기술
- 산업공학
- 전기공학
- 소성가공
- 금속재료
- 스폿용접
- 기술경영
- 절삭가공
- 서보제어
- 프레스성형
- ERP이론
- 공정설계
- 기계설계
- 메카트로닉스
- 정밀가공
- 주조공학
- 통계학
- 자동제어

현업특화

설계특화
- 섀시제어시스템공학
- 프레스 성형

의장특화
- 기초 전기전자공학
- 자동차 전자제어
- 전력전자응용기초

전자개발
- S/W 요구공학

전자특화
- 모터 및 제어시스템 기초
- 임베디드 소프트웨어
- IT 요소 기술
- 고급 마이크로 컨트롤러
- RF 노이즈 저감기술
- 시스템 모델링 및 제어기

투자예산특화
- R&D투자예산 전문가 육성

P/T 특화
- 기하학적 공차설계
- Matlab & Simulink 입문
- Matlab & Simulink 중급

차량개발특화
- 계측신호분석

차량기술특화
- 자동차용 유체기계 이론
- 자동차 기초 물리 및 역학
- 피로강도론
- 저주기 피로 및 열응력 피로

연구개발전략특화
- R&D 전략전문가 육성

기계기술복합과정

메카트로닉스 특화
- 전기전자공학 이론 및 실습
- 자동차 전자제어
- 마이크로 콘트롤러 응용
- 차량용 통신시스템 설계

상용특화
- 자동차 부품 내구신뢰성

Innovation for Humanity

NGV *Next Generation Vehicle Technology*

원천 / 기반 기술 경쟁력 확보 및 우수인재 육성

- 국내외 대학 연구개발 네트워크 구축 및 산학 활성화
- 산학연 협력 원천/선행기술 개발
- 자동차 지식정보 컨텐츠 개발
- R & D 전문 인력 양성 (연구장학생)
- 자동차 전문기술교육
- 미래자동차 기술공모전 시행
- 수소 연료전지 자동차 모니터링 사업 (교육/홍보)

현대 기아차
차량 시스템 기술연구 개발

공동 연구 / 기획 / 조정 / 운영
우수 R&D 전문인력 육성

NGV

국내외 대학

차세대 신기술 연구

산학연 연구협력 네트워크 구축

부품 / 벤처기업
핵심 부품개발

정부출연연구소

NGV ㈜엔지비　　대표전화 : 02-870-8000　홈페이지 : www.ngvtek.com

이 책이 나오기까지 그리고

‣ 편   찬 : 이언구

‣ 옮 긴 이 : 심대용, 서정아

‣ 교 열 위 원 : 이태섭, 유경수, 임준채, 이상호

‣ 디 자 인 : 김두령, 조경미

◆ **엔진은 이렇게 되어있다**   정가 19,000원

2009년 1월 10일 초 판 발 행	原 著 : 사와타리 쇼지 / GP기획센터
2025년 2월 10일 제1판6쇄발행	編 譯 : **NGV** ㈜엔지비
	발 행 인 : 김 길 현
	발 행 처 : (주) 골든벨
	등 록 : 제 1987-000018호
	ⓒ 2009 *Golden Bell*
	I S B N : 978 - 89 - 7971 - 813 - 3

⑫ 04316 서울특별시 용산구 원효로 245 (원효로1가 53-1)

TEL : 영업부 (02) 713-4135 / 편집부 (02) 713-7452 ● FAX : (02) 718-5510

E-mail : 7134135.naver.com ● http : // www.gbbook.co.kr

※ 파본은 구입하신 서점에서 교환해 드립니다.